天津市安装工程预算基价

第二册 电气设备安装工程

DBD 29-302-2020

天津市住房和城乡建设委员会

天津市建筑市场服务中心 主编

中国计划出版社

目　录

第十四章　人防设备安装

附　录

册　说　明

一、本册包括变压器安装,配电装置安装,母线安装,控制设备及低压电器安装,蓄电池安装,电动机检查接线,滑触线装置安装,电缆安装,防雷及接地装置,10kV以内架空配电线路,电气调整试验,配管、配线,照明器具安装,人防设备安装14章,共1921条基价子目。

二、本册基价适用于工业与民用建设工程10kV以内变配电设备及线路安装工程。

三、本册基价以国家和有关工业部门发布现行的产品标准、设计规范、施工及验收技术规范、技术操作规程、质量评定标准和安全操作规程为依据。

四、本册基价各子目的工作内容除各章已说明的工序外,还包括:施工准备,设备器材,工器具的场内搬运,开箱检查,安装,调整试验,结尾,清理,配合质量检验,工种间交叉配合,临时移动水、电源的停歇时间。

五、本册基价各子目中不包括以下内容:

1. 10kV以外及专业专用项目的电气设备安装。

2. 电气设备(如电动机等)配合机械设备进行单体试运转和联合试运转工作。

六、主要材料损耗率表如下:

主要材料损耗率表

序号	材　料　名　称	损耗率	序号	材　料　名　称	损耗率	序号	材　料　名　称	损耗率
1	裸软导线(包括铜、铝、钢线、钢芯铝线)	1.3%	11	压接线夹、螺栓类	2.0%	21	刀开关、铁壳开关、保险器	1.0%
2	绝缘导线(包括橡皮、塑料、软花线)	1.8%	12	木螺钉、圆钉	4.0%	22	塑料制品(槽、板、管)	5.0%
3	电力电缆	1.0%	13	绝缘子类	2.0%	23	木槽板、圆木台	5.0%
4	控制电缆	1.5%	14	低压瓷横担	3.0%	24	木杆类(包括木杆、木横担、横木、桩木等)	1.0%
5	硬母线(包括钢、铝、铜、带形、管形、棒形、槽形)	2.3%	15	瓷夹等小瓷件	3.0%	25	混凝土电杆及制品类	0.5%
6	钢绞线、镀锌铁线	1.5%	16	一般灯具及附件	1.0%	26	石棉水泥板及制品	8.0%
7	金属管材、管件	3.0%	17	荧光灯、水银灯灯泡	1.5%	27	砖、水泥	4.0%
8	金属板材	4.0%	18	灯泡(白炽)	3.0%	28	砂、石	8.0%
9	型钢	5.0%	19	玻璃灯罩	5.0%	29	油类	1.8%
10	金具	1.0%	20	灯头、开关、插座	2.0%	30	电缆桥架、钢横担	0.5%

注:1. 绝缘导线、电缆、硬母线和用于母线的裸软导线,其损耗率中不包括为连接电气设备、器而预留的长度,也不包括因各种弯曲(包括弧度)而增加的长度。

2. 用于10kV以下架空线路中的裸软导线的损耗率中已包括因弧垂及因杆位高低差而增加的长度。

3. 拉线用的镀锌铁线损耗率中不包括为制作上、中、下把所需的预留长度。计算用线量的基本长度时,应以全根拉线的展开长度为准。

七、下列项目按系数分别计取：

1. 脚手架措施费（10kV以下架空线路除外）按分部分项工程费中人工费的4%计取，其中人工费占35％。

2. 本册基价的操作物高度是按距离楼地面5m考虑的。当操作物高度超过5m时，操作高度增加费按超过部分人工费乘以系数0.10计取，全部为人工费。

3. 建筑物超高增加费，是指在高度为6层或20m以上的工业与民用建筑施工时增加的费用，用包括6层或20m以内（不包括地下室）的分部分项工程费中人工费为计算基数，乘以下表系数（其中人工费占65％）。

建筑物超高增加费系数表

层 数	9层以内 （30m）	12层以内 （40m）	15层以内 （50m）	18层以内 （60m）	21层以内 （70m）	24层以内 （80m）	27层以内 （90m）	30层以内 （100m）	33层以内 （110m）	36层以内 （120m）
以人工费为计算基数	0.01	0.02	0.03	0.05	0.07	0.09	0.11	0.13	0.15	0.17

注：120m以上可参照本表相应递增。为高层建筑供电的变电所和供水等动力工程，如安装在高层建筑的底层或地下室的，均不计取高层建筑增加费，安装在20m以上的变配电工程和动力工程同样计取高层建筑增加费。

4. 安装与生产同时进行降效增加费按分部分项工程费中人工费的10％计取，全部为人工费。

5. 在有害身体健康的环境中施工降效增加费按分部分项工程费中人工费的10％计取，全部为人工费。

第一章　变压器安装

说　明

一、本章适用范围：油浸电力变压器、干式变压器、整流变压器、自耦式变压器、带负荷调压变压器、电炉变压器及消弧线圈安装工程。

二、电炉变压器安装按同容量电力变压器安装子目乘以系数2.00，整流变压器安装按同容量电力变压器安装子目乘以系数1.60。

三、变压器油是按设备自带考虑的，但施工中变压器油的过滤损耗及操作损耗已包括在有关子目中。

四、变压器安装过程中放注油、油过滤所使用的油罐，已摊入油过滤子目中。

五、变压器的器身检查：4000kV•A以内是按吊芯检查考虑，4000kV•A以外是按吊钟罩考虑的，如果4000kV•A以外的变压器需进行吊芯检查，机械费乘以系数2.00。

六、干式变压器安装按不带保护外罩考虑，如带保护外罩，人工费和机械费乘以系数1.20。

七、整流变压器、消弧线圈、并联电抗器的干燥按同容量变压器干燥子目执行，电炉变压器干燥按同容量变压器干燥子目乘以系数2.00。

八、变压器干燥棚的搭拆工作，若发生时可按实计算。

九、油样的耐压试验已列入变压器系统调试子目中；化验和色谱分析，需要时按实计算。

十、瓦斯继电器的检查及试验已列入变压器系统调整试验子目内。

十一、消弧线圈的干燥按同容量电力变压器干燥执行。

工程量计算规则

一、油浸电力变压器、干式变压器依据名称、型号、容量(kV·A),按设计图示数量计算。

二、整流变压器、自耦式变压器、带负荷调压变压器依据名称、型号、规格、容量(kV·A),按设计图示数量计算。

三、电炉变压器、消弧线圈依据名称、型号、容量(kV·A),按设计图示数量计算。

四、变压器油过滤不论过滤多少次,直到过滤合格为止,按质量计算,其具体计算方法如下:

1.变压器安装基价未包括绝缘油的过滤,需要过滤时,可按制造厂提供的油量计算。

2.油断路器及其他充油设备的绝缘油过滤,可按制造厂规定的充油量按下式计算:

$$油过滤质量(t) = 设备油质量(t) \times (1 + 损耗率)$$

五、变压器干燥:通过试验判定需要干燥的变压器才能列此项目,依据容量(kV·A),按数量计算。

一、油浸电力变压器安装

工作内容：开箱检查,本体就位,器身检查,套管、油枕及散热器的清洗,油柱试验,风扇油泵电机解体检查接线,附件安装,垫铁及止轮器制作、安装,补充注油及安装后整体密封试验,接地,补漆,配合电气试验。

单位：台

编　号				2-1	2-2	2-3	2-4	2-5	2-6	2-7
项　目				容量(kV·A以内)						
				250	500	1000	2000	4000	8000	10000
预算基价	总　　价(元)			**1858.39**	**2298.20**	**3669.50**	**4649.58**	**7883.84**	**13878.95**	**16060.93**
	人　工　费(元)			1246.05	1598.40	2736.45	3545.10	6386.85	9366.30	11240.10
	材　料　费(元)			195.88	242.58	320.83	402.02	600.66	2627.96	2798.10
	机　械　费(元)			416.46	457.22	612.22	702.46	896.33	1884.69	2022.73
组　成　内　容		单位	单价	数　　量						
人工	综合工	工日	135.00	9.23	11.84	20.27	26.26	47.31	69.38	83.26
材料	调和漆	kg	14.11	1.0	1.2	1.8	2.5	3.0	6.0	6.5
	防锈漆 C53-1	kg	13.20	0.6	0.9	1.3	1.6	2.2	4.8	5.0
	酚醛磁漆	kg	14.23	0.2	0.2	0.2	0.3	0.3	0.4	0.4
	钢板垫板	t	4954.18	0.005	0.005	0.006	0.006	0.008	0.008	0.009
	镀锌扁钢 40×4	t	4511.48	0.0045	0.0045	0.0045	0.0045	0.0045	0.0045	0.0050
	镀锌钢丝 D2.8～4.0	kg	6.91	1.0	1.0	1.0	2.5	2.5	4.0	4.0
	镀锌精制带帽螺栓 M18×100以内	套	3.66	4.1	4.1	4.1	4.1	4.1	4.1	4.1
	变压器油	kg	8.87	7	10	13	16	30	50	60
	汽油 60#～70#	kg	6.67	0.3	0.4	0.6	1.2	1.5	3.0	3.6
	黄干油	kg	15.77	—	—	—	—	—	—	1.5
	滤油纸 300×300	张	0.93	20	30	50	70	100	140	170
	棉纱	kg	16.11	0.4	0.5	0.6	0.8	1.2	1.5	1.5
	白纱带 20mm×20m	卷	2.88	1.0	1.5	1.5	2.0	2.0	2.5	2.5

单位：台

编　　号			2-1	2-2	2-3	2-4	2-5	2-6	2-7
项　　目			容量（kV·A以内）						
			250	500	1000	2000	4000	8000	10000
组　成　内　容	单位	单价	数　　量						
材 料	铁砂布 0#～2#	张	1.15	0.25	0.50	0.50	0.50	0.75	0.75	1.00
	塑料布	m²	1.96	1.5	1.5	3.0	3.0	6.0	6.0	7.0
	白布	m²	10.34	0.45	0.45	0.54	0.63	0.90	1.08	1.30
	青壳纸 $\delta 0.1\sim0.8$	kg	4.80	0.15	0.15	0.20	0.20	0.30	0.40	0.50
	电力复合脂 一级	kg	22.43	0.05	0.05	0.05	0.05	0.05	0.05	0.05
	乙炔气	kg	14.66	—	—	0.34	0.34	0.52	0.65	0.70
	氧气	m³	2.88	—	—	0.8	0.8	1.2	1.5	1.6
	木材 方木	m³	2716.33	—	—	—	—	—	0.09	0.09
	枕木 2500×200×160	根	285.96	—	—	—	—	—	4.8	4.8
	扒钉	kg	8.58	—	—	—	—	—	10	10
	电焊条 E4303 D3.2	kg	7.59	0.3	0.3	0.3	0.4	0.4	0.4	0.5
	锯条	根	0.42	—	—	—	—	—	—	2
	耐油橡胶垫 $\delta 0.8$	m²	27.14	—	—	—	—	—	—	0.05
机 械	汽车式起重机 8t	台班	767.15	0.43	0.46	0.64	0.70	0.87	2.01	2.15
	载货汽车 5t	台班	443.55	0.10	0.14	0.16	—	—	0.20	0.20
	载货汽车 8t	台班	521.59	—	—	—	0.19	0.25	—	—
	卷扬机 单筒慢速 30kN	台班	205.84	—	—	—	—	—	0.5	0.5
	交流弧焊机 21kV·A	台班	60.37	0.30	0.30	0.30	0.30	0.30	0.30	0.35
	滤油机	台班	32.16	0.75	0.75	1.00	1.50	2.50	3.50	4.20
	液压千斤顶 100t	台班	10.21	—	—	—	—	—	2.0	2.5

二、干式变压器安装

工作内容: 开箱检查,本体就位,垫铁止轮器制作、安装,附件安装,接地,补漆,单体调试。

单位:台

编　号			2-8	2-9	2-10	2-11	2-12	2-13	2-14	2-15
项　目			容量(kV·A以内)							
			100	250	500	800	1000	2000	2500	4000
预算基价	总　　价(元)		**1418.19**	**1542.42**	**1942.34**	**2522.76**	**2949.32**	**3399.42**	**4067.41**	**4811.22**
	人　工　费(元)		1015.20	1138.05	1507.95	1788.75	1975.05	2357.10	2828.25	3495.15
	材　料　费(元)		101.18	102.56	110.35	131.11	146.50	158.22	162.62	176.27
	机　械　费(元)		301.81	301.81	324.04	602.90	827.77	884.10	1076.54	1139.80
组 成 内 容		单位	单价	数　　量						
人工	综合工	工日	135.00	7.52	8.43	11.17	13.25	14.63	17.46	20.95	25.89
材料	镀锌钢丝 D2.8~4.0	kg	6.91	0.800	1.000	1.000	1.500	2.000	2.650	2.800	3.000
	镀锌扁钢(综合)	kg	5.32	4.500	4.500	4.500	4.500	4.500	4.500	4.500	4.500
	聚氯乙烯薄膜	kg	12.44	—	—	—	—	—	—	—	0.210
	棉纱	kg	16.11	0.5	0.5	0.5	0.5	0.5	0.5	0.5	0.5
	白布	kg	12.98	—	—	0.100	0.100	0.100	0.100	0.100	0.100
	砂轮片 D400	片	19.56	—	—	—	—	—	—	—	0.100
	铁砂布 0#~2#	张	1.15	—	—	2	2	2	2	2	2
	电焊条 E4303	kg	7.59	0.300	0.300	0.300	0.300	0.300	0.300	0.300	0.500
	锯条	根	0.42	1	1	1	1	1	1	1	—
	酚醛调和漆	kg	10.67	2.500	2.500	2.500	2.500	3.000	3.000	3.000	3.000
	防锈漆 C53-1	kg	13.20	0.3	0.3	0.5	0.5	1.0	1.0	1.0	1.5
	汽油	kg	7.74	0.300	0.300	0.500	1.000	1.000	1.500	1.500	1.500
	电力复合脂 一级	kg	22.43	0.05	0.05	0.05	0.05	0.05	0.05	0.05	0.05
	钢垫板 δ1~2	kg	6.72	4.000	4.000	4.000	6.000	6.000	6.500	7.000	7.000
机械	汽车式起重机 8t	台班	767.15	0.094	0.094	0.112	0.140	0.374	0.421	0.467	—
	汽车式起重机 16t	台班	971.12	—	—	—	—	—	—	—	0.467
	载货汽车 5t	台班	443.55	0.093	0.093	0.112	0.140	—	—	—	—
	载货汽车 8t	台班	521.59	—	—	—	—	0.206	0.234	0.280	—
	载货汽车 12t	台班	695.42	—	—	—	—	—	—	—	0.164
	交流弧焊机 21kV·A	台班	60.37	0.280	0.280	0.280	0.280	0.280	0.374	0.374	0.374
	TPFRC电容分压器交直流高压测量系统	台班	118.91	0.308	0.308	0.308	0.748	0.748	0.748	1.234	1.234
	直流高压发生器	台班	107.36	0.308	0.308	0.308	0.748	0.748	0.748	0.925	0.925
	高压试验变压器配套操作箱、调压器	台班	38.65	0.616	0.616	0.616	1.496	1.496	1.496	1.850	1.850
	高压绝缘电阻测试仪	台班	38.93	0.308	0.308	0.308	0.748	0.748	0.748	0.925	0.925
	变压器直流电阻测试仪	台班	19.67	0.926	0.926	0.926	2.244	2.244	2.244	2.666	2.666
	变压器绕组变形测试仪	台班	51.68	0.308	0.308	0.308	0.748	0.748	0.748	0.925	0.925
	交流变压器	台班	52.92	0.308	0.308	0.308	0.748	0.748	0.748	0.925	0.925
	自动介损测试仪	台班	50.71	0.308	0.308	0.308	0.748	0.748	0.748	0.925	0.925

三、消弧线圈安装

工作内容: 开箱检查,本体就位,器身检查,垫铁及止轮器制作、安装,附件安装,补充注油及安装后整体密封试验,接地,补漆,配合电气试验。 **单位:台**

编 号			2-16	2-17	2-18	2-19	2-20	2-21	2-22	2-23
项 目			容量(kV·A以内)							
			100	200	300	400	600	800	1600	2000
预算基价	总 价(元)		**916.12**	**1057.64**	**1228.31**	**1384.50**	**1550.23**	**1903.95**	**2676.65**	**3001.36**
	人 工 费(元)		612.90	727.65	866.70	936.90	1066.50	1259.55	1845.45	2130.30
	材 料 费(元)		117.27	137.61	169.23	212.86	247.38	282.95	328.23	358.44
	机 械 费(元)		185.95	192.38	192.38	234.74	236.35	361.45	502.97	512.62
组 成 内 容	单位	单价	数 量							
人工 综合工	工日	135.00	4.54	5.39	6.42	6.94	7.90	9.33	13.67	15.78
材料 调和漆	kg	14.11	0.8	1.0	1.0	1.2	1.2	1.5	2.0	2.5
防锈漆 C53-1	kg	13.20	0.10	0.12	0.15	0.30	0.50	0.70	0.90	1.00
钢板垫板	t	4954.18	0.003	0.003	0.003	0.005	0.005	0.006	0.006	0.006
镀锌扁钢 40×4	t	4511.48	0.0045	0.0045	0.0045	0.0045	0.0045	0.0045	0.0045	0.0045
镀锌精制六角带帽螺栓 M12×(14～75)	套	1.25	4.1	4.1	4.1	4.1	4.1	4.1	4.1	4.1
变压器油	kg	8.87	5	6	8	10	12	13	15	16
汽油 60#～70#	kg	6.67	0.15	0.20	0.30	0.40	0.50	0.70	1.00	1.20
滤油纸 300×300	张	0.93	10	15	20	30	40	50	60	70
青壳纸 $\delta0.1～0.8$	kg	4.80	0.10	0.10	0.10	0.20	0.20	0.25	0.25	0.30
棉纱	kg	16.11	0.20	0.30	0.40	0.45	0.50	0.60	0.75	0.80
白布	m²	10.34	0.20	0.30	0.36	0.40	0.46	0.50	0.56	0.60
铁砂布 0#～2#	张	1.15	0.5	0.5	1.0	1.0	1.5	1.5	2.0	2.0
塑料布	m²	1.96	1	1	1	1	2	2	3	3
电焊条 E4303 D3.2	kg	7.59	0.1	0.2	0.2	0.2	0.2	0.2	0.3	0.3
锯条	根	0.42	0.5	0.5	1.0	1.0	1.5	1.5	2.0	2.0
电力复合脂 一级	kg	22.43	0.02	0.02	0.02	0.02	0.02	0.03	0.03	0.03
乙炔气	kg	14.66	—	—	0.22	0.22	0.22	0.30	0.30	0.34
氧气	m³	2.88	—	—	0.5	0.5	0.5	0.7	0.7	0.8
机械 汽车式起重机 8t	台班	767.15	0.14	0.14	0.14	0.17	0.17	0.29	0.43	0.43
载货汽车 5t	台班	443.55	0.10	0.10	0.10	0.14	0.14	0.20	—	—
载货汽车 8t	台班	521.59	—	—	—	—	—	—	0.20	0.20
交流弧焊机 21kV·A	台班	60.37	0.3	0.3	0.3	0.3	0.3	0.3	0.5	0.5
滤油机	台班	32.16	0.50	0.70	0.70	0.75	0.80	1.00	1.20	1.50

四、电力变压器干燥

工作内容：准备、干燥及维护、检查、记录整理、清扫、收尾及注油。

单位：台

编　号				2-24	2-25	2-26	2-27	2-28	2-29	2-30
项　　目				容量(kV·A以内)						
				250	500	1000	2000	4000	8000	10000
预算基价	总　　价(元)			**1970.29**	**2526.51**	**4005.54**	**5073.95**	**8987.71**	**10915.84**	**12908.59**
	人　工　费(元)			1363.50	1842.75	2651.40	3369.60	6021.00	7362.90	8830.35
	材　料　费(元)			590.71	661.25	1330.02	1672.19	2195.91	2593.21	2929.58
	机　械　费(元)			16.08	22.51	24.12	32.16	770.80	959.73	1148.66
组　成　内　容		单位	单价	数　　　量						
人工	综合工	工日	135.00	10.10	13.65	19.64	24.96	44.60	54.54	65.41
材料	电	kW·h	0.73	148	218	300	470	690	940	1128
	棉纱	kg	16.11	0.3	0.3	0.3	0.5	0.5	0.5	0.6
	白纱带 20mm×20m	卷	2.88	0.30	0.30	0.50	0.50	0.70	0.70	0.84
	白布	m²	10.34	0.27	0.27	0.27	0.27	0.45	0.45	0.45
	铁砂布 0#～2#	张	1.15	0.5	0.5	1.0	1.0	1.0	1.0	1.0
	塑料布	m²	1.96	3	3	4	6	6	8	8
	黑胶布 20mm×20m	卷	2.74	0.30	0.30	0.30	0.30	0.50	0.50	0.50
	石棉织布 δ2.5	m²	57.89	3.60	3.90	4.80	7.50	11.10	12.60	15.12
	镀锌钢丝 D0.7～1.2	kg	7.34	—	—	0.10	0.20	0.20	0.30	0.36
	镀锌钢丝 D2.8～4.0	kg	6.91	1.5	1.8	2.5	6.0	19.0	21.0	24.0
	焊锡丝	kg	60.79	—	—	0.1	0.2	0.3	0.3	0.3
	焊锡膏 50g瓶装	kg	49.90	—	—	0.06	0.06	0.06	0.06	0.06
	滤油纸 300×300	张	0.93	54	54	54	54	54	54	54
	塑料绝缘线 BV-2.5mm²	m	1.61	—	—	15	20	45	45	54
	塑料绝缘线 BLV-35mm²	m	4.14	15	15	30	30	30	33	33
	石棉板 δ6	m²	31.15	—	—	1.0	1.5	2.0	2.5	3.0
	木材 方木	m³	2716.33	0.05	0.05	0.20	0.20	0.20	0.23	0.23
	胶木板 δ20	m²	142.06	—	—	0.1	0.1	0.1	0.1	0.1
机械	交流弧焊机 21kV·A	台班	60.37	—	—	—	—	0.25	0.25	0.25
	滤油机	台班	32.16	0.50	0.70	0.75	1.00	1.20	1.50	1.80
	真空泵 204m³/h	台班	59.76	—	—	—	12	12	15	18

11

五、变压器油过滤

工作内容： 过滤前的准备及过滤后的清理、油过滤、取油样、配合试验。

单位：t

编　号				2-31
项　目				变压器油过滤
预算基价	总　价(元)			**790.89**
	人　工　费(元)			253.80
	材　料　费(元)			335.37
	机　械　费(元)			201.72
组 成 内 容		单位	单价	数　量
人工	综合工	工日	135.00	1.88
材料	棉纱	kg	16.11	0.3
	黑胶布 20mm×20m	卷	2.74	0.04
	普碳钢板 $\delta 4\sim 10$	t	3794.50	0.02653
	镀锌钢丝 $D2.8\sim 4.0$	kg	6.91	0.4
	变压器油	kg	8.87	18
	滤油纸 300×300	张	0.93	72
	电焊条 E4303 $D3.2$	kg	7.59	0.05
机械	电焊条烘干箱 600×500×750	台班	27.16	0.8
	交流弧焊机 21kV·A	台班	60.37	0.48
	汽车式起重机 8t	台班	767.15	0.04
	滤油机	台班	32.16	0.84
	真空滤油机 6000L/h	台班	259.20	0.36

第二章　配电装置安装

说　明

一、本章适用范围：各种断路器、真空接触器、隔离开关、负荷开关、互感器、电抗器、电容器、滤波装置、高压成套配电柜、组合型成套箱式变电站、配电智能设备安装及单体调试等安装工程。

二、配电设备安装的支架、抱箍及延长轴、轴套、间隔板等按设计图示数量计算,执行铁构件制作、安装或成品价。

三、设备本体所需的绝缘油、六氟化硫气体、液压油等均按设备自带考虑。

四、设备安装所需的地脚螺栓按土建预埋考虑,不包含二次灌浆。

五、互感器安装系按单相考虑,不包含抽芯及绝缘油过滤,特殊情况另做处理。

六、电抗器安装系按三相叠放、三相平放和二叠一平的安装方式综合考虑,不论何种安装方式,均不做换算。干式电抗器安装子目适用于混凝土电抗器、铁芯干式电抗器和空心电抗器等干式电抗器的安装。

七、高压成套配电柜安装系综合考虑,不分容量大小,也不包含母线配制及设备干燥。

八、低压无功补偿电容器屏(柜)安装按本册基价第四章控制设备及低压电器安装的相应子目计算。

九、组合式成套箱式变电站主要是指电压等级小于或等于10kV的箱式变电站。基价是按照通用布置方式编制的,即变压器布置在箱中间,箱一端布置高压开关,箱一端布置低压开关,内装6～24台低压配电箱(屏)。执行基价时,不因布置形式而调整。在结构上采用高压开关柜、低压开关柜、变压器组成方式的箱式变压器称为欧式变压器;在结构上将负荷开关、环网开关、熔断器等结构简化放入变压器油箱中且变压器取消油枕方式的箱式变压器称为美式变压器。

十、每套滤波装置包括三台组架安装,不包括设备本身及铜母线的安装,其工程量应按本册基价第三章母线安装的相应基价另行计算。

十一、高压成套配电柜和箱式变电站安装均未包括基础槽钢、母线及引下线的配置安装。

十二、开闭所配电采集器安装基价是按照分散分布式编制的,若实际采用集中组屏形式,执行分散式基价乘以系数0.90;若为集中式配电终端安装,可执行环网柜配电采集器基价乘以系数1.20;单独安装屏可执行相关基价。

十三、环网柜配电采集器安装基价是按照集中式配电终端编制的,若实际采用分散式配电终端,执行开闭所配电采集器基价乘以系数0.85。

十四、对应用综合自动化系统新技术的开闭所,其测控系统单体调试可执行开闭所配电采集器调试基价乘以系数0.80,其常规微机保护调试已经包含在断路器系统调试中。

十五、配电智能设备单体调试基价中只考虑三遥(遥控、遥信、遥测)功能调试,若实际工程增加遥调功能时,执行相应基价乘以系数1.20。

十六、电能表集中采集系统安装调试基价包括基准表安装调试、抄表采集系统安装调试。基价不包括箱体及固定支架安装、端子板与汇线槽及电气设备元件安装、通信线及保护管敷设、设备电源安装测试、通信测试等。

十七、环网柜安装根据进出线回路数量执行"开闭所成套配电装置安装"相关基价。环网柜进出线回路数量与开闭所成套配电装置间隔数量对应。

工程量计算规则

一、油断路器、真空断路器、六氟化硫断路器、空气断路器、真空接触器依据名称、型号、容量(A)，按设计图示数量计算。

二、隔离开关、负荷开关依据名称、型号、容量(A)，按设计图示数量计算。

三、互感器依据名称、型号、规格、类型，按设计图示数量计算。

四、高压熔断器依据名称、型号、规格，按设计图示数量计算。

五、干式电抗器依据名称、型号、规格、质量，按设计图示数量计算。

六、干式电抗器干燥依据每组质量，按设计图示数量计算。

七、油浸电抗器依据名称、型号、容量(kV•A)，按设计图示数量计算。

八、油浸电抗器干燥依据容量(kV•A)，按设计图示数量计算。

九、移相及串联电容器、集合式并联电容器依据名称、型号、规格、质量，按设计图示数量计算。

十、并联补偿电容器组架依据名称、型号、规格、结构，按设计图示数量计算。

十一、交流滤波装置组架依据名称、型号、规格、回路，按设计图示数量计算。

十二、高压成套配电柜依据名称、型号、规格、母线设置方式、回路，按设计图示数量计算。

十三、箱式变电站安装，根据引进技术特征及设备容量，按设计图示数量计算。

十四、变压器配电采集器、柱上变压器配电采集器、环网柜配电采集器调试，根据系统布置，按设计图示变压器或环网柜数量计算。

十五、开闭所配电采集器调试，根据系统布置，一台断路器计算一个间隔。

十六、电压监控切换装置安装、调试，根据系统布置，按设计图示数量计算。

十七、GPS时钟安装、调试，根据系统布置，按设计图示数量计算，天线系统不单独算工程量。

十八、电度表、中间继电器安装调试，根据系统布置，按设计图示数量计算。

十九、电表采集器、数据集中器安装调试，根据系统布置，按设计图示数量计算。

二十、各类服务器、工作站安装，根据系统布置，按设计图示数量计算。

一、油断路器安装

工作内容：开箱、解体检查、组合、安装及调整、传动装置安装及调整、动作检查、消弧室干燥、注油、接地。

单位：台

编　号				2-32	2-33	2-34	2-35
项　目				油断路器（A以内）			
				1000	3000	8000	12000
预算基价	总　价（元）			**1428.11**	**2216.65**	**4137.82**	**4745.69**
	人工费（元）			1269.00	1815.75	3219.75	3680.10
	材料费（元）			91.91	290.37	739.96	856.60
	机械费（元）			67.20	110.53	178.11	208.99
组成内容		单位	单价	数　量			
人工	综合工	工日	135.00	9.40	13.45	23.85	27.26
材料	调和漆	kg	14.11	0.10	0.35	0.75	0.85
	防锈漆 C53-1	kg	13.20	0.10	0.35	0.75	0.85
	钢板垫板	t	4954.18	0.001	0.021	0.069	0.075
	镀锌扁钢 40×4	t	4511.48	0.0025	0.0025	0.0025	0.0025
	镀锌钢丝 D2.8～4.0	kg	6.91	1.3	1.5	2.0	2.5
	镀锌精制六角带帽螺栓 M12×（14～75）	套	1.25	4.1	—	—	—
	镀锌精制带帽螺栓 M16×100以内	套	2.60	4.1	—	—	—
	镀锌精制带帽螺栓 M20×200以内	套	5.00	—	4.1	—	—
	镀锌精制带帽螺栓 M22×250以内	套	7.86	—	4.1	4.1	4.1
	镀锌精制带帽螺栓 M24×300以内	套	10.58	—	—	10.2	10.2
	棉纱	kg	16.11	0.25	0.35	0.50	0.65
	铁砂布 0#～2#	张	1.15	2	2	2	3
	变压器油	kg	8.87	2	4	6	8
	汽油 60#～70#	kg	6.67	0.5	0.8	1.5	2.0
	液压油	kg	9.44	0.8	1.0	1.1	1.2
	锯条	根	0.42	1	2	2	3
	电焊条 E4303 D3.2	kg	7.59	0.22	0.55	0.55	0.65
	焊锡丝	kg	60.79	0.14	0.25	0.40	0.50
	焊锡膏 50g瓶装	kg	49.90	0.03	0.05	0.08	0.10
	焊接钢管 DN25	t	3850.92	—	0.005	0.024	0.036
	电力复合脂 一级	kg	22.43	0.05	0.10	0.12	0.15
机械	载货汽车 4t	台班	417.41	0.06	0.10	0.17	0.20
	汽车式起重机 8t	台班	767.15	0.04	0.07	0.12	0.14
	交流弧焊机 21kV·A	台班	60.37	0.19	0.25	0.25	0.30

17

二、真空断路器、六氟化硫断路器安装

工作内容：开箱、解体检查、组合、安装及调整、传动装置安装及调整、动作检查、消弧室干燥、注油、接地。

单位：台

编　　号				2-36	2-37	2-38	2-39
项　　目				真空断路器（A以内）		六氟化硫断路器（A以内）	
				2000	4000	2000	4000
预算基价	总　　　价（元）			**827.39**	**1192.64**	**995.26**	**1417.47**
	人　工　费（元）			757.35	980.10	876.15	1128.60
	材　料　费（元）			64.00	85.03	113.07	161.36
	机　械　费（元）			6.04	127.51	6.04	127.51
组　成　内　容		单位	单价	数　　　量			
人工	综合工	工日	135.00	5.61	7.26	6.49	8.36
材料	调和漆	kg	14.11	0.12	0.18	0.12	0.18
	防锈漆 C53-1	kg	13.20	0.12	0.18	0.12	0.18
	钢板垫板	t	4954.18	0.001	0.002	0.001	0.002
	镀锌扁钢 40×4	t	4511.48	0.0025	0.0025	0.0025	0.0025
	镀锌钢丝 $D2.8\sim4.0$	kg	6.91	1.3	2.0	1.3	2.0
	镀锌精制带帽螺栓 M16×100以内	套	2.60	4.1	4.1	4.1	4.1
	棉纱	kg	16.11	0.20	0.25	0.20	0.25
	铁砂布 $0^{\#}\sim2^{\#}$	张	1.15	2	2	2	2
	电焊条 E4303 $D3.2$	kg	7.59	0.10	0.15	0.10	0.15
	锯条	根	0.42	2	2	2	2
	焊锡丝	kg	60.79	0.2	0.3	0.2	0.3
	焊锡膏 50g瓶装	kg	49.90	0.04	0.06	0.04	0.06
	汽油 $60^{\#}\sim70^{\#}$	kg	6.67	0.3	0.4	0.3	0.4
	电力复合脂 一级	kg	22.43	0.07	0.10	0.07	0.10
	六氟化硫	kg	27.26	—	—	1.8	2.8
机械	交流弧焊机 21kV·A	台班	60.37	0.10	0.15	0.10	0.15
	汽车式起重机 8t	台班	767.15	—	0.1	—	0.1
	载货汽车 4t	台班	417.41	—	0.1	—	0.1

三、大型空气断路器、真空接触器安装

工作内容： 开箱检查、画线、安装固定、绝缘柱杆组装、传动机构及接点调整、接地。

单位：台

编　号				2-40	2-41	2-42	2-43	2-44	2-45
项　目				空气断路器（A以内）				真空接触器（V/A以内）	
				12000	18000	22000	25000	1140/630	6300/630
预算基价	总　　价(元)			**3599.44**	**4247.71**	**4977.00**	**5708.31**	**495.02**	**589.52**
	人　工　费(元)			3072.60	3596.40	4170.15	4753.35	445.50	540.00
	材　料　费(元)			336.46	442.82	580.25	716.28	43.48	43.48
	机　械　费(元)			190.38	208.49	226.60	238.68	6.04	6.04
组　成　内　容		单位	单价	数　　量					
人工	综合工	工日	135.00	22.76	26.64	30.89	35.21	3.30	4.00
材料	调和漆	kg	14.11	0.4	0.4	0.4	0.4	—	—
	防锈漆 C53-1	kg	13.20	0.4	0.4	0.4	0.4	—	—
	钢板垫板	t	4954.18	0.006	0.008	0.010	0.012	0.001	0.001
	普碳钢板 $\delta 4\sim 10$	t	3794.50	0.030	0.050	0.075	0.100	—	—
	镀锌扁钢 40×4	t	4511.48	0.0050	0.0050	0.0065	0.0065	0.0032	0.0032
	镀锌精制带帽螺栓 M12×200以内	套	1.99	—	—	—	—	4.1	4.1
	镀锌精制带帽螺栓 M22×250以内	套	7.86	4.1	4.1	4.1	4.1	—	—
	镀锌精制带帽螺栓 M24×300以内	套	10.58	4.1	4.1	4.1	4.1	—	—
	机油 5#～7#	kg	7.21	0.3	0.3	0.3	0.3	0.2	0.2
	汽油 60#～70#	kg	6.67	1.2	1.5	2.0	3.0	0.1	0.1
	乙炔气	kg	14.66	0.65	0.86	1.29	1.72	—	—
	氧气	m³	2.88	1.5	2.0	3.0	4.0	—	—
	棉纱	kg	16.11	0.20	0.20	0.25	0.30	0.10	0.10
	铁砂布 0#～2#	张	1.15	1.5	2.0	2.0	2.5	1.0	1.0
	电焊条 E4303 D3.2	kg	7.59	0.6	0.8	1.1	1.3	0.1	0.1
	焊锡丝	kg	60.79	0.50	0.60	0.65	0.70	0.10	0.10
	焊锡膏 50g瓶装	kg	49.90	0.10	0.12	0.13	0.15	0.02	0.02
	电力复合脂 一级	kg	22.43	0.15	0.18	0.20	0.25	0.05	0.05
	自粘性橡胶带 20mm×5m	卷	10.50	1.1	1.5	2.1	2.8	0.2	0.2
机械	载货汽车 4t	台班	417.41	0.2	0.2	0.2	0.2	—	—
	汽车式起重机 8t	台班	767.15	0.1	0.1	0.1	0.1	—	—
	交流弧焊机 21kV·A	台班	60.37	0.5	0.8	1.1	1.3	0.1	0.1

四、隔离开关、负荷开关安装

工作内容： 开箱检查、安装固定、调整、拉杆配制和安装、操作机构连锁装置和信号装置接头检查、安装、接地。

单位：组

编　号			2-46	2-47	2-48	2-49	2-50	2-51	2-52	2-53
项　目			户内隔离开关、负荷开关							户外隔离开关（A以内）
			600A以内	2000A以内	4000A以内	8000A以内	15000A以内	二段传动另加	带一接地开关另加	1000
预算基价	总　　　价(元)		**446.70**	**754.31**	**1329.64**	**1855.69**	**2684.02**	**429.42**	**221.65**	**1034.68**
	人　工　费(元)		372.60	607.50	1113.75	1551.15	2088.45	222.75	187.65	827.55
	材　料　费(元)		59.01	131.72	179.67	198.94	437.14	163.83	34.00	186.00
	机　械　费(元)		15.09	15.09	36.22	105.60	158.43	42.84	—	21.13
组　成　内　容	单位	单价	数　　量							
人工　综合工	工日	135.00	2.76	4.50	8.25	11.49	15.47	1.65	1.39	6.13
材料　调和漆	kg	14.11	0.2	0.2	0.3	0.3	0.5	0.1	—	0.3
防锈漆 C53-1	kg	13.20	0.2	0.2	0.3	0.3	0.5	0.1	—	0.3
钢板垫板	t	4954.18	0.0010	0.0010	0.0040	0.0040	0.0430	0.0065	0.0055	0.0085
镀锌扁钢 40×4	t	4511.48	0.00320	0.00320	0.00500	0.00500	0.01000	0.00312		0.00500
镀锌精制带帽螺栓 M12×200以内	套	1.99	—	12.20	12.20	4.00	4.00	1.10		
镀锌精制带帽螺栓 M16×200以内	套	3.24	—	12.2	12.2	—	—	—		12.2
镀锌精制带帽螺栓 M20×200以内	套	5.00	—	—	—	12.2	12.2	4.1		
焊接钢管 DN32	t	3843.23	0.00480	0.00480	0.00630	0.00630	0.00630	0.01224		0.01200
机油 5#～7#	kg	7.21	0.10	0.10	0.10	0.10	0.10	0.10	0.05	0.15
汽油 60#～70#	kg	6.67	0.20	0.20	0.30	0.50	0.50	—	0.20	0.35
棉纱	kg	16.11	0.10	0.10	0.20	0.30	0.40	—	0.05	0.20
铁砂布 0#～2#	张	1.15	1.00	2.00	3.00	4.00	6.00	—	0.05	1.00
电焊条 E4303 D3.2	kg	7.59	0.3	0.3	1.0	1.3	2.0	0.2	—	0.5
锯条	根	0.42	1.0	1.0	1.5	2.0	2.0	1.0	0.5	1.5
焊锡丝	kg	60.79	0.10	0.20	0.30	0.40	0.50	—	0.05	0.20
焊锡膏 50g瓶装	kg	49.90	0.02	0.04	0.06	0.08	0.10	—	0.01	0.04
电力复合脂 一级	kg	22.43	0.05	0.08	0.10	0.12	0.15	—	0.02	0.05
轴承 D32	副	35.69	—	—	—	—	—	1	—	—
双叉连接器 D32	个	3.37	—	—	—	—	—	2	—	—
机械　交流弧焊机 21kV·A	台班	60.37	0.25	0.25	0.60	0.80	1.00	0.20	—	0.35
普通车床 400×1000	台班	205.13	—	—	—	—	—	0.15	—	—
载货汽车 5t	台班	443.55	—	—	—	0.06	0.10	—	—	—
汽车式起重机 8t	台班	767.15	—	—	—	0.04	0.07	—	—	—

20

五、互感器安装

工作内容：开箱检查、打眼、安装固定、接地。

单位：台

编　号			2-54	2-55	2-56	2-57	2-58
项　目			电压互感器	电流互感器			
				2000A以内	8000A以内	15000A以内	户外式
预算基价	总　　价(元)		**183.24**	**156.34**	**221.66**	**317.16**	**234.66**
	人　工　费(元)		141.75	112.05	148.50	216.00	162.00
	材　料　费(元)		35.45	38.25	64.10	86.07	66.62
	机　械　费(元)		6.04	6.04	9.06	15.09	6.04
组成内容		单位	单价	数　　量			
人工	综合工	工日	135.00	1.05	0.83	1.10	1.60	1.20
材料	调和漆	kg	14.11	0.10	0.12	0.25	0.25	—
	防锈漆 C53-1	kg	13.20	0.10	0.12	0.25	0.25	—
	钢板垫板	t	4954.18	0.0005	—	0.0005	0.0010	0.0020
	镀锌扁钢 40×4	t	4511.48	0.0022	0.0022	0.0022	0.0035	0.0050
	镀锌精制六角带帽螺栓 M12×(14~75)	套	1.25	4.1	4.1	—	—	—
	镀锌精制带帽螺栓 M14×100以内	套	1.51	—	—	4.1	4.1	4.1
	棉纱	kg	16.11	0.07	0.10	0.15	0.20	0.10
	铁砂布 0#~2#	张	1.15	0.2	0.2	0.5	1.0	0.5
	锯条	根	0.42	—	0.1	0.5	1.0	0.5
	电焊条 E4303 D3.2	kg	7.59	0.10	0.10	0.15	0.25	0.10
	焊锡丝	kg	60.79	0.15	0.20	0.40	0.50	0.30
	焊锡膏 50g瓶装	kg	49.90	0.03	0.04	0.08	0.10	0.06
	汽油 60#~70#	kg	6.67	0.20	0.20	0.50	1.03	0.20
	电力复合脂 一级	kg	22.43	0.05	0.08	0.12	0.15	0.10
机械	交流弧焊机 21kV·A	台班	60.37	0.10	0.10	0.15	0.25	0.10

六、熔断器安装

工作内容： 开箱检查、打眼、安装固定、接地。

单位：组

	编　号			2-59
	项　目			熔断器
预算基价	总　　价（元）			**145.41**
	人　工　费（元）			99.90
	材　料　费（元）			36.45
	机　械　费（元）			9.06
	组 成 内 容	单位	单价	数　　量
人工	综合工	工日	135.00	0.74
材料	调和漆	kg	14.11	0.1
	防锈漆 C53-1	kg	13.20	0.1
	钢板垫板	t	4954.18	0.0003
	镀锌扁钢 40×4	t	4511.48	0.0022
	镀锌精制六角带帽螺栓 M12×（14～75）	套	1.25	6.1
	棉纱	kg	16.11	0.05
	铁砂布 0#～2#	张	1.15	0.2
	汽油 60#～70#	kg	6.67	0.05
	锯条	根	0.42	0.5
	电焊条 E4303 D3.2	kg	7.59	0.15
	焊锡丝	kg	60.79	0.15
	焊锡膏 50g瓶装	kg	49.90	0.03
	电力复合脂 一级	kg	22.43	0.06
机械	交流弧焊机 21kV·A	台班	60.37	0.15

七、电抗器安装

工作内容：开箱检查、安装固定、接地。

单位：组

编　号			2-60	2-61	2-62	2-63	2-64	2-65	2-66	2-67
项　目			干式电抗器(t/组以内)				油浸电抗器(kV·A/台以内)			
			1.5	4.5	7.5	10.0	100	500	1000	3150
预算基价	总　价(元)		**1095.17**	**1415.33**	**1775.80**	**2153.38**	**1059.13**	**1809.21**	**2688.14**	**3967.45**
	人工费(元)		805.95	1048.95	1259.55	1598.40	681.75	1192.05	1540.35	2173.50
	材料费(元)		156.15	163.90	193.44	232.17	169.19	408.97	582.57	796.55
	机械费(元)		133.07	202.48	322.81	322.81	208.19	208.19	565.22	997.40
组成内容	单位	单价	数　量							
人工 综合工	工日	135.00	5.97	7.77	9.33	11.84	5.05	8.83	11.41	16.10
材料 硅酸盐水泥 42.5级	kg	0.41	28.5	28.5	28.5	28.5	—	—	—	—
砂子	t	87.03	0.029	0.029	0.029	0.029	—	—	—	—
调和漆	kg	14.11	0.38	0.38	0.38	0.50	0.30	0.30	0.40	0.60
防锈漆 C53-1	kg	13.20	0.38	0.38	0.38	0.50	0.10	0.10	0.15	0.20
石棉橡胶板 $\delta 1.5$	m²	31.89	1.05	1.05	1.50	2.00	—	—	—	—
钢板垫板	t	4954.18	0.0029	0.0029	0.0029	0.0050	0.0030	0.0040	0.0045	0.0050
镀锌扁钢 40×4	t	4511.48	0.0133	0.0133	0.0150	0.0160	0.0088	0.0088	0.0100	0.0113
镀锌精制六角带帽螺栓 M12×(14～75)	套	1.25	—	—	—	—	4.1	4.1	4.1	4.1
棉纱	kg	16.11	0.3	0.3	0.3	0.5	0.2	0.2	0.3	0.5
汽油 60#～70#	kg	6.67	0.4	0.4	0.4	0.5	0.3	0.4	0.5	1.0
变压器油	kg	8.87	—	—	—	—	7	20	35	50
电焊条 E4303 D3.2	kg	7.59	0.95	0.95	0.95	0.95	0.20	0.20	0.30	0.30
锯条	根	0.42	1.9	1.9	1.9	2.5	1.0	1.0	1.0	1.0

编　号			2-60	2-61	2-62	2-63	2-64	2-65	2-66	2-67
项　目			干式电抗器(t/组以内)				油浸电抗器(kV·A/台以内)			
			1.5	4.5	7.5	10.0	100	500	1000	3150
组 成 内 容	单位	单价	数　量							
材料	焊锡丝	kg	60.79	0.1	0.2	0.3	0.3	0.1	0.2	0.3	0.3
	焊锡膏 50g瓶装	kg	49.90	0.02	0.04	0.06	0.06	0.02	0.04	0.06	0.06
	电力复合脂 一级	kg	22.43	0.05	0.08	0.10	0.12	0.05	0.08	0.10	0.12
	乙炔气	kg	14.66	—	—	—	—	0.20	0.20	0.25	0.30
	氧气	m³	2.88	—	—	—	—	0.60	0.60	0.75	0.90
	铁砂布 0#~2#	张	1.15	—	—	—	—	2	2	2	2
	滤油纸 300×300	张	0.93	—	—	—	—	8	28	45	60
	塑料带 20mm×40m	kg	19.85	—	—	—	—	0.20	0.25	0.30	0.35
	自粘性橡胶带 20mm×5m	卷	10.50	—	—	—	—	0.3	0.3	0.4	0.4
	白纱带 20mm×20m	卷	2.88	—	—	—	—	0.3	0.3	0.4	0.4
	青壳纸 δ0.1~0.8	kg	4.80	—	—	—	—	0.15	0.15	0.30	0.35
	耐油橡胶垫 δ2	m²	33.90	—	—	—	—	0.1	0.1	0.1	0.1
	枕木 2500×200×160	根	285.96	—	—	—	—	—	0.32	0.32	0.48
机械	汽车式起重机 8t	台班	767.15	0.07	0.12	—	—	0.14	0.14	—	—
	汽车式起重机 12t	台班	864.36	—	—	0.2	0.2	—	—	0.5	1.0
	载货汽车 5t	台班	443.55	0.10	0.17	—	—	0.20	0.20	—	—
	载货汽车 10t	台班	574.62	—	—	0.2	0.2	—	—	0.2	0.2
	交流弧焊机 21kV·A	台班	60.37	0.58	0.58	0.58	0.58	0.20	0.20	0.30	0.30

八、电力电容器安装

工作内容：开箱检查、安装固定、接地。

单位：个

编　号				2-68	2-69	2-70	2-71	2-72	2-73	2-74
项　目				移相及串联电容器(kg以内)				集合式并联电容器(t以内)		
				30	60	120	200	2	5	10
预算基价	总　　　价(元)			**44.36**	**55.77**	**70.57**	**77.93**	**456.95**	**591.30**	**804.51**
	人　工　费(元)			24.30	35.10	49.95	56.70	225.45	299.70	326.70
	材　料　费(元)			20.06	20.67	20.62	21.23	29.35	33.57	41.75
	机　械　费(元)			—	—	—	—	202.15	258.03	436.06
组　成　内　容		单位	单价	数　　　　量						
人工	综合工	工日	135.00	0.18	0.26	0.37	0.42	1.67	2.22	2.42
材料	调和漆	kg	14.11	0.05	0.05	0.01	0.01	0.30	0.30	0.40
	防锈漆 C53-1	kg	13.20	0.05	0.05	0.01	0.01	0.30	0.30	0.40
	镀锌扁钢 40×4	t	4511.48	—	—	—	—	0.0032	0.0040	0.0050
	镀锡裸铜绞线 16mm²	kg	54.96	0.3	0.3	0.3	0.3	—	—	—
	汽油 60#~70#	kg	6.67	0.10	0.10	0.10	0.10	0.20	0.20	0.25
	锯条	根	0.42	0.5	0.5	1.0	1.0	1.0	1.0	1.0
	电焊条 E4303 D3.2	kg	7.59	—	—	—	—	0.10	0.15	0.20
	焊锡丝	kg	60.79	0.01	0.02	0.03	0.04	0.05	0.05	0.05
	焊锡膏 50g瓶装	kg	49.90	0.01	0.01	0.01	0.01	0.01	0.01	0.01
	电力复合脂 一级	kg	22.43	0.01	0.01	0.02	0.02	0.03	0.04	0.05
机械	汽车式起重机 8t	台班	767.15	—	—	—	—	0.14	0.18	—
	汽车式起重机 10t	台班	838.68	—	—	—	—	—	—	0.3
	载货汽车 5t	台班	443.55	—	—	—	—	0.20	0.25	—
	载货汽车 10t	台班	574.62	—	—	—	—	—	—	0.3
	交流弧焊机 21kV·A	台班	60.37	—	—	—	—	0.10	0.15	0.20

九、并联补偿电容器组架及交流滤波装置安装

工作内容：开箱、检查、安装固定、接线、接地。

单位：台

编　　号			2-75	2-76	2-77	2-78	2-79	2-80	2-81	2-82
项　　目			并联补偿电容器组架（TBB系列）					交流滤波装置（TJL系列）		
			单列两层	单列三层	双列两层	双列三层	小型组合	电抗组架	放电组架	联线组架
预算基价	总　　价（元）		**548.13**	**567.40**	**705.38**	**746.45**	**569.91**	**358.50**	**264.20**	**157.78**
	人　工　费（元）		438.75	456.30	583.20	616.95	472.50	253.80	186.30	76.95
	材　料　费（元）		57.56	59.28	67.35	71.65	54.65	41.94	41.18	44.11
	机　械　费（元）		51.82	51.82	54.83	57.85	42.76	62.76	36.72	36.72
组 成 内 容	单位	单价	数　　　　量							
人工　综合工	工日	135.00	3.25	3.38	4.32	4.57	3.50	1.88	1.38	0.57
材料　镀锌扁钢 40×4	t	4511.48	0.0050	0.0050	0.0062	0.0068	0.0050	0.0030	0.0030	0.0030
镀锌精制六角带帽螺栓 M12×（14～75）	套	1.25	10.2	10.2	10.2	10.2	10.2	10.2	10.2	10.2
乙炔气	kg	14.66	0.3	0.3	0.3	0.3	0.3	0.3	0.3	0.3
氧气	m³	2.88	1.0	1.0	1.0	1.0	1.0	1.0	1.0	1.0
棉纱	kg	16.11	0.10	0.10	0.10	0.10	0.05	0.05	0.05	0.05
铁砂布 0#～2#	张	1.15	0.5	0.5	0.5	0.5	0.5	0.5	0.5	0.5
电焊条 E4303 D3.2	kg	7.59	0.55	0.55	0.66	0.71	0.30	0.20	0.10	0.10
锯条	根	0.42	1.0	1.0	1.0	1.0	0.5	0.5	0.5	0.5
焊锡丝	kg	60.79	0.10	0.12	0.15	0.17	0.10	0.06	0.06	0.10
焊锡膏 50g瓶装	kg	49.90	0.02	0.03	0.03	0.03	0.02	0.01	0.01	0.02
电力复合脂 一级	kg	22.43	0.05	0.05	0.05	0.05	0.05	0.05	0.05	0.05
机械　汽车式起重机 8t	台班	767.15	0.04	0.04	0.04	0.04	0.04	0.07	0.04	0.04
交流弧焊机 21kV·A	台班	60.37	0.35	0.35	0.40	0.45	0.20	0.15	0.10	0.10

注：进线保护柜安装套用本册基价第四章控制设备及低压电器安装中电源屏安装相应项目。

26

十、高压成套配电柜安装

工作内容：开箱检查、安装固定、放注油、导电接触面的检查调整、附件的拆装、接地。

编　号			2-83	2-84	2-85	2-86	2-87	2-88	2-89
项　目			单母线柜				双母线柜		
			断路器柜（台）	互感器柜（台）	电容器柜、其他柜（台）	母线桥（组）	断路器柜（台）	互感器柜（台）	电容器柜、其他柜（台）
预算基价	总　　价(元)		**1309.33**	**1039.03**	**671.22**	**573.42**	**1585.40**	**1310.35**	**816.96**
	人 工 费(元)		1147.50	915.30	549.45	418.50	1391.85	1127.25	637.20
	材 料 费(元)		46.16	35.93	33.97	39.25	50.70	40.25	36.91
	机 械 费(元)		115.67	87.80	87.80	115.67	142.85	142.85	142.85
组 成 内 容	单位	单价	数　　　　量						
人工 综合工	工日	135.00	8.50	6.78	4.07	3.10	10.31	8.35	4.72
材料 调和漆	kg	14.11	0.1	0.1	0.1	0.1	0.1	0.1	0.1
防锈漆 C53-1	kg	13.20	0.1	0.1	0.1	0.1	0.1	0.1	0.1
钢板垫板	t	4954.18	0.0005	0.0005	0.0005	0.0005	0.0005	0.0005	0.0005
镀锌精制六角带帽螺栓 M12×（14～75）	套	1.25	6.1	6.1	6.1	6.1	6.1	6.1	6.1
变压器油	kg	8.87	0.43	0.20	0.20	—	0.57	0.20	0.20
汽油 60#～70#	kg	6.67	0.2	0.2	0.2	0.2	0.2	0.2	0.2
棉纱	kg	16.11	0.2	0.2	0.1	0.2	0.2	0.2	0.1
铁砂布 0#～2#	张	1.15	0.5	0.5	0.2	0.5	1.0	1.0	0.4
白布	m²	10.34	0.3	0.3	0.3	—	0.2	0.3	0.2
电焊条 E4303 D3.2	kg	7.59	0.15	0.15	0.15	0.15	0.15	0.15	0.15
锯条	根	0.42	0.5	0.5	0.5	0.5	1.0	1.0	1.0
焊锡丝	kg	60.79	0.25	0.15	0.15	0.25	0.30	0.20	0.20
焊锡膏 50g瓶装	kg	49.90	0.05	0.03	0.03	0.05	0.06	0.04	0.04
电力复合脂 一级	kg	22.43	0.10	0.05	0.05	0.10	0.10	0.05	0.05
机械 载货汽车 4t	台班	417.41	0.09	0.06	0.06	0.09	0.10	0.10	0.10
汽车式起重机 8t	台班	767.15	0.09	0.07	0.07	0.09	0.12	0.12	0.12
交流弧焊机 21kV·A	台班	60.37	0.15	0.15	0.15	0.15	0.15	0.15	0.15

十一、组合型成套箱式变电站安装
1.美式箱式变电站安装

工作内容：开箱清点检查、就位、找正、固定、连锁装置检查、导体接触面检查、接地。 单位：座

编　号			2-90	2-91	2-92	2-93	2-94
项　目			变压器容量（kV·A以内）				
			100	315	630	1000	1600
预算基价	总　　价（元）		**1639.38**	**1911.16**	**2260.54**	**2611.52**	**2989.39**
	人　工　费（元）		661.50	787.05	947.70	1058.40	1305.45
	材　料　费（元）		472.54	618.77	776.28	980.72	1111.54
	机　械　费（元）		505.34	505.34	536.56	572.40	572.40
组　成　内　容	单位	单价	数　　量				
人工 综合工	工日	135.00	4.90	5.83	7.02	7.84	9.67
材料 镀锌扁钢（综合）	kg	5.32	72.000	96.000	120.000	152.000	172.800
棉纱	kg	16.11	0.600	0.600	0.750	0.800	0.900
低碳钢焊条 J422 D3.2	kg	3.60	0.360	0.360	0.450	0.450	0.450
平垫铁（综合）	kg	7.42	8.000	10.500	14.000	18.500	21.000
调和漆	kg	14.11	0.300	0.300	0.300	0.300	0.300
红丹环氧防锈漆	kg	21.35	0.300	0.300	0.300	0.300	0.300
汽油 100#	kg	8.11	0.500	0.500	0.500	0.500	0.500
电力复合脂 一级	kg	22.43	0.200	0.200	0.250	0.250	0.250
机械 汽车式起重机 8t	台班	767.15	0.374	0.374	0.411	—	—
汽车式起重机 16t	台班	971.12	—	—	—	0.374	0.374
载货汽车 5t	台班	443.55	0.467	0.467	0.467	—	—
载货汽车 8t	台班	521.59	—	—	—	0.374	0.374
交流弧焊机 21kV·A	台班	60.37	0.187	0.187	0.234	0.234	0.234

2.欧式箱式变电站安装

工作内容： 开箱清点检查、就位、找正、固定、连锁装置检查、导体接触面检查、接地、补漆处理等。

单位：座

	编　号			2-95	2-96	2-97	2-98	2-99	2-100	2-101	2-102
	项　目			变压器容量（kV·A以内）							
				100	315	630	1000	1600	2000	2×400单台≤400	2×630单台≤630
预算基价	总　　　　价（元）			**2261.70**	**2683.08**	**3037.94**	**3552.50**	**4345.29**	**4952.15**	**3955.26**	**4912.60**
	人　工　费（元）			854.55	1120.50	1323.00	1632.15	2211.30	2654.10	1958.85	2652.75
	材　料　费（元）			898.97	1054.40	1206.76	1375.73	1518.02	1682.08	1377.66	1519.96
	机　械　费（元）			508.18	508.18	508.18	544.62	615.97	615.97	618.75	739.89
	组　成　内　容	单位	单价	数　　　　量							
人工	综合工	工日	135.00	6.33	8.30	9.80	12.09	16.38	19.66	14.51	19.65
材料	镀锌扁钢（综合）	kg	5.32	144.000	168.000	190.000	216.000	236.000	260.000	216.000	236.000
	棉纱	kg	16.11	0.750	0.750	0.750	0.850	0.850	0.900	0.950	0.950
	低碳钢焊条 J422 D3.2	kg	3.60	0.450	0.450	0.450	0.450	0.450	0.450	0.540	0.540
	平垫铁（综合）	kg	7.42	11.000	14.500	18.500	21.000	25.000	28.000	21.000	25.000
	调和漆	kg	14.11	0.600	0.600	0.600	0.800	0.800	1.000	0.800	0.800
	红丹环氧防锈漆	kg	21.35	0.600	0.600	0.600	0.800	0.800	1.000	0.800	0.800
	汽油 100#	kg	8.11	0.800	0.800	1.000	1.200	1.500	1.800	1.200	1.500
	变压器油	kg	8.87	0.600	0.800	1.000	1.200	1.500	1.800	1.200	1.500
	电力复合脂 一级	kg	22.43	0.200	0.200	0.300	0.300	0.350	0.400	0.300	0.350
机械	汽车式起重机 8t	台班	767.15	0.374	0.374	0.374	0.374	0.467	0.467	0.467	0.561
	载货汽车 5t	台班	443.55	0.467	0.467	0.467	—	—	—	—	—
	载货汽车 8t	台班	521.59	—	—	—	0.467	0.467	0.467	0.467	0.561
	交流弧焊机 21kV·A	台班	60.37	0.234	0.234	0.234	0.234	0.234	0.234	0.280	0.280

十二、电抗器干燥

工作内容: 准备、通电干燥、维护值班、测量、记录、清理。 单位:组

编 号				2-103	2-104	2-105	2-106	2-107	2-108	2-109	2-110
项 目				干式电抗器(t/组以内)				油浸电抗器(kV·A/台以内)			
				1.5	4.5	7.5	10.0	100	500	1000	3150
预算基价	总 价(元)			**984.94**	**1523.48**	**1920.35**	**3063.89**	**1095.04**	**1722.08**	**2352.99**	**3395.12**
	人 工 费(元)			675.00	1080.00	1350.00	2376.00	797.85	1351.35	1826.55	2554.20
	材 料 费(元)			309.94	443.48	570.35	687.89	281.11	348.22	500.71	808.76
	机 械 费(元)			—	—	—	—	16.08	22.51	25.73	32.16
组 成 内 容		单位	单价	数 量							
人工	综合工	工日	135.00	5.00	8.00	10.00	17.60	5.91	10.01	13.53	18.92
材料	电	kW·h	0.73	325	500	650	700	148	218	300	580
	棉纱	kg	16.11	0.2	0.2	0.2	0.2	0.3	0.3	0.3	0.5
	白纱带 20mm×20m	卷	2.88	—	—	—	—	0.3	0.3	0.5	0.5
	石棉织布 $\delta 2.5$	m²	57.89	1.2	1.3	1.6	3.0	1.2	1.3	1.6	3.0
	白布	m²	10.34	—	—	—	—	0.27	0.27	0.30	0.50
	黑胶布 20mm×20m	卷	2.74	—	—	—	—	0.3	0.3	0.5	0.5
	焊锡丝	kg	60.79	—	—	—	—	0.1	0.1	0.2	0.3
	焊锡膏 50g瓶装	kg	49.90	—	—	—	—	0.02	0.02	0.04	0.06
	塑料绝缘线 BLV-35mm²	m	4.14	—	—	—	—	15	15	30	30
	滤油纸 300×300	张	0.93	—	—	—	—	27	38	43	54
机械	滤油机	台班	32.16	—	—	—	—	0.5	0.7	0.8	1.0

30

十三、配电智能设备安装、调试

1.远方终端设备安装、调试

工作内容： 1.安装：开箱检查、清洁、安装、固定、接地。2.调试：插件外观检查、通电初步检查、装置参数检查、就地分合测试、三遥功能测试、对故障的识别和控制功能测试、保护功能检测及传动试验。

编　号			2-111	2-112	2-113	2-114	2-115	2-116
项　目			变压器配电采集器安装（台）	变压器配电采集器调试（台）	开闭所配电采集器安装（台）	开闭所配电采集器调试（间隔）	环网柜配电采集器安装（台）	环网柜配电采集器调试（台）

预算基价	总　　价(元)			**121.87**	**308.00**	**207.25**	**598.25**	**374.99**	**538.15**
	人　工　费(元)			97.20	291.60	174.15	581.85	243.00	533.25
	材　料　费(元)			12.25	14.37	12.25	14.37	27.92	2.87
	机　械　费(元)			12.42	2.03	20.85	2.03	104.07	2.03

	组 成 内 容	单位	单价	数　　　量					
人工	综合工	工日	135.00	0.72	2.16	1.29	4.31	1.80	3.95
材料	镀锌扁钢（综合）	kg	5.32	2.000	—	2.000	—	2.000	—
	棉纱	kg	16.11	0.100	—	0.100	—	0.500	—
	半圆头铜螺钉带螺母 M4×10	套	0.92	—	—	—	—	3.000	—
	低碳钢焊条（综合）	kg	6.01	—	—	—	—	0.300	—
	铜芯塑料绝缘电线 BV-3×2.5mm²	m	4.66	—	—	—	—	1.000	—
	脱脂棉	kg	28.74	—	0.500	—	0.500	—	0.100
机械	载货汽车 5t	台班	443.55	0.028	—	0.047	—	0.187	—
	交流弧焊机 21kV·A	台班	60.37	—	—	—	—	0.350	—
	笔记本电脑	台班	10.14	—	0.200	—	0.200	—	0.200

工作内容： 1. 安装：开箱检查、清洁、安装、固定、接地。2. 调试：插件外观检查、通电初步检查、装置参数检查、就地分合测试、三遥功能测试、对故障的识别和控制功能测试、保护功能检测及传动试验。

单位：台

编　号			2-117	2-118	2-119	2-120
项　目			柱上变压器配电采集器安装	柱上变压器配电采集器调试	电压监控切换装置安装	电压监控切换装置调试
预算基价	总　价(元)		**276.10**	**667.69**	**209.91**	**452.45**
	人　工　费(元)		243.00	630.45	174.15	436.05
	材　料　费(元)		12.25	14.37	14.91	14.37
	机　械　费(元)		20.85	22.87	20.85	2.03
组　成　内　容	单位	单价	数　　量			
人工 综合工	工日	135.00	1.80	4.67	1.29	3.23
材料 镀锌扁钢（综合）	kg	5.32	2.000	—	2.500	—
棉纱	kg	16.11	0.100	—	0.100	—
脱脂棉	kg	28.74	—	0.500	—	0.500
机械 载货汽车 5t	台班	443.55	0.047	0.047	0.047	—
笔记本电脑	台班	10.14	—	0.200	—	0.200

2.子站设备安装、调试

工作内容： 1.GPS时钟安装、调试:开箱检查、清洁、安装、固定、接地、安装天线、通电检查、对时。2.配电自动化子站柜安装(也称中压监控单元):开箱检查、清洁、安装、固定、接地、软件安装。3.配电网自动化子站本体调试:技术准备、屏幕显示及打印制表测试、遥测量采集及显示试验,状态量采集及显示告警试验、事件顺序记录分辨率测试、遥控功能测试、画面响应时间测试。

编　　　号			2-121	2-122	2-123
项　　　目			GPS时钟安装 （套）	配电自动化子站柜安装 （台）	配电自动化子站柜调试 （系统）
预算基价	总　　　价(元)		**338.85**	**450.00**	**2102.82**
	人　工　费(元)		338.85	338.85	1453.95
	材　料　费(元)		—	27.92	—
	机　械　费(元)		—	83.23	648.87
组 成 内 容		单位	单价	数　　　量		
人工	综合工	工日	135.00	2.51	2.51	10.77
材料	镀锌扁钢（综合）	kg	5.32	—	2.000	—
	棉纱	kg	16.11	—	0.500	—
	半圆头铜螺钉带螺母 M4×10	套	0.92	—	3.000	—
	低碳钢焊条（综合）	kg	6.01	—	0.300	—
	铜芯塑料绝缘电线 BV-3×2.5mm²	m	4.66	—	1.000	—
机械	载货汽车 5t	台班	443.55	—	0.140	—
	交流弧焊机 21kV·A	台班	60.37	—	0.350	—
	网络测试仪	台班	110.69	—	—	1.402
	误码率测试仪	台班	528.00	—	—	0.935

3.主站系统设备安装、调试

工作内容：1.服务器、工作站等主站设备安装、调试:开箱检查、清洁、定位安装、互联、接口检查、设备加电、本体调试;操作系统、应用软件等安装、检测,包括数据库软件、人机交互软件、通信软件、配电监控、管理应用软件等。2.安全隔离装置安装,物理防火墙安装、调试:技术准备、开箱检查、清洁、定位安装、互联、接口检查,设备加电调试、安全策略设置、功能检查。3.调制解调器、路由器安装、调试:技术准备、开箱检查、清洁、定位安装、互联、接口检查,设备加电调试、安全策略设置、功能调试。

单位:系统

编　号			2-124	2-125	2-126	2-127
项　目			服务器及系统软件	工作站及系统软件	安全隔离装置、防火墙	调制解调器
预算基价	总　　价(元)		**506.07**	**457.47**	**355.65**	**175.66**
	人　工　费(元)		484.65	436.05	345.60	174.15
	材　料　费(元)		0.57	0.57	1.15	0.57
	机　械　费(元)		20.85	20.85	8.90	0.94
组　成　内　容		单位	单价	数　　　量		
人工	综合工	工日	135.00	3.59	3.23	2.56	1.29
材料	脱脂棉	kg	28.74	0.020	0.020	0.040	0.020
机械	载货汽车 5t	台班	443.55	0.047	0.047	0.019	—
	笔记本电脑	台班	10.14	—	—	0.047	0.093

34

工作内容： 1.服务器、工作站等主站设备安装、调试：开箱检查、清洁、定位安装、互联、接口检查、设备加电、本体调试；操作系统、应用软件等安装、检测，包括数据库软件、人机交互软件、通信软件、配电监控、管理应用软件等。2.安全隔离装置安装，物理防火墙安装、调试：技术准备、开箱检查、清洁、定位安装、互联、接口检查，设备加电调试、安全策略设置、功能检查。3.调制解调器、路由器安装、调试：技术准备、开箱检查、清洁、定位安装、互联、接口检查，设备加电调试、安全策略设置、功能调试。

编　号			2-128	2-129	2-130	2-131
项　目			路由器 （台）	双机切换装置设备 （台）	局域网交换机 （台）	配电自动化主站系统本体调试 （系统）
预算基价	总　价（元）		**247.47**	**477.33**	**319.14**	**16993.84**
	人　工　费（元）		243.00	172.80	291.60	7755.75
	材　料　费（元）		1.15	0.57	1.15	—
	机　械　费（元）		3.32	303.96	26.39	9238.09
组 成 内 容	单位	单价	数　　量			
人工	综合工	工日	135.00	1.80	1.28	2.16	57.45
材料	脱脂棉	kg	28.74	0.040	0.020	0.040	—
机械	笔记本电脑	台班	10.14	0.327	0.561	0.561	28.037
	网络测试仪	台班	110.69	—	0.467	0.187	14.019
	误码率测试仪	台班	528.00	—	0.467	—	14.019

4.电能表集中采集系统安装、调试

工作内容： 1.安装:开箱检查、清洁、安装、固定、柜(箱)内校接线、挂牌。2.调试:外观检查、通电初步检查、载波通信、继电器控制功能测试。**单位：块**

编　号				2-132	2-133	2-134	2-135
项　目				单相电度表安装	单相电度表调试	三相电度表安装	三相电度表调试
预算基价	总　价(元)			**65.20**	**30.77**	**88.48**	**39.59**
	人　工　费(元)			48.60	14.85	67.50	18.90
	材　料　费(元)			16.60	1.73	20.98	1.73
	机　械　费(元)			—	14.19	—	18.96
组　成　内　容		单位	单价	数　　量			
人工	综合工	工日	135.00	0.36	0.11	0.50	0.14
材料	棉纱	kg	16.11	0.050	0.050	0.050	0.050
	冲击钻头 D10	个	7.47	0.200	—	0.200	—
	普通钻头 φ4~6	个	8.49	1.000	—	1.000	—
	尼龙扎带	根	0.49	10.000	—	18.000	—
	标志牌 塑料扁形	个	0.45	1.000	—	1.000	—
	铅标志牌	个	0.46	1.000	2.000	2.000	2.000
机械	现场测试仪 PLT301A	台班	50.69	—	0.280	—	0.374

5.抄表采集系统安装、调试

工作内容：1.安装：开箱检查、清洁、安装、固定、柜（箱）内校接线、挂牌。2.中间继电器的调试：通电初步检查、继电器控制功能测试。3.采集器、集中器的调试：通电初步检查、装置参数检查、测量功能、自动功能、通信功能检测。4.服务器、工作站等主站设备安装、调试：技术准备、开箱检查、清洁、定位安装、互联、接口检查,设备加电、本体调试;操作系统、应用软件安装、检测。

编 号			2-136	2-137	2-138	2-139
项 目			中间继电器安装 （块）	中间继电器调试 （块）	电表采集器安装 （台）	电表采集器调试 （台）
预算基价	总 价(元)		**36.21**	**34.44**	**41.92**	**154.23**
	人 工 费(元)		24.30	24.30	29.70	29.70
	材 料 费(元)		11.91	3.32	12.22	4.12
	机 械 费(元)		—	6.82	—	120.41
组 成 内 容	单位	单价	数 量			
人工 综合工	工日	135.00	0.18	0.18	0.22	0.22
材料 棉纱	kg	16.11	0.050	0.050	0.100	0.100
半圆头镀锌螺栓 M(2~5)×(15~50)	套	0.24	4.000	—	4.000	—
冲击钻头 D10	个	7.47	0.300	—	0.300	—
普通钻头 φ4~6	个	8.49	0.200	—	0.200	—
尼龙扎带	根	0.49	5.000	—	4.000	—
记号笔	支	3.71	0.200	—	0.200	—
塑料号牌	个	2.51	1.200	1.000	1.200	1.000
机械 笔记本电脑	台班	10.14	—	—	—	0.187
现场测试仪 PLT301A	台班	50.69	—	—	—	0.187
网络测试仪	台班	110.69	—	—	—	0.093
误码率测试仪	台班	528.00	—	—	—	0.187
微机继电保护测试仪	台班	73.36	—	0.093	—	—

工作内容： 1.安装：开箱检查、清洁、安装、固定、柜（箱）内校接线、挂牌。2.中间继电器的调试：通电初步检查、继电器控制功能测试。3.采集器、集中器的调试：通电初步检查、装置参数检查、测量功能、自动功能、通信功能检测。4.服务器、工作站等主站设备安装、调试：技术准备、开箱检查、清洁、定位安装、互联、接口检查，设备加电、本体调试；操作系统、应用软件安装、检测。

单位：台

编　号			2-140	2-141	2-142	2-143	2-144
项　目			数据集中器安装	数据集中器调试	通信前置机	数据库服务器	系统运行管理工作站
预算基价	总　　价(元)		**57.90**	**651.75**	**765.88**	**834.05**	**804.49**
	人　工　费(元)		48.60	106.65	280.80	688.50	183.60
	材　料　费(元)		9.30	4.55	15.03	20.92	20.05
	机　械　费(元)		—	540.55	470.05	124.63	600.84
组　成　内　容	单位	单价	数　　　量				
人工 综合工	工日	135.00	0.36	0.79	2.08	5.10	1.36
材料 棉纱	kg	16.11	0.100	0.100	—	—	—
冲击钻头 D10	个	7.47	0.300	—	—	—	—
普通钻头 φ4~6	个	8.49	0.200	—	—	—	—
尼龙扎带	根	0.49	—	6.000	10.000	10.000	10.000
记号笔	支	3.71	0.200	—	0.200	0.200	0.200
相色带 20mm×20m	卷	4.99	—	—	0.300	0.400	0.300
脱脂棉	kg	28.74	—	—	0.100	0.200	0.100
塑料号牌	个	2.51	1.200	—	2.000	3.000	4.000
机械 叉式起重机 3t	台班	484.07	—	—	0.093	0.187	0.093
笔记本电脑	台班	10.14	—	0.935	0.467	3.364	0.561
现场测试仪 PLT301A	台班	50.69	—	0.467	—	—	—
网络测试仪	台班	110.69	—	—	1.121	—	1.402
误码率测试仪	台班	528.00	—	0.935	0.561	—	0.748
微机继电保护测试仪	台班	73.36	—	0.187	—	—	—

工作内容: 1.安装:开箱检查、清洁、安装、固定、柜(箱)内校接线、挂牌。2.中间继电器的调试:通电初步检查、继电器控制功能测试。3.采集器、集中器的调试:通电初步检查、装置参数检查、测量功能、自动功能、通信功能检测。4.服务器、工作站等主站设备安装、调试:技术准备、开箱检查、清洁、定位安装、互联、接口检查,设备加电、本体调试;操作系统、应用软件安装、检测。   **单位:**台

编　号				2-145	2-146	2-147	2-148
项　目				集抄工作站	台变监控工作站	远程工作站	WEB服务器
预算基价	总　　价(元)			**373.19**	**252.57**	**249.06**	**307.86**
	人 工 费(元)			179.55	179.55	174.15	194.40
	材 料 费(元)			19.80	22.31	22.31	22.31
	机 械 费(元)			173.84	50.71	52.60	91.15
组 成 内 容		单位	单价	数　　量			
人工	综合工	工日	135.00	1.33	1.33	1.29	1.44
材料	尼龙扎带	根	0.49	10.000	10.000	10.000	10.000
	记号笔	支	3.71	0.200	0.200	0.200	0.200
	相色带 20mm×20m	卷	4.99	0.250	0.250	0.250	0.250
	脱脂棉	kg	28.74	0.100	0.100	0.100	0.100
	塑料号牌	个	2.51	4.000	5.000	5.000	5.000
机械	叉式起重机 3t	台班	484.07	0.093	0.093	0.093	0.093
	笔记本电脑	台班	10.14	0.467	0.561	0.748	0.467
	网络测试仪	台班	110.69	1.121	—	—	0.374

39

第三章　母线安装

说　明

一、本章适用范围：软母线、带形母线、槽形母线、共箱母线、低压封闭式插接母线槽、重型母线安装工程。

二、组合软母线安装不包含两端铁构件制作、安装和支持瓷瓶、带形母线的安装。组合软导线的跨距按标准跨距综合考虑,如实际跨距与子目不符时不做换算。

三、软母线安装按单串绝缘子考虑,如设计为双串绝缘子,人工工日乘以系数1.08。耐张绝缘子串的安装已包括在软母线安装内。

四、两跨软母线间的跳引线安装,不论两端的耐张线夹是螺栓式或压接式,均执行软母线跳线子目,不得换算。

五、软母线的引下线、跳线、设备连线均按导线截面分别执行子目,不区分引下线、跳线和设备连线。软母线经终端耐张线夹引下(不经T形线夹或并沟线夹引下)与设备连接的部分均执行引下线子目,不得换算。

六、带形钢母线安装执行同规格的铜母线安装。

七、带形母线伸缩接头和铜过渡板均按成品考虑,子目只考虑安装。

八、高压共箱母线和低压封闭式插接母线槽均按制造厂供应的成品考虑,子目只包含现场安装。封闭式插接母线槽如果在竖井内安装,人工费和机械费乘以系数2.00。

九、低压封闭式插接母线槽每节之间的接地连线设计规格不同时允许换算。

十、带形母线、槽形母线安装均不包括支持瓷瓶安装和钢构件配置安装,其工程量应分别按设计成品数量执行本章基价和本册基价第四章控制设备及低压电器安装的相应子目。

工程量计算规则

一、共箱母线依据型号、规格,按设计图示尺寸以长度计算。

二、重型母线依据型号、截面面积,按设计图示尺寸以质量计算。

三、重型铝母线接触面加工指铸造件需加工接触面时,可以依据其接触面大小,按数量计算。

四、母线伸缩接头及铜过渡板安装均按设计图示数量计算。

五、槽形母线与设备连接分别依据连接不同的设备,按设计图示设备数量计算。槽形母线及固定槽形母线的金具按设计用量加损耗率计算。

六、低压(指380V以内)封闭式插接母线槽依据不同型号、容量(A),按设计图示尺寸以长度计算,长度按设计母线的轴线长度计算,分线箱分别以电流大小按设计数量计算。

七、软母线指直接由耐张绝缘子串悬挂部分,按软母线截面大小计算。设计跨距不同时,不得调整。导线、绝缘子、线夹、弛度调节金具等均按设计图示用量加基价规定的损耗率计算。软母线预留长度按下表计算。

软母线安装预留长度表 单位: m/根

项 目	耐 张	跳 线	引下线、设备连接线
预留长度	2.5	0.8	0.6

八、软母线引下线,指由T形线夹或并沟线夹从软母线引向设备的连接线,每三相为一跨。

九、组合软母线安装,按三相为一组,以组的数量计算。跨距(包括水平悬挂部分和两端引下部分之和)系以45m以内考虑的,实际跨度不同不得调整。导线、绝缘子、线夹、金具按设计图示数量加基价规定的损耗率计算。

十、带形母线安装及带形母线引下线安装包括铜排、铝排,分别以不同截面和片数计算。母线和固定母线的金具均按图示数量加损耗率计算。

十一、硬母线配置安装预留长度按下表规定计算。

硬母线配置安装预留长度表 单位: m/根

序号	项 目	预 留 长 度	说 明
1	带形、槽形母线终端	0.3	从最后一个支持点算起
2	带形、槽形母线与分支线连接	0.5	分支线预留
3	带形母线与设备连接	0.5	从设备端子接口算起
4	多片重型母线与设备连接	1.0	从设备端子接口算起
5	槽形母线与设备连接	0.5	从设备端子接口算起

十二、穿墙套管安装不分水平、垂直安装。

十三、悬垂绝缘子串安装,指垂直或 V 形安装的提挂导线、跳线、引下线、设备连接线或设备等所用的绝缘子串安装。

十四、支持绝缘子安装分别按安装在户内、户外、单孔、双孔、四孔固定。

十五、设备连接线安装,指两设备间的连接部分。不论引下线、跳线、设备连接线,均应分别按导线截面、三相为一组计算工程量。

一、软母线安装

工作内容：检查、下料、压接、组装、悬挂、调整弛度、紧固、配合绝缘子测试。

单位：跨

编　号			2-149	2-150	2-151
项　目			导线		
			截面（mm²以内）		
			150	240	400
预算基价	总　　价（元）		**666.39**	**744.70**	**893.28**
	人 工 费（元）		594.00	621.00	702.00
	材 料 费（元）		19.11	15.29	20.06
	机 械 费（元）		53.28	108.41	171.22
组 成 内 容		单位	单价	数　　量	
人工	综合工	工日	135.00	4.40	4.60	5.20
材料	防锈漆 C53-1	kg	13.20	0.2	0.2	0.2
	酚醛磁漆	kg	14.23	0.05	0.05	0.06
	棉纱	kg	16.11	0.2	0.3	0.4
	汽油 60#～70#	kg	6.67	0.10	0.15	0.20
	镀锌钢丝 D0.7～1.2	kg	7.34	0.1	0.1	0.1
	尼龙砂轮片 D400	片	15.64	0.3	0.2	0.3
	铝包带 1×10	kg	20.99	0.2	—	—
	电力复合脂 一级	kg	22.43	0.10	0.10	0.15
机械	汽车式起重机 8t	台班	767.15	0.01	0.01	0.02
	载货汽车 5t	台班	443.55	0.01	0.02	0.03
	卷扬机 单筒慢速 30kN	台班	205.84	0.2	0.2	0.2
	液压压接机 200t	台班	169.00		0.30	0.60

注：主要材料为软导线、金具、绝缘子。

二、软母线引下线、跳线及设备连线

工作内容:测量、下料、压接、安装连接、弛度调整。

单位:跨

编 号				2-152	2-153	2-154
项 目				导线		
				截面(mm²以内)		
				150	240	400
预算基价	总 价(元)			**347.05**	**412.41**	**461.64**
	人 工 费(元)			297.00	310.50	345.60
	材 料 费(元)			49.03	74.86	80.54
	机 械 费(元)			1.02	27.05	35.50
组 成 内 容		单位	单价	数 量		
人工	综合工	工日	135.00	2.20	2.30	2.56
材料	防锈漆 C53-1	kg	13.20	0.2	0.2	0.2
	电	kW·h	0.73	1.5	1.5	1.5
	电力复合脂 一级	kg	22.43	—	0.10	0.10
	镀锌精制带帽螺栓 M14×100以内	套	1.51	8.2	18.4	18.4
	镀锌钢丝 D0.7~1.2	kg	7.34	0.1	0.1	0.1
	铁砂布 0#~2#	张	1.15	0.5	0.5	1.0
	棉纱	kg	16.11	—	0.1	0.1
	尼龙砂轮片 D400	片	15.64	0.2	0.2	0.3
	焊锡丝	kg	60.79	0.40	0.50	0.55
	焊锡膏 50g瓶装	kg	49.90	0.07	0.08	0.09
	汽油 60#~70#	kg	6.67	0.10	0.10	0.10
机械	立式钻床 D25	台班	6.78	0.15	0.25	0.25
	液压压接机 200t	台班	169.00	—	0.15	0.20

注:主要材料为导线、金具、绝缘子、线夹。

三、组合软母线安装

工作内容： 检查、下料、压接、组装、悬挂紧固、弛度调整、横联装置安装。

单位：组

编　号			2-155	2-156	2-157	2-158	2-159	2-160
项　目			母线（根数）					
			2	3	10	14	18	26
预算基价	总　　价(元)		**1954.45**	**2601.83**	**6029.48**	**7706.68**	**9186.87**	**11626.94**
	人工费(元)		1578.15	2042.55	5051.70	6497.55	7663.95	9548.55
	材料费(元)		54.04	72.05	199.92	270.46	344.31	482.89
	机械费(元)		322.26	487.23	777.86	938.67	1178.61	1595.50
组成内容		单位	单价	数　量				
人工	综合工	工日	135.00	11.69	15.13	37.42	48.13	56.77	70.73
材料	调和漆	kg	14.11	0.2	0.2	0.3	0.3	0.4	0.5
	防锈漆 C53-1	kg	13.20	0.18	0.21	0.42	0.54	0.66	0.90
	酚醛磁漆	kg	14.23	0.09	0.14	0.45	0.63	0.81	1.17
	棉纱	kg	16.11	0.15	0.15	0.20	0.30	0.30	0.40
	铁砂布 0#~2#	张	1.15	1	1	2	2	3	3
	汽油 60#~70#	kg	6.67	0.1	0.2	0.7	1.0	1.5	2.0
	镀锌钢丝 D0.7~1.2	kg	7.34	0.15	0.20	0.40	0.50	0.60	0.70
	尼龙砂轮片 D400	片	15.64	0.4	0.6	1.2	1.4	1.8	2.0
	铝包带 1×10	kg	20.99	1.5	2.0	6.7	9.4	12.0	17.4
	电力复合脂 一级	kg	22.43	0.2	0.3	0.5	0.6	0.7	1.0
机械	汽车式起重机 8t	台班	767.15	0.01	0.02	0.07	0.10	0.13	0.19
	载货汽车 5t	台班	443.55	0.02	0.03	0.10	0.14	0.18	0.26
	卷扬机 单筒慢速 30kN	台班	205.84	0.500	0.750	1.250	1.472	1.750	2.000
	液压压接机 200t	台班	169.00	1.20	1.80	2.50	2.94	3.78	5.46

四、带形母线安装
1.带形铜母线安装

工作内容：平直、下料、揻弯、母线安装、接头、刷分相漆。

单位：10m

编 号				2-161	2-162	2-163	2-164	2-165	2-166	2-167	2-168	2-169	2-170
项 目				每相一片				每相二片		每相三片		每相四片	
				截面（mm²以内）									
				360	800	1000	1250	1000	1250	1000	1250	1000	1250
预算基价	总 价（元）			**379.85**	**497.66**	**587.08**	**655.63**	**1043.17**	**1177.22**	**1502.81**	**1819.73**	**1939.18**	**2196.85**
	人 工 费（元）			247.05	345.60	396.90	442.80	714.15	797.85	1030.05	1281.15	1331.10	1501.20
	材 料 费（元）			98.31	106.21	139.69	156.45	230.97	269.54	327.15	375.29	414.90	478.91
	机 械 费（元）			34.49	45.85	50.49	56.38	98.05	109.83	145.61	163.29	193.18	216.74
组 成 内 容		单位	单价	数 量									
人工	综合工	工日	135.00	1.83	2.56	2.94	3.28	5.29	5.91	7.63	9.49	9.86	11.12
材料	酚醛磁漆	kg	14.23	0.350	0.450	0.550	0.660	0.660	0.792	0.720	0.864	0.770	0.924
	精制沉头螺栓 M16×25	套	1.28	7.14	7.14	7.14	7.14	7.14	7.14	7.14	7.14	7.14	7.14
	镀锌精制六角带帽螺栓 M16×（85～140）	套	3.24	—	—	—	—	—	—	12.2	12.2	12.2	12.2
	镀锌精制带帽螺栓 M16×100以内	套	2.60	12.2	12.2	12.2	12.2	12.2	12.2	—	—	—	—
	棉纱	kg	16.11	0.05	0.06	0.07	0.07	0.14	0.14	0.21	0.21	0.28	0.28
	铁砂布 0#～2#	张	1.15	0.50	0.80	1.00	1.20	1.50	1.80	2.25	2.70	2.50	3.60
	油浸薄纸 8开	张	0.95	—	—	—	—	0.075	0.090	0.100	0.120	—	0.120
	汽油 60#～70#	kg	6.67	0.32	0.40	0.50	0.50	0.70	0.84	0.90	1.00	1.00	1.10
	氩气	m³	18.60	0.84	0.90	1.30	1.50	2.60	3.00	3.90	4.50	5.20	6.00
	锯条	根	0.42	0.7	1.0	1.2	1.5	2.4	3.0	3.6	4.5	4.0	5.0
	铜焊条 铜107 D3.2	kg	51.27	0.44	0.51	0.91	1.09	1.82	2.18	2.73	3.27	3.64	4.36
	钍钨棒	kg	640.87	0.0084	0.0084	0.0100	0.0120	0.0200	0.0240	0.0300	0.0360	0.0400	0.0480
	焊锡丝	kg	60.79	0.06	0.07	0.09	0.10	0.20	0.31	0.27	0.30	0.36	0.40
	焊锡膏 50g瓶装	kg	49.90	0.02	0.02	0.03	0.03	0.06	0.06	0.09	0.09	0.12	0.12
	电力复合脂 一级	kg	22.43	0.02	0.02	0.03	0.03	0.06	0.06	0.09	0.09	0.12	0.12
机械	氩弧焊机 500A	台班	96.11	0.14	0.17	0.20	0.24	0.40	0.48	0.60	0.72	0.80	0.96
	立式钻床 D25	台班	6.78	0.04	0.04	0.04	0.04	0.08	0.08	0.12	0.12	0.16	0.16
	万能母线揻弯机	台班	29.24	0.71	1.00	1.06	1.13	2.02	2.16	2.98	3.19	3.94	4.22

2.带形铝母线安装

工作内容：平直、下料、搣弯、母线安装、接头、刷分相漆。

单位：10m

编　号			2-171	2-172	2-173	2-174	2-175	2-176	2-177	2-178	2-179	2-180
项　目			每相一片				每相二片		每相三片		每相四片	
			截面（mm² 以内）									
			360	800	1000	1250	1000	1250	1000	1250	1000	1250
预算基价	总　价（元）		**274.75**	**354.62**	**401.74**	**442.52**	**708.63**	**783.81**	**1015.60**	**1218.33**	**1303.38**	**1455.93**
	人工费（元）		174.15	243.00	278.10	310.50	510.30	569.70	735.75	915.30	950.40	1071.90
	材料费（元）		73.08	75.63	83.90	88.31	118.92	126.76	160.70	171.97	194.16	209.33
	机械费（元）		27.52	35.99	39.74	43.71	79.41	87.35	119.15	131.06	158.82	174.70
组成内容		单位	单价	数　量								
人工	综合工	工日	135.00	1.29	1.80	2.06	2.30	3.78	4.22	5.45	6.78	7.04	7.94
材料	酚醛磁漆	kg	14.23	0.35	0.45	0.55	0.60	0.66	0.72	0.72	0.78	0.77	0.84
	绝缘清漆	kg	13.35	0.12	0.18	0.18	0.20	0.22	0.24	0.25	0.26	0.25	0.28
	精制沉头螺栓 M16×25	套	1.28	7.14	7.14	7.14	7.14	7.14	7.14	7.14	7.14	7.14	7.14
	镀锌精制六角带帽螺栓 M16×（85～140）	套	3.24	—	—	—	—	—	—	12.2	12.2	12.2	12.2
	镀锌精制带帽螺栓 M16×100以内	套	2.60	12.2	12.2	12.2	12.2	12.2	12.2	—	—	—	—
	棉纱	kg	16.11	0.04	0.06	0.06	0.06	0.12	0.12	0.18	0.18	0.24	0.24
	铁砂布 0#～2#	张	1.15	0.5	0.5	0.5	0.5	1.0	1.0	1.5	1.5	2.0	2.0
	锯条	根	0.42	0.5	0.5	0.5	0.5	1.0	1.0	1.5	1.5	2.0	2.0
	铝焊条 铝109 D4	kg	46.29	0.14	0.14	0.18	0.20	0.36	0.40	0.54	0.60	0.72	0.80
	钍钨棒	kg	640.87	0.00700	0.00700	0.00900	0.01000	0.01815	0.01995	0.02700	0.03000	0.03590	0.04000
	氩气	m³	18.60	0.7	0.7	0.9	1.0	1.8	2.0	2.7	3.0	3.6	4.0
	电力复合脂 一级	kg	22.43	0.01	0.01	0.01	0.01	0.02	0.02	0.03	0.03	0.04	0.04
机械	氩弧焊机 500A	台班	96.11	0.10	0.10	0.12	0.14	0.24	0.28	0.36	0.42	0.48	0.56
	立式钻床 D25	台班	6.78	0.01	0.01	0.02	0.02	0.03	0.03	0.05	0.05	0.06	0.06
	万能母线搣弯机	台班	29.24	0.61	0.90	0.96	1.03	1.92	2.06	2.88	3.09	3.84	4.12

注：主要材料为母线、金具。

五、带形母线引下线安装
1.带形铜母线引下线安装

工作内容：平直、下料、测位、找正、钻眼、安装固定、刷分相漆。

单位：10m

编 号			2-181	2-182	2-183	2-184	2-185	2-186	2-187	2-188	2-189	2-190
项 目			每相一片				每相二片		每相三片		每相四片	
			截面（mm²以内）									
			360	800	1000	1250	1000	1250	1000	1250	1000	1250
预算基价	总 价(元)		**620.72**	**861.61**	**1025.74**	**1093.04**	**1863.34**	**2117.18**	**2788.32**	**2904.67**	**3694.16**	**3902.99**
	人 工 费(元)		476.55	676.35	812.70	868.05	1544.40	1776.60	2342.25	2427.30	3146.85	3315.60
	材 料 费(元)		121.38	153.85	179.88	189.78	255.54	273.08	352.43	377.59	423.43	455.32
	机 械 费(元)		22.79	31.41	33.16	35.21	63.40	67.50	93.64	99.78	123.88	132.07
组 成 内 容	单位	单价	数 量									
人工 综合工	工日	135.00	3.53	5.01	6.02	6.43	11.44	13.16	17.35	17.98	23.31	24.56
材料 酚醛磁漆	kg	14.23	0.35	0.45	0.55	0.66	0.66	0.79	0.72	0.86	0.77	0.92
精制沉头螺栓 M16×25	套	1.28	7.14	7.14	7.14	7.14	7.14	7.14	7.14	7.14	7.14	7.14
镀锌精制六角带帽螺栓 M16×（85～140）	套	3.24	—	—	—	—	—	—	32.6	32.6	32.6	32.6
镀锌精制带帽螺栓 M16×100以内	套	2.60	24.5	32.6	32.6	32.6	32.6	32.6	—	—	—	—
棉纱	kg	16.11	0.050	0.060	0.570	0.684	1.060	1.270	1.670	2.000	2.000	2.400
油浸薄纸 8开	张	0.95	—	—	—	—	1.20	1.44	1.60	1.92	1.60	1.92
汽油 60#～70#	kg	6.67	0.62	0.90	1.00	1.20	1.45	1.74	1.90	2.28	2.35	2.82
锯条	根	0.42	1.8	2.3	2.8	3.5	5.0	6.0	7.0	8.0	9.0	10.0
焊锡丝	kg	60.79	0.48	0.56	0.72	0.80	1.44	1.60	2.16	2.40	2.88	3.20
焊锡膏 50g瓶装	kg	49.90	0.12	0.16	0.24	0.24	0.48	0.48	0.72	0.72	0.96	0.96
电力复合脂 一级	kg	22.43	0.12	0.16	0.24	0.24	0.48	0.48	0.72	0.72	0.96	0.96
机械 立式钻床 D25	台班	6.78	0.30	0.32	0.32	0.32	0.64	0.64	0.96	0.96	1.28	1.28
万能母线揻弯机	台班	29.24	0.71	1.00	1.06	1.13	2.02	2.16	2.98	3.19	3.94	4.22

2.带形铝母线引下线安装

工作内容：平直、下料、测位、找正、钻眼、安装固定、刷分相漆。

单位：10m

编号			2-191	2-192	2-193	2-194	2-195	2-196	2-197	2-198	2-199	2-200
项目			每相一片				每相二片		每相三片		每相四片	
			截面（mm²以内）									
			360	800	1000	1250	1000	1250	1000	1250	1000	1250
预算基价	总　　价（元）		**408.60**	**574.34**	**720.17**	**763.53**	**1279.85**	**1453.45**	**1906.51**	**1977.00**	**2517.71**	**2655.00**
	人　工　费（元）		340.20	483.30	580.50	619.65	1102.95	1269.00	1672.65	1733.40	2247.75	2371.95
	材　料　费（元）		49.48	63.37	109.97	112.14	117.50	120.96	144.77	148.37	151.17	156.07
	机　械　费（元）		18.92	27.67	29.70	31.74	59.40	63.49	89.09	95.23	118.79	126.98
组成内容		单位	单价	数　　量								
人工	综合工	工日	135.00	2.52	3.58	4.30	4.59	8.17	9.40	12.39	12.84	16.65	17.57
材料	酚醛磁漆	kg	14.23	0.35	0.45	0.55	0.60	0.66	0.72	0.72	0.78	0.77	0.84
	绝缘清漆	kg	13.35	0.12	0.15	0.18	0.20	0.22	0.24	0.23	0.26	0.25	0.28
	镀锌精制六角带帽螺栓 M12×（14～75）	套	1.25	24.5	32.6	—	—	—	—	—	—	—	—
	镀锌精制六角带帽螺栓 M16×（85～140）	套	3.24	—	—	—	—	—	—	32.6	32.6	32.6	32.6
	镀锌精制带帽螺栓 M16×100以内	套	2.60	—	—	32.6	32.6	32.6	32.6	—	—	—	—
	精制沉头螺栓 M16×25	套	1.28	7.14	7.14	7.14	7.14	7.14	7.14	7.14	7.14	7.14	7.14
	棉纱	kg	16.11	0.05	0.08	0.10	0.12	0.20	0.25	0.30	0.35	0.40	0.48
	铁砂布 0#～2#	张	1.15	0.5	1.0	1.0	1.0	2.0	2.0	3.0	3.0	4.0	4.0
	锯条	根	0.42	1.5	2.0	2.0	3.0	3.0	4.0	4.0	5.0	5.0	6.0
	电力复合脂 一级	kg	22.43	0.05	0.08	0.10	0.12	0.20	0.25	0.30	0.35	0.40	0.48
机械	立式钻床 D25	台班	6.78	0.16	0.20	0.24	0.24	0.48	0.48	0.72	0.72	0.96	0.96
	万能母线揻弯机	台班	29.24	0.61	0.90	0.96	1.03	1.92	2.06	2.88	3.09	3.84	4.12

六、槽形母线安装

工作内容：平直、下料、搣弯、锯头、钻孔、对口、焊接、安装固定、刷分相漆。

单位：10m

编　号				2-201	2-202	2-203	2-204
项　目				2(100×45×5)以内	2(150×65×7)以内	2(200×90×12)以内	2(250×115×12.5)以内
预算基价	总　　　价(元)			**795.21**	**936.07**	**1157.69**	**1426.56**
	人　工　费(元)			669.60	791.10	973.35	1216.35
	材　料　费(元)			33.07	45.70	65.40	81.66
	机　械　费(元)			92.54	99.27	118.94	128.55
组　成　内　容		单位	单价	数　　量			
人工	综合工	工日	135.00	4.96	5.86	7.21	9.01
材料	酚醛磁漆	kg	14.23	1.0	1.5	2.0	2.5
	氩气	m³	18.60	0.50	0.65	1.00	1.25
	棉纱	kg	16.11	0.04	0.05	0.06	0.07
	锯条	根	0.42	2.0	2.5	3.0	4.0
	铝焊条 铝109 $D4$	kg	46.29	0.10	0.13	0.20	0.25
	钍钨棒	kg	640.87	0.0050	0.0065	0.0100	0.0125
	电力复合脂 一级	kg	22.43	0.01	0.01	0.02	0.02
机械	氩弧焊机 500A	台班	96.11	0.25	0.32	0.40	0.50
	立式钻床 $D25$	台班	6.78	0.10	0.10	0.20	0.20
	牛头刨床 650	台班	226.12	0.30	0.30	0.35	0.35

注：主要材料为母线、金具。

七、槽形母线与设备连接
1.与发电机、变压器连接

工作内容: 平直、下料、撤弯、钻孔、锉面、连接固定。

单位:台

编　　号				2-205	2-206	2-207	2-208	2-209	2-210	2-211	2-212
项　　目				与发电机连接(6个头)				与变压器连接(3个头)			
				2(100×45×5)以内	2(150×65×7)以内	2(200×90×12)以内	2(250×115×12.5)以内	2(100×45×5)以内	2(150×65×7)以内	2(200×90×12)以内	2(250×115×12.5)以内
预算基价	总　　价(元)			**3020.58**	**3716.56**	**4469.22**	**4759.23**	**2266.77**	**2829.80**	**3697.57**	**3972.49**
	人　工　费(元)			2068.20	2736.45	3466.80	3712.50	1644.30	2189.70	3041.55	3284.55
	材　料　费(元)			928.07	944.16	954.82	987.49	607.89	616.13	624.93	640.68
	机　械　费(元)			24.31	35.95	47.60	59.24	14.58	23.97	31.09	47.26
组 成 内 容		单位	单价	数　　　　量							
人工	综合工	工日	135.00	15.32	20.27	25.68	27.50	12.18	16.22	22.53	24.33
材料	电	kW·h	0.73	8.0	10.0	12.5	15.0	8.0	9.0	10.0	12.5
	电力复合脂 一级	kg	22.43	0.05	0.08	0.10	0.12	0.03	0.05	0.08	0.10
	镀锌精制带帽螺栓 M16×100以内	套	2.60	198	198	198	198	216	216	216	216
	镀锌精制带帽螺栓 M20×100以内	套	3.89	84	84	84	84	—	—	—	—
	棉纱	kg	16.11	0.10	0.15	0.20	0.20	0.05	0.08	0.10	0.12
	焊锡丝	kg	60.79	1.2	1.4	1.5	2.0	0.6	0.7	0.8	1.0
	焊锡膏 50g瓶装	kg	49.90	0.10	0.12	0.15	0.15	0.05	0.06	0.08	0.10
机械	立式钻床 D25	台班	6.78	0.25	0.30	0.35	0.40	0.15	0.20	0.25	0.30
	牛头刨床 650	台班	226.12	0.10	0.15	0.20	0.25	0.06	0.10	0.13	0.20

注:主要材料为母线。

2.与断路器、隔离开关连接

工作内容：平直、下料、撼弯、钻孔、锉面、连接固定。

单位：组

	编　号			2-213	2-214	2-215	2-216	2-217	2-218	2-219	2-220
	项　目			与断路器连接（3个头）				与隔离开关连接（3个头）			
				2(100×45×5)以内	2(150×65×7)以内	2(200×90×12)以内	2(250×115×12.5)以内	2(100×45×5)以内	2(150×65×7)以内	2(200×90×12)以内	2(250×115×12.5)以内
预算基价	总　　价（元）			**3142.66**	**3724.48**	**4554.77**	**4891.97**	**3082.21**	**3664.03**	**4497.02**	**4832.87**
	人　工　费（元）			1946.70	2494.80	3284.55	3588.30	1823.85	2371.95	3164.40	3466.80
	材　料　费（元）			1171.31	1193.39	1222.28	1244.09	1233.71	1255.79	1284.68	1306.49
	机　械　费（元）			24.65	36.29	47.94	59.58	24.65	36.29	47.94	59.58
组　成　内　容		单位	单价	数　量							
人工	综合工	工日	135.00	14.42	18.48	24.33	26.58	13.51	17.57	23.44	25.68
材料	电	kW·h	0.73	12.5	14.0	16.5	18.0	12.5	14.0	16.5	18.0
	电力复合脂　一级	kg	22.43	0.08	0.10	0.12	0.15	0.08	0.10	0.12	0.15
	镀锌精制带帽螺栓 M16×100以内	套	2.60	408	408	408	408	432	432	432	432
	棉纱	kg	16.11	0.15	0.20	0.25	0.30	0.15	0.20	0.25	0.30
	焊锡丝	kg	60.79	1.5	1.8	2.2	2.5	1.5	1.8	2.2	2.5
	焊锡膏 50g瓶装	kg	49.90	0.12	0.15	0.18	0.20	0.12	0.15	0.18	0.20
机械	牛头刨床 650	台班	226.12	0.10	0.15	0.20	0.25	0.10	0.15	0.20	0.25
	立式钻床 D25	台班	6.78	0.30	0.35	0.40	0.45	0.30	0.35	0.40	0.45

注：主要材料为母线。

八、共箱母线安装

工作内容: 配合基础铁件安装、清点检查、吊装、调整箱体、连接固定（包含母线连接）、接地、刷漆、配合试验。

单位: 10m

编 号				2-221	2-222	2-223	2-224	2-225	2-226	2-227	2-228
项 目				铜母线（箱体/导体）				铝母线（箱体/导体）			
				900×500/3×(100×8)	1000×550/3×(100×10)	1100×600/3×2(100×10)	1200×650/3×3(100×10)	900×500/3×(120×10)	1000×550/3×2(120×10)	1100×600/3×3(120×10)	1200×650/3×4(120×10)
预算基价	总 价（元）			**8053.11**	**8544.10**	**9263.14**	**9954.77**	**7801.55**	**8320.63**	**8843.82**	**9338.83**
	人 工 费（元）			4421.25	4596.75	5258.25	5872.50	4222.80	4502.25	4846.50	5251.50
	材 料 费（元）			1007.80	1037.23	1094.77	1172.15	1000.90	1045.67	1106.46	1177.21
	机 械 费（元）			2624.06	2910.12	2910.12	2910.12	2577.85	2772.71	2890.86	2910.12
组 成 内 容		单位	单价	数 量							
人工	综合工	工日	135.00	32.75	34.05	38.95	43.50	31.28	33.35	35.90	38.90
材料	调和漆	kg	14.11	2.0	2.0	2.0	2.0	1.5	1.7	1.8	2.0
	喷漆	kg	22.50	10.73	11.00	11.50	12.95	10.73	11.50	12.00	12.95
	钢板垫板	t	4954.18	0.02200	0.02400	0.02538	0.02638	0.02200	0.02400	0.02538	0.02638
	镀锌扁钢 40×4	t	4511.48	0.02021	0.02021	0.02021	0.02021	0.02021	0.02021	0.02021	0.02021
	镀锌精制带帽螺栓 M20×100以内	套	3.89	11.1	11.1	11.1	11.1	11.1	11.1	11.1	11.1
	镀锌钢丝 D2.8~4.0	kg	6.91	1.2	1.2	1.5	1.5	1.2	1.2	1.5	1.5
	瓷嘴	个	4.80	3.0	3.5	3.5	3.5	3.0	3.5	3.5	3.5
	乙炔气	kg	14.66	0.17	0.17	0.17	0.22	0.17	0.18	0.22	0.22
	氩气	m³	18.60	3.8	4.0	4.0	4.0	3.8	4.0	4.0	4.0
	氧气	m³	2.88	0.4	0.4	0.4	0.5	0.4	0.4	0.5	0.5
	棉纱	kg	16.11	1.2	1.2	1.5	1.5	1.2	1.2	1.5	1.5
	铁砂布 0#~2#	张	1.15	2.0	2.0	2.5	2.5	2.5	2.5	2.5	3.0
	铝焊条 铝109 D4	kg	46.29	2	2	2	2	2	2	2	2
	电焊条 E4303 D3.2	kg	7.59	1	1	1	1	1	1	1	1
	锯条	根	0.42	3	3	3	3	2	2	3	3
	汽油 60#~70#	kg	6.67	2.5	2.5	3.0	3.0	2.5	2.5	3.0	3.0
	天那水	kg	12.07	19.92	20.50	22.78	25.90	19.92	20.50	22.78	25.90
	钍钨棒	kg	640.87	0.0030	0.0035	0.0035	0.0035	0.0030	0.0035	0.0035	0.0035
	电力复合脂 一级	kg	22.43	0.70	0.70	0.75	0.80	0.70	0.75	0.85	1.00
机械	电动空气压缩机 0.6m³	台班	38.51	5.7	6.0	6.0	6.0	4.5	5.0	5.5	6.0
	氩弧焊机 500A	台班	96.11	1.5	1.5	1.5	1.5	1.5	1.5	1.5	1.5
	交流弧焊机 21kV·A	台班	60.37	2	2	2	2	2	2	2	2
	载货汽车 5t	台班	443.55	0.50	0.60	0.60	0.60	0.50	0.55	0.60	0.60
	汽车式起重机 8t	台班	767.15	2.5	2.8	2.8	2.8	2.5	2.7	2.8	2.8

注: 主要材料为共箱母线。

九、低压封闭式插接母线槽安装
1.低压封闭式插接母线槽安装

工作内容： 开箱检查、接头清洗处理、绝缘测试、吊装就位、线槽连接、固定、接地。

单位：10m

编 号				2-229	2-230	2-231	2-232	2-233
项 目				每相电流（A以内）				
				400	800	1250	2000	4000
预算基价	总 价（元）			**712.38**	**886.76**	**1079.30**	**1474.84**	**1917.35**
	人 工 费（元）			405.00	540.00	675.00	1012.50	1385.10
	材 料 费（元）			216.61	226.40	264.21	312.39	352.71
	机 械 费（元）			90.77	120.36	140.09	149.95	179.54
组 成 内 容		单位	单价	数 量				
人工	综合工	工日	135.00	3.00	4.00	5.00	7.50	10.26
材料	调和漆	kg	14.11	0.13	0.16	0.20	0.25	0.30
	铜接线端子 DT-35mm^2	个	13.06	8.12	8.12	8.12	8.12	8.12
	镀锌扁钢 40×4	t	4511.48	0.0033	0.0046	0.0120	0.0210	0.0290
	镀锌钢丝 D2.8～4.0	kg	6.91	0.3	0.3	0.3	0.3	0.3
	镀锌精制六角带帽螺栓 M8×（14～75）	套	0.63	8.1	8.1	8.1	8.1	8.1
	绝缘软线 BVR-35	m	23.45	2.44	2.44	2.44	2.44	2.44
	棉纱	kg	16.11	0.4	0.4	0.4	0.6	0.6
	铁砂布 0$^\#$～2$^\#$	张	1.15	1.0	2.0	2.5	3.0	4.0
	汽油 60$^\#$～70$^\#$	kg	6.67	0.43	0.43	0.52	0.52	0.52
	尼龙砂轮片 D400	片	15.64	0.10	0.25	0.35	0.45	0.53
	电焊条 E4303 D3.2	kg	7.59	2.0	2.0	2.0	2.2	2.2
	电力复合脂 一级	kg	22.43	0.10	0.10	0.15	0.15	0.20
机械	卷扬机 单筒快速 10kN	台班	197.27	0.20	0.35	0.45	0.50	0.65
	交流弧焊机 21kV·A	台班	60.37	0.85	0.85	0.85	0.85	0.85

注：主要材料为母线槽。母线槽每节之间的接地连线设计规格不同时允许换算。

2.封闭母线槽分线箱安装

工作内容：开箱检查、接头清洗处理、绝缘测试、吊装就位、线槽连接、固定、接地。

单位：台

编　号				2-234	2-235	2-236	2-237
项　目				分线箱（A以内）			
				100	300	600	1000
预算基价	总　　价(元)			**157.66**	**217.06**	**239.68**	**288.53**
	人　工　费(元)			113.40	172.80	194.40	243.00
	材　料　费(元)			44.26	44.26	45.28	45.53
组 成 内 容		单位	单价	数　　量			
人工	综合工	工日	135.00	0.84	1.28	1.44	1.80
材料	铜接线端子 DT-35mm²	个	13.06	2.04	2.04	2.04	2.04
	绝缘软线 BVR-35	m	23.45	0.62	0.62	0.62	0.62
	铁砂布 0#～2#	张	1.15	0.5	0.5	1.0	1.0
	破布	kg	5.07	0.10	0.10	0.15	0.15
	锯条	根	0.42	1.05	1.05	1.50	2.10
	汽油 60#～70#	kg	6.67	0.20	0.20	0.20	0.20
	电力复合脂 一级	kg	22.43	0.01	0.01	0.01	0.01

注：主要材料为分线箱。

58

十、重型母线安装

工作内容： 平直、下料、撅弯、钻孔、接触面搪锡、焊接、组合、安装。

单位：t

编　号			2-238	2-239	2-240	2-241	2-242	2-243	2-244
项　目			铜母线（mm²以内）				铝母线		
			2500	3500	5000	7500	铝电解	镁电解	石墨化电解
预算基价	总　　　价（元）		**8974.61**	**9145.42**	**10086.08**	**9807.82**	**4723.55**	**7759.77**	**12784.79**
	人　工　费（元）		6210.00	5535.00	4995.00	4725.00	3915.00	5535.00	9315.00
	材　料　费（元）		1712.46	1743.44	1431.73	1421.27	307.02	1044.04	1528.32
	机　械　费（元）		1052.15	1866.98	3659.35	3661.55	501.53	1180.73	1941.47
组　成　内　容		单位	单价				数　　量		
人工	综合工	工日	135.00	46.00	41.00	37.00	35.00	29.00	41.00	69.00
材料	机油 5#～7#	kg	7.21	1.0	0.9	0.8	0.7	0.5	0.7	1.1
	破布	kg	5.07	1.5	1.2	1.1	1.0	0.8	1.2	1.6
	铜焊粉	kg	40.09	2.00	2.60	4.22	4.22	—	—	—
	铜焊条 铜107 D3.2	kg	51.27	11.2	16.2	21.5	21.5	—	—	—
	铝焊粉	kg	41.32	—	—	—	—	0.19	0.64	1.48
	铝焊条 铝109 D4	kg	46.29	—	—	—	—	5.56	19.20	28.30
	焊锡丝	kg	60.79	10.80	8.31	—	—	—	—	—
	焊锡膏 50g瓶装	kg	49.90	1.08	0.80	—	—	—	—	—
	木炭	kg	4.76	60.0	44.0	22.0	20.0	4.6	15.0	25.8
	电力复合脂 一级	kg	22.43	0.20	0.20	0.20	0.25	0.25	0.30	0.30
	电极棒	根	1.95	1.73	1.83	3.95	3.98	1.00	3.31	1.93
	石墨块	kg	7.44	5.29	4.50	4.30	4.18	0.63	4.45	1.05
机械	交流弧焊机 80kV·A	台班	177.99	4.38	6.33	8.40	8.40	0.92	3.36	4.38
	汽车式起重机 12t	台班	864.36	0.30	0.80	2.44	2.44	0.38	0.65	1.29
	弓锯床 D250	台班	24.53	0.54	1.99	2.25	2.34	0.38	0.85	1.91

注：未包括铜（铝）母线、螺栓、夹具、绝缘板、低导磁钢压板、绝缘导管等主要材料。

十一、绝缘子安装

工作内容： 开箱检查、清扫、绝缘摇测、组合安装、固定、接地、刷漆。

单位：10个

编　号			2-245	2-246	2-247	2-248	2-249	2-250	2-251
项　目			10kV以内						
			悬式绝缘子串	户内式支持绝缘子			户外式支持绝缘子		
				1孔	2孔	4孔	1孔	2孔	4孔
预算基价	总　　价（元）		**206.23**	**200.15**	**387.11**	**504.12**	**194.18**	**347.55**	**440.04**
	人　工　费（元）		198.45	114.75	279.45	359.10	90.45	224.10	284.85
	材　料　费（元）		7.78	76.34	98.60	135.96	91.66	111.38	143.12
	机　械　费（元）		—	9.06	9.06	9.06	12.07	12.07	12.07
组　成　内　容		单位	单价	数　　量					
人工	综合工	工日	135.00	1.47	0.85	2.07	2.66	0.67	1.66	2.11
材料	棉纱	kg	16.11	0.40	—	—	—	0.10	0.30	0.30
	破布	kg	5.07	—	0.10	0.20	0.30	—	—	—
	汽油 60#～70#	kg	6.67	0.20	0.10	0.20	0.20	0.10	0.15	0.20
	调和漆	kg	14.11	—	0.03	0.03	0.03	0.12	0.12	0.12
	镀锌精制六角带帽螺栓 M12×（14～75）	套	1.25	—	10.200	—	—	—	—	—
	镀锌精制带帽螺栓 M14×100以内	套	1.51	—	—	20.4	40.8	10.2	20.4	41.2
	镀锌扁钢 40×4	t	4511.48	—	0.0126	0.0126	0.0126	0.0155	0.0155	0.0155
	锯条	根	0.42	—	—	—	—	2.0	2.0	2.0
	电焊条 E4303 D3.2	kg	7.59	—	0.28	0.28	0.28	0.20	0.30	0.30
	合金钢钻头 D16	个	15.13	—	0.2	0.4	0.8	—	—	—
机械	交流弧焊机 21kV·A	台班	60.37	—	0.15	0.15	0.15	0.20	0.20	0.20

注：主要材料为绝缘子、金具、线夹。

十二、穿墙套管安装

工作内容： 开箱检查、清扫、安装固定、接地、刷漆。

单位：个

编 号				2-252
项 目				电压10kV以内
预算基价	总 价(元)			**68.56**
	人 工 费(元)			39.15
	材 料 费(元)			23.37
	机 械 费(元)			6.04
组 成 内 容		单位	单价	数 量
人工	综合工	工日	135.00	0.29
材料	调和漆	kg	14.11	0.04
	防锈漆 C53-1	kg	13.20	0.04
	钢板垫板	t	4954.18	0.0005
	镀锌扁钢 40×4	t	4511.48	0.00265
	镀锌精制带帽螺栓 M14×100以内	套	1.51	4.1
	破布	kg	5.07	0.03
	铁砂布 0#～2#	张	1.15	0.1
	电焊条 E4303 D3.2	kg	7.59	0.06
	锯条	根	0.42	0.1
	汽油 60#～70#	kg	6.67	0.10
	电力复合脂 一级	kg	22.43	0.01
机械	交流弧焊机 21kV·A	台班	60.37	0.10

十三、带形母线伸缩接头及铜过渡板安装
1.带形铜母线伸缩接头及铜过渡板安装

工作内容：钻眼、锉面、挂锡、安装。

编　　号			2-253	2-254	2-255	2-256	2-257	2-258
项　　目			伸缩接头安装 每相（片）					铜过渡板 （块）
			1 （个）	2 （个）	3 （个）	4 （个）	8 （个）	
预算基价	总　　　价（元）		**138.46**	**163.97**	**192.90**	**217.83**	**351.17**	**140.54**
	人　工　费（元）		106.65	128.25	149.85	175.50	276.75	103.95
	材　料　费（元）		31.61	35.45	42.71	41.99	73.88	36.25
	机　械　费（元）		0.20	0.27	0.34	0.34	0.54	0.34
组　成　内　容		单位	单价	数　　量				
人工	综合工	工日	135.00	0.79	0.95	1.11	1.30	2.05	0.77
材料	电	kW•h	0.73	0.5	1.0	1.5	2.0	4.0	0.5
	镀锌精制六角带帽螺栓 M12×（14～75）	套	1.25	—	—	—	8.2	16.4	—
	镀锌精制带帽螺栓 M14×100以内	套	1.51	8.2	8.2	8.2	—	—	8.2
	棉纱	kg	16.11	0.02	0.02	0.03	0.03	0.05	0.01
	铁砂布 0#～2#	张	1.15	2.0	2.4	2.8	3.2	5.2	0.1
	锯条	根	0.42	1.0	1.2	1.4	1.6	2.6	1.0
	焊锡丝	kg	60.79	0.22	0.26	0.35	0.35	0.60	0.20
	焊锡膏 50g瓶装	kg	49.90	0.04	0.05	0.06	0.07	0.10	0.20
	电力复合脂 一级	kg	22.43	0.02	0.02	0.03	0.03	0.05	0.03
机械	立式钻床 D25	台班	6.78	0.03	0.04	0.05	0.05	0.08	0.05

注：主要材料为伸缩节头、过渡板。

2.带形铝母线伸缩接头安装

工作内容:钻眼、锉面、安装。 单位:个

编 号				2-259	2-260	2-261	2-262	2-263
项 目				每相(片)				
				1	2	3	4	8
预算基价	总 价(元)			**108.82**	**128.04**	**147.39**	**173.93**	**286.59**
	人 工 费(元)			85.05	102.60	120.15	140.40	221.40
	材 料 费(元)			23.57	25.17	26.90	33.19	64.51
	机 械 费(元)			0.20	0.27	0.34	0.34	0.68
组 成 内 容		单位	单价	数 量				
人工	综合工	工日	135.00	0.63	0.76	0.89	1.04	1.64
材料	镀锌精制六角带帽螺栓 M16×(85~140)	套	3.24	—	—	—	8.2	16.4
	镀锌精制带帽螺栓 M16×100以内	套	2.60	8.2	8.2	8.2	—	—
	棉纱	kg	16.11	0.02	0.02	0.03	0.03	0.05
	铁砂布 0#~2#	张	1.15	1.0	2.0	2.8	3.2	5.2
	汽油 60#~70#	kg	6.67	0.05	0.05	0.08	0.10	0.15
	电力复合脂 一级	kg	22.43	0.02	0.04	0.06	0.08	0.16
机械	立式钻床 D25	台班	6.78	0.03	0.04	0.05	0.05	0.10

注: 主要材料为伸缩节。

63

十四、重型母线伸缩器及导板制作、安装

工作内容： 加工制作、焊接、组装、安装。

单位：个

编　号			2-264	2-265	2-266	2-267	2-268	2-269	2-270	2-271
项　目			铜母线伸缩器 （mm²以内）			铝伸缩器 （mm²以内）	铜导板（束）		铝导板（束）	
			3000	5000	7500	10000	阳极	阴极	阳极	阴极
预算基价	总　　价（元）		**567.60**	**724.37**	**851.77**	**582.87**	**400.79**	**403.80**	**471.56**	**448.59**
	人　工　费（元）		359.10	436.05	496.80	326.70	139.05	168.75	228.15	251.10
	材　料　费（元）		91.18	140.85	172.28	169.87	205.32	174.81	163.69	127.92
	机　械　费（元）		117.32	147.47	182.69	86.30	56.42	60.24	79.72	69.57
组　成　内　容	单位	单价	数　　量							
人工 综合工	工日	135.00	2.66	3.23	3.68	2.42	1.03	1.25	1.69	1.86
材料 破布	kg	5.07	0.1	0.1	0.1	0.2	0.2	0.2	0.1	0.1
铁砂布 0#～2#	张	1.15	0.4	0.4	0.4	0.5	0.5	0.5	0.5	0.5
铜焊粉	kg	40.09	0.10	0.10	0.10	—	0.12	0.10	—	—
铜焊条 铜107 D3.2	kg	51.27	1.54	2.50	3.10	—	3.47	3.05	—	—
铝焊粉	kg	41.32	—	—	—	0.1	—	—	0.1	0.1
铝焊条 铝109 D4	kg	46.29	—	—	—	3.04	—	—	3.05	2.40
镀锌精制带帽螺栓 M12×150以内	套	1.76	—	—	—	—	1	—	1	—
电力复合脂 一级	kg	22.43	0.10	0.12	0.15	0.12	—	—	—	—
电极棒	根	1.95	0.20	0.20	0.20	0.60	0.45	0.25	0.60	0.50
石墨块	kg	7.44	0.62	0.62	0.62	2.63	2.47	1.66	1.93	1.43
机械 剪板机 20×2500	台班	329.03	0.27	0.34	0.42	0.10	0.02	0.03	0.08	0.08
交流弧焊机 80kV·A	台班	177.99	0.16	0.20	0.25	0.30	0.28	0.26	0.30	0.22
万能母线揻弯机	台班	29.24	—	—	—	—	—	0.14	—	0.14

注：未包括铜（铝）带、伸缩器螺栓、垫板、垫圈等主要材料。

十五、重型铝母线接触面加工

工作内容： 接触面加工。

编　号				2-272	2-273	2-274	2-275	2-276	2-277
项　　目				重型铝母线接触面加工（mm²以内）					
				170×160	350×35	350×40	400×40	350×140	550×180
预算基价	总　　　价（元）			**246.25**	**169.78**	**215.68**	**225.13**	**209.94**	**377.45**
	人　工　费（元）			167.40	97.20	143.10	152.55	205.20	371.25
	材　料　费（元）			2.55	4.74	4.74	4.74	4.74	6.20
	机　械　费（元）			76.30	67.84	67.84	67.84	—	—
组成内容		单位	单价	数　　　　量					
人工	综合工	工日	135.00	1.24	0.72	1.06	1.13	1.52	2.75
材料	机油 5#～7#	kg	7.21	0.20	0.40	0.40	0.40	0.40	0.50
	棉纱	kg	16.11	0.06	0.10	0.10	0.10	0.10	0.14
	洗涤剂	kg	4.80	0.03	0.05	0.05	0.05	0.05	0.07
机械	卧式铣床 400×1600	台班	254.32	0.30	—	—	—	—	—
	牛头刨床 650	台班	226.12	—	0.30	0.30	0.30	—	—

第四章　控制设备及低压电器安装

说　明

一、本章适用范围：控制设备、低压电器和集装箱式配电室安装工程。控制设备包括各种控制屏、继电信号屏、模拟屏、配电屏、整流柜、电气屏(柜)、成套配电箱、控制箱等。低压电器包括各种控制开关、控制器、接触器、启动器等。

二、控制设备安装中，除限位开关及水位电气信号装置外，其他均未包含支架制作、安装。

三、控制设备安装中未包含下列工作内容：

1.二次喷漆及喷字。

2.电器及设备干燥。

3.焊、压接线端子。

4.端子板外部(二次)接线。

四、屏上辅助设备安装中，包含标签框、光字牌、信号灯、附加电阻、连接片等，但不包含屏上开孔工作。

五、设备的补充油，按设备自带考虑。

六、各种铁构件制作中，均不包含镀锌、镀锡、镀铬、喷塑等其他金属防护费用。需要时应另行计算。

七、轻型铁构件系指结构厚度在3mm以内的构件。

八、铁构件制作、安装子目适用于本册范围内的各种支架、构件的制作、安装。

九、可控硅变频调速柜安装，按可控硅柜安装人工工日乘以系数1.20,未包含接线端子及接线。

十、成套配电箱安装未包含支架制作、安装。

十一、水位电气信号装置安装中未包含水泵房电气控制设备、晶体管继电器安装及水泵房至水塔、水箱的管线敷设。

十二、压铜接线端子子目亦适用于铜铝过渡端子。

十三、盘、柜配线基价子目只适用于盘上小设备元件的少量现场配线，不适用于工厂的设备修、配、改工程。

十四、焊(压)接线端子基价子目只适用于导线，电缆终端头制作、安装中已包括压接线端子，不得重复计算。

十五、控制设备及低压电器安装均未包括基础槽钢、角钢的制作、安装,其工程量应按本章相应子目另行计算。

十六、配电箱预留洞用木套箱，执行墙洞木配电箱制作子目，基价乘以系数0.60。

工程量计算规则

一、盘、箱、柜的外部进出线应考虑的预留长度按下表计算。

盘、箱、柜的外部进出线预留长度表

单位：m/根

序 号	项 目	预 留 长 度	说 明
1	各种箱、柜、盘、板、盒	高＋宽	盘面尺寸
2	单独安装的铁壳开关、自动开关、刀开关、启动器、箱式电阻器、变阻器	0.5	从安装对象中心算起
3	继电器、控制开关、信号灯、按钮、熔断器等小电器	0.3	从安装对象中心算起
4	分支接头	0.2	分支线预留

二、端子板外部接线按设备盘、箱、柜、台的外部接线图计算。

三、盘柜配线按不同规格计算。

四、小母线安装，按设计图示尺寸以长度计算。

五、焊压接线端子依据导线截面，按设计图示数量计算。

六、基础槽钢、角钢安装，按设计图示尺寸以长度计算。

七、铁构件制作、安装，按设计图示数量以成品质量计算。

八、网门、保护网制作、安装，按网门或保护网设计图示的框外围尺寸以面积计算。

九、端子箱安装，按设计图示数量计算。

十、穿墙板制作、安装，按设计图示数量计算。

十一、木配电箱制作，按设计图示数量计算。

十二、配电板制作、安装，按设计图示尺寸以面积计算。

十三、控制屏、继电信号屏、模拟屏、低压开关柜、配电（电源）屏、弱电控制返回屏依据名称、型号、规格，按设计图示数量计算。

十四、箱式配电室依据名称、型号、规格、质量，按设计图示数量计算。

十五、硅整流柜依据名称、型号、容量（A），按设计图示数量计算。

十六、可控硅柜依据名称、型号、容量（kW），按设计图示数量计算。

十七、低压电容器柜、自动调节励磁屏、励磁灭磁屏、蓄电池屏（柜）、直流馈电屏、事故照明切换屏依据名称、型号、规格，按设计图示数量计算。

十八、控制台、控制箱、配电箱依据名称、型号、规格，按设计图示数量计算。

十九、控制开关、低压熔断器、限位开关依据名称、型号、规格，按设计图示数量计算。

二十、控制器、接触器、磁力启动器、Y-△自耦减压启动器、电磁铁（电磁制动器）、快速自动开关、电阻器、油浸频敏变阻器依据名称、型号、规格，按设计图示数量计算。

二十一、分流器依据名称、型号、容量（A），按设计图示数量计算。

二十二、按钮、电笛、电铃和仪表、电器按设计图示数量计算。

二十三、水位电器信号装置按设计图示数量计算。

一、控制、继电、模拟及配电屏安装

工作内容： 开箱,检查,安装,电器、表计及继电器等附件的拆装,送交试验,盘内整理及一次校线、接地。

单位：台

编　号			2-278	2-279	2-280	2-281	2-282	2-283	2-284
项　目			控制屏	继电、信号屏	模拟屏宽(m以内)		电源屏 (低压开关柜)	弱电控制 返回屏	集装箱式 配电室
					1.0	2.0			
预算基价	总　　价(元)		**510.07**	**600.51**	**1133.60**	**1811.24**	**505.67**	**510.64**	**10876.81**
	人　工　费(元)		364.50	446.85	865.35	1398.60	363.15	383.40	8883.00
	材　料　费(元)		60.79	68.88	74.71	118.50	57.74	42.46	1418.92
	机　械　费(元)		84.78	84.78	193.54	294.14	84.78	84.78	574.89
组　成　内　容		单位	单价	数　　量					
人工	综合工	工日	135.00	2.70	3.31	6.41	10.36	2.69	2.84	65.80
材料	调和漆	kg	14.11	0.10	0.10	0.10	0.16	0.05	0.05	0.30
	钢板垫板	t	4954.18	0.0002	0.0002	0.0003	0.0005	0.0002	0.0002	0.0080
	镀锌扁钢 40×4	t	4511.48	0.0015	0.0015	0.0015	0.0025	0.0015	0.0015	0.0014
	镀锌精制带帽螺栓 M10×100以内	套	1.15	6.1	6.1	6.1	12.2	6.1	6.1	32.0
	镀锌精制带帽螺栓 M12×150以内	套	1.76	—	—	—	—	—	—	6.1
	塑料软管	kg	15.62	1.2	1.5	1.5	2.0	0.5	0.5	5.0
	塑料带 20mm×40m	kg	19.85	0.5	0.5	0.5	0.8	0.3	0.3	1.9
	异型塑料管 D2.5~5.0	m	0.89	6	6	12	20	6	6	18
	胶木线夹	个	0.68	10	15	15	24	6	6	28
	自粘性橡胶带 20mm×5m	卷	10.50	0.1	0.1	0.1	0.2	0.1	0.1	0.5
	棉纱	kg	16.11	0.1	0.1	0.1	0.2	0.1	0.1	1.5
	电焊条 E4303 D3.2	kg	7.59	0.15	0.15	0.15	0.25	0.15	0.15	0.20
	电力复合脂 一级	kg	22.43	—	—	—	—	0.05	—	0.30
	焊锡丝	kg	60.79	—	—	—	—	0.2	—	0.4
	焊锡膏 50g瓶装	kg	49.90	—	—	—	—	0.04	—	0.05
	铜接线端子 DT-50mm²	个	15.71	—	—	—	—	—	—	13
	铜接线端子 DT-185mm²	个	50.09	—	—	—	—	—	—	18
机械	汽车式起重机 8t	台班	767.15	0.07	0.07	0.19	0.29	0.07	0.07	—
	汽车式起重机 30t	台班	1141.87	—	—	—	—	—	—	0.30
	载货汽车 4t	台班	417.41	0.06	0.06	0.10	0.15	0.06	0.06	—
	平板拖车组 20t	台班	1101.26	—	—	—	—	—	—	0.2
	交流弧焊机 21kV·A	台班	60.37	0.10	0.10	0.10	0.15	0.10	0.10	0.20

二、硅整流柜安装

工作内容： 开箱、检查、安装、一次接线、接地。   单位：台

编　号			2-285	2-286	2-287	2-288	2-289
项　目			硅整流柜（A以内）				
			100	500	1000	3000	6000
预算基价	总　价（元）		**340.95**	**477.87**	**504.44**	**632.35**	**736.30**
	人　工　费（元）		214.65	351.00	376.65	503.55	607.50
	材　料　费（元）		29.27	29.84	30.76	31.77	31.77
	机　械　费（元）		97.03	97.03	97.03	97.03	97.03
组成内容	单位	单价	数　　量				
人工 综合工	工日	135.00	1.59	2.60	2.79	3.73	4.50
材料 调和漆	kg	14.11	0.05	0.05	0.05	0.05	0.05
钢板垫板	t	4954.18	0.00025	0.00025	0.00030	0.00030	0.00030
地脚螺栓 M12×160	套	1.97	4.10	4.10	4.10	4.10	4.10
镀锌扁钢 40×4	t	4511.48	0.0025	0.0025	0.0025	0.0025	0.0025
黄漆布带 20mm×40m	卷	19.00	0.10	0.13	0.13	0.16	0.16
破布	kg	5.07	0.5	0.5	0.5	0.5	0.5
自粘性橡胶带 20mm×5m	卷	10.50	0.15	0.15	0.15	0.15	0.15
电焊条 E4303 D4	kg	7.58	0.11	0.11	0.11	0.11	0.11
电力复合脂 一级	kg	22.43	0.05	0.05	0.08	0.10	0.10
机械 载货汽车 4t	台班	417.41	0.04	0.04	0.04	0.04	0.04
汽车式起重机 8t	台班	767.15	0.1	0.1	0.1	0.1	0.1
交流弧焊机 21kV·A	台班	60.37	0.06	0.06	0.06	0.06	0.06

三、可控硅柜安装

工作内容：开箱、检查、安装、一次接线、接地。

单位：台

	编 号			2-290	2-291	2-292	2-293
	项 目			可控硅柜（kW以内）			低压电容器柜
				100	800	2000	
预算基价	总 价（元）			**812.80**	**1205.93**	**1553.78**	**388.76**
	人 工 费（元）			631.80	1000.35	1317.60	243.00
	材 料 费（元）			48.84	73.42	97.98	44.28
	机 械 费（元）			132.16	132.16	138.20	101.48
组 成 内 容		单位	单价	数 量			
人工	综合工	工日	135.00	4.68	7.41	9.76	1.80
材料	调和漆	kg	14.11	0.05	0.07	0.10	0.05
	防锈漆 C53-1	kg	13.20	—	—	—	0.05
	钢板垫板	t	4954.18	0.0003	0.0003	0.0003	0.0003
	镀锌扁钢 40×4	t	4511.48	0.0015	0.0015	0.0015	0.0032
	镀锌精制带帽螺栓 M10×100以内	套	1.15	6.1	6.1	6.1	10.0
	塑料带 20mm×40m	卷	4.73	0.3	0.5	0.7	0.5
	塑料软管	kg	15.62	0.5	1.0	1.5	—
	异型塑料管 D2.5～5.0	m	0.89	12	24	36	—
	胶木线夹	个	0.68	8	10	12	—
	自粘性橡胶带 20mm×5m	卷	10.50	0.15	0.15	0.15	0.15
	黄漆布带 20mm×40m	卷	19.00	0.15	0.25	0.35	—
	铁砂布 0#～2#	张	1.15	—	—	—	0.5
	破布	kg	5.07	0.1	0.1	0.1	0.1
	锯条	根	0.42	—	—	—	0.5
	电焊条 E4303 D3.2	kg	7.59	0.10	0.15	0.20	0.10
	电力复合脂 一级	kg	22.43	0.03	0.05	0.08	0.10
	铝扎头 1#～5#	包	1.93	0.6	1.0	1.2	—
	乙炔气	kg	14.66	—	—	—	0.43
	氧气	m³	2.88	—	—	—	0.1
	汽油 60#～70#	kg	6.67	—	—	—	0.1
机械	载货汽车 4t	台班	417.41	0.1	0.1	0.1	0.1
	汽车式起重机 8t	台班	767.15	0.11	0.11	0.11	0.07
	交流弧焊机 21kV·A	台班	60.37	0.1	0.1	0.2	0.1

注：可控硅变频调速柜按相应子目人工乘以系数1.20。基价中未包括接线端子及接线。

四、直流屏及其他电气屏(柜)安装

工作内容： 开箱,检查,安装,电器、表计及继电器等附件的拆装,送交试验,盘内整理及一次接线。 单位：台

编　号			2-294	2-295	2-296	2-297	2-298	2-299
项　目			自动调节励磁屏	励磁灭磁屏	蓄电池屏(柜)	直流馈电屏	事故照明切换屏	屏边
预算基价	总　价(元)		**476.90**	**605.19**	**685.11**	**391.90**	**379.23**	**31.84**
	人　工　费(元)		395.55	492.75	562.95	305.10	276.75	24.30
	材　料　费(元)		29.29	52.53	62.25	34.74	28.36	7.54
	机　械　费(元)		52.06	59.91	59.91	52.06	74.12	—
组　成　内　容	单位	单价	数　　量					
人工 综合工	工日	135.00	2.93	3.65	4.17	2.26	2.05	0.18
材料 钢丝 D1.6	kg	7.09	0.02	0.02	0.02	0.02	—	—
钢板垫板	t	4954.18	0.0002	0.0003	0.0003	0.0002	0.0003	—
镀锌扁钢 40×4	t	4511.48	—	0.0030	0.0030	—	0.0015	—
镀锌精制带帽螺栓 M10×100以内	套	1.15	12.2	6.1	12.2	12.2	6.1	4.1
酚醛磁漆	kg	14.23	0.01	0.01	0.01	0.02	0.02	
塑料软管	kg	15.62	—	—	—	—	0.5	—
塑料胶线 2×16×0.15mm^2	m	1.36	5	10	10	10	—	—
异型塑料管 D2.5~5.0	m	0.89	0.8	0.2	0.2	—	—	—
自粘性橡胶带 20mm×5m	卷	10.50	0.1	0.1	0.1	0.1	0.1	—
破布	kg	5.07	—	—	—	—	0.1	—
铁砂布 0#~2#	张	1.15	—	0.5	1.0	1.0	1.0	—
棉纱	kg	16.11	0.10	0.10	0.20	0.05	—	—

注：不包括蓄电池的拆除与安装。

续前

编　　号			2-294	2-295	2-296	2-297	2-298	2-299
项　　目			自动调节 励磁屏	励磁灭磁屏	蓄电池屏（柜）	直流馈电屏	事故照明 切换屏	屏边
组 成 内 容	单位	单价	数　　量					
材料	尼龙绳 D0.5～1.0	kg	54.14	0.03	0.01	0.01	—	—	—
	电池 1#	节	1.90	0.5	0.5	—	0.2	—	—
	电珠 2.5V	个	0.37	0.2	0.2	—	0.1	—	—
	电力复合脂 一级	kg	22.43	0.01	0.01	0.05	0.05	0.02	—
	电焊条 E4303 D3.2	kg	7.59	—	0.50	0.50	—	0.15	—
	锯条	根	0.42	—	1	2	—	—	—
	标志牌	个	0.85	1	1	1	—	—	—
	道林纸	张	0.97	0.01	0.01	—	0.02	—	—
	明角片	m²	7.64	0.01	0.01	—	0.02	—	—
	砂子	t	87.03	—	0.057	0.057	—	—	—
	机油 5#～7#	kg	7.21	—	0.05	—	0.05	—	—
	汽油 60#～70#	kg	6.67	—	—	0.10	0.05	—	—
	信那水	kg	14.17	—	—	—	0.02	—	—
	硅酸盐水泥	kg	0.39	—	2.4	2.4	—	—	—
	调和漆	kg	14.11	—	—	—	—	0.05	0.20
机械	载货汽车 4t	台班	417.41	0.04	0.04	0.04	0.04	0.06	—
	汽车式起重机 8t	台班	767.15	0.03	0.03	0.03	0.03	0.04	—
	卷扬机 单筒慢速 30kN	台班	205.84	0.06	0.06	0.06	0.06	0.06	—
	交流弧焊机 21kV·A	台班	60.37	—	0.13	0.13	—	0.10	—

五、控制台、控制箱安装

工作内容：开箱,检查,安装,电器、表计及继电器等附件的拆装,送交试验,盘内整理及一次接线。　　　　　　　单位：台

编　　号			2-300	2-301	2-302	2-303
项　　目			控制台(m以内)		集中控制台	同期小屏控制箱
			1	2	2～4m	
预算基价	总　　价(元)		**554.67**	**932.70**	**1724.40**	**235.58**
	人　工　费(元)		432.00	727.65	1354.05	145.80
	材　料　费(元)		48.55	82.99	154.68	35.20
	机　械　费(元)		74.12	122.06	215.67	54.58
组 成 内 容		单位	单价	数　　量		
人工	综合工	工日	135.00	3.20	5.39	10.03	1.08
材料	调和漆	kg	14.11	0.10	0.20	0.80	0.03
	酚醛磁漆	kg	14.23	0.03	0.05	0.10	0.01
	钢板垫板	t	4954.18	0.00030	0.00030	0.00605	0.00010
	镀锌扁钢 60×6	t	4531.61	0.003	0.003	0.005	0.001
	镀锌精制带帽螺栓 M10×100以内	套	1.15	4.1	6.1	—	4.1
	塑料带 20mm×40m	kg	19.85	0.3	0.6	1.0	0.3
	塑料软管	kg	15.62	0.5	1.5	2.0	0.5
	异型塑料管 D2.5～5.0	m	0.89	6	12	18	5
	胶木线夹	个	0.68	8	12	20	8
	棉纱	kg	16.11	0.10	0.15	0.30	0.03
	电焊条 E4303 D3.2	kg	7.59	0.1	0.1	0.5	0.1
机械	载货汽车 4t	台班	417.41	0.06	0.10	0.10	0.05
	汽车式起重机 8t	台班	767.15	0.04	0.07	0.07	0.04
	汽车式起重机 30t	台班	1141.87	—	—	0.1	—
	交流弧焊机 21kV·A	台班	60.37	0.10	0.10	0.10	0.05
	卷扬机 单筒慢速 30kN	台班	205.84	0.06	0.10	—	—

六、成套配电箱安装

工作内容： 开箱、检查、安装、查校线、接地。

单位：台

编　号			2-304	2-305	2-306	2-307	2-308	2-309
项　目			落地式	悬挂嵌入式				
				半周长（m以内）				
				0.5	1.0	1.5	2.5	3.0
预算基价	总　价(元)		**337.81**	**102.80**	**144.46**	**178.71**	**226.54**	**304.59**
	人　工　费(元)		224.10	72.90	110.70	143.10	171.45	206.55
	材　料　费(元)		22.18	29.90	33.76	35.61	49.48	91.28
	机　械　费(元)		91.53	—	—	—	5.61	6.76
组　成　内　容	单位	单价	数　　量					
人工 综合工	工日	135.00	1.66	0.54	0.82	1.06	1.27	1.53
材料 塑料软管	kg	15.62	0.300	0.130	0.150	0.180	0.250	0.300
电力复合脂 一级	kg	22.43	0.050	0.410	0.410	0.410	0.410	0.492
铜接线端子 DT-6mm²	个	5.58	—	2.03	2.03	2.03	2.03	4.06
镀锌扁钢（综合）	kg	5.32	1.800	—	—	—	1.500	1.500
自粘性塑料带 20mm×20m	卷	1.83	0.200	0.100	0.100	0.150	0.200	0.240
棉纱	kg	16.11	0.100	0.080	0.100	0.100	0.120	1.440
电焊条 E4303	kg	7.59	0.180				0.150	0.150
松香焊锡丝（综合）	m	2.84	0.150	0.050	0.070	0.080	0.100	0.100
平垫铁（综合）	kg	7.42	0.300	0.150	0.150	0.150	0.200	0.240
醇酸防锈漆 C53-1	kg	13.20	0.020	0.010	—	0.010	0.020	0.024
裸铜线 2~4mm²	m	1.33	—	3.132	5.618	6.461	8.320	12.880
酚醛调和漆	kg	10.67	0.050	0.030	0.030	0.030	0.050	0.060
机械 载货汽车 4t	台班	417.41	0.050	—	—	—	—	—
汽车式起重机 8t	台班	767.15	0.084	—	—	—	—	—
交流弧焊机 21kV·A	台班	60.37	0.103	—	—	—	0.093	0.112

注：主要材料为成套配电箱。基价中未包括支架制作、安装。

七、插座箱安装

工作内容： 开箱、清扫、检查、测位、画线、打眼、埋螺栓、安装固定、接线、接地。

单位：台

编　号			2-310
项　目			插座箱
预算基价	总　　价(元)		**66.42**
	人 工 费(元)		60.75
	材 料 费(元)		5.67

	组 成 内 容	单位	单价	数　　量
人工	综合工	工日	135.00	0.45
材料	调和漆	kg	14.11	0.03
	酚醛磁漆	kg	14.23	0.01
	型钢	t	3699.72	0.00014
	膨胀螺栓 M8	套	0.55	4.08
	塑料软管	kg	15.62	0.15

八、控制开关安装

工作内容： 开箱、检查、安装、接线、接地。

单位：个

编　号			2-311	2-312	2-313	2-314	2-315	2-316	2-317	2-318
项　目			自动空气开关		刀型开关			铁壳开关	胶盖闸刀开关	
			DZ装置式	DW万能式	手柄式	操作机构式	带熔断器式		单相	三相
预算基价	总　　价(元)		**144.34**	**266.71**	**129.52**	**166.80**	**126.14**	**89.05**	**22.90**	**27.84**
	人　工　费(元)		135.00	225.45	118.80	157.95	114.75	47.25	13.50	17.55
	材　料　费(元)		9.34	35.22	10.72	8.85	11.39	38.78	9.40	10.29
	机　械　费(元)		—	6.04	—	—	—	3.02	—	—
组　成　内　容	单位	单价	数　　量							
人工	综合工	工日	135.00	1.00	1.67	0.88	1.17	0.85	0.35	0.10	0.13
材料	橡皮护套圈 D6～32	个	0.52	6	—	6	—	6	6	6	6
	镀锌精制带帽螺栓 M10×100以内	套	1.15	4.1	5.0	4.1	4.1	4.1	5.1	4.1	4.1
	镀锌扁钢 40×4	t	4511.48	—	0.00094	—	—	—	0.00030	—	—
	破布	kg	5.07	0.05	0.05	0.30	0.50	0.50	0.30	0.10	0.15
	铁砂布 0#～2#	张	1.15	0.5	0.5	0.8	1.0	0.5	—	—	—
	电焊条 E4303 D3.2	kg	7.59	—	0.10	—	—	—	0.04	—	—
	电力复合脂 一级	kg	22.43	0.03	0.05	0.02	0.02	0.02	0.02	0.01	0.02
	铜接线端子 DT-10mm^2	个	9.10	—	2.03	—	—	—	2.03	—	—
	裸铜线 10mm^2	kg	54.36	—	0.05	—	—	—	0.05	—	—
	汽油 60#～70#	kg	6.67	—	0.2	—	—	—	—	—	—
	熔丝 30～40A	片	1.66	—	—	—	—	—	3	—	—
	保险丝 10A	轴	10.38	—	—	—	—	—	—	0.08	0.12
机械	交流弧焊机 21kV·A	台班	60.37	—	0.10	—	—	—	0.05	—	—

注：主要材料为刀开关、铁壳开关、漏电开关、接线端子(接地端子已包括在基价内)。

工作内容: 开箱、检查、安装、接线、接地。

单位: 个

编　号			2-319	2-320	2-321	2-322	2-323	2-324	2-325	2-326
项　目			组合控制开关		万能转换开关	漏电保护开关				
						单式			组合式(单相回路以内)	
			普通型	防爆型		单极	三极	四极	10	20
预算基价	总　　价(元)		**43.63**	**81.90**	**113.54**	**65.31**	**87.13**	**117.76**	**240.70**	**319.00**
	人　工　费(元)		40.50	60.75	108.00	52.65	74.25	103.95	222.75	297.00
	材　料　费(元)		3.13	19.94	5.54	12.66	12.88	13.81	17.95	22.00
	机　械　费(元)		—	1.21	—	—	—	—	—	—
组　成　内　容		单位	单价	数　　量						
人工	综合工	工日	135.00	0.30	0.45	0.80	0.39	0.55	0.77	1.65	2.20
材料	镀锌扁钢 40×4	t	4511.48	—	0.0003	—	—	—	—	—	—
	镀锌精制带帽螺栓 M10×100以内	套	1.15	2.0	4.1	4.1	4.1	4.1	4.1	4.1	4.1
	破布	kg	5.07	0.05	0.10	0.05	0.05	0.06	0.07	0.08	0.10
	铁砂布 0#～2#	张	1.15	0.5	0.5	0.5	0.5	0.5	0.8	1.0	1.0
	铜接线端子 DT-6mm²	个	5.58	—	2.03	—	—	—	—	—	—
	裸铜线 6mm²	kg	54.36	—	0.02	—	—	—	—	—	—
	导轨 20～30cm	根	6.78	—	—	—	1.0	1.0	1.0	1.5	2.0
	锯条	根	0.42	—	—	—	0.05	0.08	1.00	1.00	1.20
	电焊条 E4303 D3.2	kg	7.59	—	0.05	—	—	—	—	—	—
	塑料软管	kg	15.62	—	—	—	0.02	0.03	0.04	0.07	0.10
机械	交流弧焊机 21kV·A	台班	60.37	—	0.02	—	—	—	—	—	—

注: 主要材料为刀开关、铁壳开关、漏电开关、接线端子(接地端子已包括在基价内)。

九、熔断器、限位开关安装

工作内容： 开箱、检查、安装、接线、接地。

单位：个

编　号			2-327	2-328	2-329	2-330	2-331
项　目			熔断器			限位开关	
			瓷插螺旋式	管式	防爆式	普通式	防爆式
预算基价	总　　价(元)		**19.01**	**62.48**	**43.10**	**74.15**	**96.23**
	人　工　费(元)		12.15	55.35	22.95	47.25	62.10
	材　料　费(元)		6.86	7.13	19.55	23.88	31.11
	机　械　费(元)		—	—	0.60	3.02	3.02
组　成　内　容	单位	单价	数　　量				
人工　综合工	工日	135.00	0.09	0.41	0.17	0.35	0.46
材料　镀锌圆钢 $D5.5\sim9.0$	t	4742.00	—	—	0.00017	—	—
镀锌扁钢 40×4	t	4511.48				0.00070	0.00119
镀锌精制带帽螺栓 $M10\times100$以内	套	1.15	2.0	2.0	2.0	5.1	9.2
石棉橡胶板 $\delta1.5$	m²	31.89	0.01			—	—
橡皮护套圈 $D6\sim32$	个	0.52	2	2			
裸铜线 6mm²	kg	54.36	—	—	0.03	0.03	0.03
铜接线端子 DT-6mm²	个	5.58	—	—	2.03	2.03	2.03
保险丝 10A	轴	10.38	0.06	—	—	—	—
焊锡丝	kg	60.79	0.03	0.05	0.04		
电焊条 E4303 $D3.2$	kg	7.59	—	—	0.04	0.15	0.19
焊锡膏 50g瓶装	kg	49.90	0.01	0.01	0.01		
破布	kg	5.07	0.05	0.05	0.05	0.15	0.15
机械　交流弧焊机 21kV·A	台班	60.37	—	—	0.01	0.05	0.05

注：主要材料为熔断器、接线端子(接地端子已包括在基价内)。

十、控制器、接触器、起动器电磁铁、快速自动开关安装

工作内容：开箱、检查、安装、触头调整、注油、接线、接地。

单位：台

	编　　号			2-332	2-333	2-334	2-335	2-336	2-337	2-338	2-339
	项　　目			控制器		接触器、磁力起动器	Y-△自耦减压起动器	电磁铁（电磁制动器）	快速自动开关（A以内）		
				主令	鼓形、凸轮				1000	2000	4000
预算基价	总　　价（元）			**189.56**	**184.97**	**193.95**	**227.72**	**63.36**	**434.10**	**606.41**	**785.42**
	人　工　费（元）			157.95	157.95	157.95	189.00	47.25	402.30	568.35	739.80
	材　料　费（元）			29.20	25.81	36.00	36.31	13.09	28.78	35.04	42.60
	机　械　费（元）			2.41	1.21	—	2.41	3.02	3.02	3.02	3.02
	组　成　内　容	单位	单价	数　　量							
人工	综合工	工日	135.00	1.17	1.17	1.17	1.40	0.35	2.98	4.21	5.48
材料	镀锌扁钢 40×4	t	4511.48	0.00067	0.00020	—	0.00079	0.00120	0.00200	0.00200	0.00200
	镀锌精制六角带帽螺栓 M12×（14～75）	套	1.25	4.1	—	—	—	—	—	—	—
	镀锌精制带帽螺栓 M10×100以内	套	1.15	1.0	1.0	4.1	1.0	4.1	4.1	4.1	4.1
	镀锌精制带帽螺栓 M12×200以内	套	1.99	—	4.1	—	4.1	—	—	—	—
	电焊条 E4303 D3.2	kg	7.59	0.10	0.10	—	0.10	0.05	0.10	0.10	0.10
	焊锡丝	kg	60.79	—	—	0.09	—	—	0.15	0.20	0.25
	焊锡膏 50g瓶装	kg	49.90	—	—	0.02	—	—	0.02	0.02	0.03
	电力复合脂 一级	kg	22.43	0.03	0.05	0.02	0.02	0.02	0.06	0.10	0.14
	铜接线端子 DT-6mm²	个	5.58	—	2.03	—	—	—	—	—	—
	铜接线端子 DT-10mm²	个	9.10	2.03	—	2.03	2.03	—	—	—	—
	裸铜线 6mm²	kg	54.36	—	0.03	—	—	—	—	—	—
	裸铜线 10mm²	kg	54.36	—	—	0.053	0.050	—	—	—	—
	破布	kg	5.07	—	0.15	0.17	0.05	0.02	0.02	0.30	0.40
	铁砂布 0#～2#	张	1.15	—	—	0.5	—	0.5	—	—	—
	塑料软管	kg	15.62	—	—	0.05	0.05	0.05	0.04	0.06	0.10
	塑料带 20mm×40m	kg	19.85	—	—	0.04	—	0.02	0.07	0.10	0.20
	调和漆	kg	14.11	—	—	—	—	—	0.02	0.05	0.05
机械	交流弧焊机 21kV·A	台班	60.37	0.04	0.02	—	0.04	0.05	0.05	0.05	0.05

83

十一、电阻器、变阻器安装

工作内容：开箱、检查、安装、接线、接地。

编　　号			2-340	2-341	2-342
项　　目			电阻器		油浸频敏变阻器
			一箱 （箱）	每加一箱 （箱）	（台）
预算基价	总　　价(元)		**138.35**	**81.93**	**257.70**
	人　工　费(元)		110.70	60.75	220.05
	材　料　费(元)		24.63	21.18	35.24
	机　械　费(元)		3.02	—	2.41
组　成　内　容		单位	单价	数　　量	
人工	综合工	工日	135.00	0.82	0.45	1.63
材料	镀锌扁钢 40×4	t	4511.48	0.00032	—	0.00067
	镀锌精制带帽螺栓 M10×100以内	套	1.15	1	1	1
	镀锌精制带帽螺栓 M12×200以内	套	1.99	—	—	4.1
	镀锌精制六角带帽螺栓 M12×（14～75）	套	1.25	4.1	4.1	—
	破布	kg	5.07	0.08	0.05	0.10
	塑料软管	kg	15.62	0.15	0.08	—
	电焊条 E4303 D3.2	kg	7.59	0.1	—	0.1
	电力复合脂 一级	kg	22.43	0.02	0.02	0.02
	铜接线端子 DT-6mm²	个	5.58	2.03	2.03	—
	铜接线端子 DT-10mm²	个	9.10	—	—	2.03
	裸铜线 6mm²	kg	54.36	0.03	0.03	—
	裸铜线 10mm²	kg	54.36	—	—	0.05
机械	交流弧焊机 21kV·A	台班	60.37	0.05	—	0.04

注：主要材料为电阻器、接线端子（接地端子已包括在基价内）。

十二、分流器安装

工作内容：接触面加工、钻眼、连接、固定。

单位：个

编　　号			2-343	2-344	2-345	2-346
项　　目			分流器（A以内）			
			150	750	1500	6000
预算基价	总　　　价（元）		**75.71**	**113.73**	**130.04**	**169.68**
	人　工　费（元）		70.20	108.00	124.20	155.25
	材　料　费（元）		5.51	5.73	5.84	14.43
组　成　内　容	单位	单价	数　　　量			
人工　综合工	工日	135.00	0.52	0.80	0.92	1.15
材料　镀锌精制带帽螺栓　M10×100以内	套	1.15	2.0	2.0	4.1	8.2
棉纱	kg	16.11	0.1	0.1	—	0.1
铁砂布　0#～2#	张	1.15	1	1	—	1
电力复合脂　一级	kg	22.43	0.02	0.03	0.05	0.10

注：主要材料为分流器。

十三、按钮、电笛、电铃安装

工作内容： 开箱、检查、安装、接线、接地。 单位：个

编　号			2-347	2-348	2-349	2-350	2-351
项　目			按钮		电笛		电铃
			普通型	防爆型	普通型	防爆型	
预算基价	总　　　　价(元)		**45.29**	**60.97**	**14.07**	**30.50**	**44.42**
	人　工　费(元)		24.30	40.50	9.45	10.80	22.95
	材　料　费(元)		20.39	19.87	4.62	18.49	21.47
	机　械　费(元)		0.60	0.60	—	1.21	—
组　成　内　容		单位	单价		数　　量		
人工	综合工	工日	135.00	0.18	0.30	0.07	0.08	0.17
材料	铜接线端子 DT-6mm^2	个	5.58	2.03	2.03	—	2.03	—
	裸铜线 6mm^2	kg	54.36	0.02	0.02	—	0.02	—
	镀锌精制带帽螺栓 M10×100以内	套	1.15	5.1	5.1	2.0	3.0	—
	破布	kg	5.07	0.1	0.1	—	—	—
	电焊条 E4303 D3.2	kg	7.59	0.04	0.04	—	0.04	—
	焊锡丝	kg	60.79	—	—	0.03	0.03	0.03
	焊锡膏 50g瓶装	kg	49.90	—	—	0.01	0.01	0.01
	空心木板 350×450×25	块	17.12	—	—	—	—	1.05
	木螺钉 M(2～4)×(6～65)	个	0.06	—	—	—	—	4.2
	木螺钉 M(4.5～6)×(15～100)	个	0.14	—	—	—	—	3.2
	瓷管头 D(10～16)×25	个	0.23	—	—	—	—	2.06
	橡皮护套圈 D6～32	个	0.52	1	—	—	—	—
	塑料软管	kg	15.62	0.05	0.05	—	—	—
机械	交流弧焊机 21kV·A	台班	60.37	0.01	0.01	—	0.02	—

注：主要材料为按钮、电笛、电铃。

十四、水位电气信号装置安装

工作内容： 测位、画线、安装、配管、穿线、接线、刷油。

单位：套

编　号			2-352	2-353	2-354
项　目			机械式	电子式	液位式
预算基价	总　　价（元）		**706.69**	**528.79**	**656.81**
	人　工　费（元）		557.55	423.90	519.75
	材　料　费（元）		105.02	103.34	135.51
	机　械　费（元）		44.12	1.55	1.55
组 成 内 容	单位	单价	数　　量		
人工 综合工	工日	135.00	4.13	3.14	3.85
材料 浮球	个	—	(1)	—	—
硬塑料管 D15	根	—	—	(3)	(3)
调和漆	kg	14.11	0.1	0.1	0.1
防锈漆 C53-1	kg	13.20	0.1	0.1	0.1
普碳钢板 Q195~Q235 δ1.0~1.5	t	3992.69	0.00311	0.00066	0.00210
镀锌圆钢 D10~14	t	4798.48	0.00172	—	—
镀锌扁钢 40×4	t	4511.48	0.00130	0.00043	0.00067
镀锌扁钢 60×6	t	4531.61	—	0.0050	0.0076
镀锌精制带帽螺栓 M10×100以内	套	1.15	6.0	12.2	12.2
镀锌钢丝 D1.2~2.2	kg	7.13	0.01	—	—
铸铁陀 5kg	个	23.96	1	—	—
钢丝绳 D4.5	m	0.70	15	—	—
铝板	kg	20.81	0.21	—	—
紫铜皮	kg	86.14	—	0.5	0.6
精制带帽铜螺栓 M6×30	套	1.97	—	6.1	8.2
地脚螺栓 M10×100	套	0.98	4.08	2.04	2.04
半圆头螺钉 M10×100	套	1.09	20	—	—
木螺钉 M(4.5~6)×(15~100)	个	0.14	8.4	—	—
木板 170×85×20	块	0.56	1	—	—
酚醛层压布板 δ10~20	kg	79.90	0.012	0.010	0.020
破布	kg	5.07	0.1	0.1	0.1
铁砂布 0#~2#	张	1.15	0.50	0.50	0.50
电焊条 E4303 D3.2	kg	7.59	0.05	0.05	0.05
机械 交流弧焊机 21kV·A	台班	60.37	0.04	0.02	0.02
立式钻床 D25	台班	6.78	0.10	0.05	0.05
普通车床 400×1000	台班	205.13	0.2	—	—

注：主要材料为信号装置。未包括水泵房电气控制设备、继电器安装及水泵房至水塔、水箱的管线敷设。

十五、仪表、电器、小母线安装

工作内容： 开箱检查、盘上画线、钻眼、安装固定、写字编号、下料布线、上卡子。

编 号			2-355	2-356	2-357	2-358	2-359	2-360
项 目			测量表计 （个）	继电器 （个）	电磁锁 （个）	屏上辅助设备 （个）	小母线 （10m）	辅助电压 互感器 （个）
预算基价	总　　　价（元）		**40.30**	**52.30**	**51.98**	**61.59**	**55.34**	**118.01**
	人　工　费（元）		35.10	47.25	48.60	56.70	32.40	113.40
	材　料　费（元）		5.20	5.05	3.38	4.89	22.94	4.61
组 成 内 容		单位	单价	数　　　量				
人工	综合工	工日	135.00	0.26	0.35	0.36	0.42	0.24	0.84
材料	镀锌精制带帽螺栓 M10×100以内	套	1.15	—	—	2.0	2.0	7.5	2.0
	塑料软管 D6	m	0.47	3.5	5.0	0.5	1.0	—	—
	异型塑料管 D2.5～5.0	m	0.89	0.10	0.15	—	—	—	—
	棉纱	kg	16.11	0.05	—	0.05	0.05	0.10	0.05
	铁砂布 0#～2#	张	1.15	0.10	0.02	—	—	0.40	—
	锯条	根	0.42	—	—	0.09	0.50	0.20	0.50
	焊锡丝	kg	60.79	0.03	0.03	—	0.01	0.05	—
	焊锡膏 50g瓶装	kg	49.90	0.01	0.01	—	0.01	0.01	—
	电力复合脂 一级	kg	22.43	0.01	0.01	—	—	0.10	0.02
	标志牌	个	0.85	—	—	—	—	7.5	1.0

注：主要材料为测量仪表、继电器、电磁锁、母线、互感器。

88

十六、盘柜配线

工作内容：放线、下料、包绝缘带、排线、卡线、校线、接线。

单位：10m

编　号			2-361	2-362	2-363	2-364	2-365	2-366	2-367
项　目			导线截面（mm²以内）						
			2.5	6	10	25	50	95	150
预算基价	总　　价（元）		**95.17**	**108.67**	**128.17**	**204.79**	**276.32**	**402.06**	**522.56**
	人　工　费（元）		67.50	81.00	94.50	135.00	175.50	270.00	351.00
	材　料　费（元）		27.67	27.67	33.67	69.79	100.82	132.06	171.56
组 成 内 容	单位	单价	数　　　量						
人工 综合工	工日	135.00	0.50	0.60	0.70	1.00	1.30	2.00	2.60
材料 塑料绝缘导线	m	—	(10.18)	(10.18)	(10.18)	(10.18)	(10.18)	(10.18)	(10.18)
塑料软管 D8	m	0.60	0.02	0.02	0.03	—	—	—	—
异型塑料管 D2.5～5.0	m	0.89	0.40	0.40	0.40	—	—	—	—
镀锌精制带帽螺栓 M10×100以内	套	1.15	6.1	6.1	6.1	32.6	32.6	32.6	32.6
铝扎头 1#～5#	包	1.93	0.33	0.33	0.33	—	—	—	—
尼龙扎带 150	根	0.42	16	16	—	—	—	—	—
尼龙扎带 200	根	0.53	—	—	16	16	—	—	—
尼龙扎带 250	根	0.65	—	—	—	—	16	16	16
棉纱	kg	16.11	0.05	0.05	0.08	0.08	0.10	0.10	0.12
铁砂布 0#～2#	张	1.15	2.00	2.00	2.50	2.50	2.80	2.80	2.80
黑胶布 20mm×20m	卷	2.74	0.20	0.20	0.20	0.25	0.28	0.44	0.67
黄漆布带 20mm×40m	卷	19.00	0.06	0.06	0.06	0.13	0.15	0.23	0.34
汽油 60#～70#	kg	6.67	0.20	0.20	0.22	0.22	0.60	1.00	1.50
锯条	根	0.42	—	—	—	0.50	0.80	1.00	1.00
焊锡丝	kg	60.79	0.10	0.10	0.15	0.22	0.60	1.00	1.50
焊锡膏 50g瓶装	kg	49.90	0.01	0.01	0.01	0.02	0.06	0.10	0.15
电力复合脂 一级	kg	22.43	0.01	0.01	0.01	0.02	0.03	0.04	0.05

注：主要材料为导线、接线端子。

十七、端子箱、端子板安装及端子板外部接线

工作内容： 开箱、检查、安装、表计拆装、试验、校线、套绝缘管,压焊端子、接线。

编　号			2-368	2-369	2-370	2-371	2-372	2-373	2-374
项　目			端子箱安装		端子板安装	无端子外部接线		有端子外部接线	
			户外 （台）	户内 （台）	（组）	2.5 （10个）	6 （10个）	2.5 （10个）	6 （10个）
预算基价	总　　价(元)		**420.18**	**344.15**	**16.35**	**44.02**	**58.87**	**77.58**	**136.00**
	人　工　费(元)		355.05	298.35	10.80	29.70	44.55	40.50	60.75
	材　料　费(元)		61.51	37.95	5.55	14.32	14.32	37.08	75.25
	机　械　费(元)		3.62	7.85	—	—	—	—	—
组　成　内　容	单位	单价	数　　量						
人工 综合工	工日	135.00	2.63	2.21	0.08	0.22	0.33	0.30	0.45
钢板垫板	t	4954.18	0.0003	—	—	—	—	—	—
热轧角钢 ＜60	t	3721.43	0.009	0.002	—	—	—	—	—
镀锌扁钢 40×4	t	4511.48	0.0030	0.0015	—	—	—	—	—
镀锌精制带帽螺栓 M10×100以内	套	1.15	4.1	4.1	—	—	—	—	—
铜接线端子 DT-2.5mm²	个	1.83	—	—	—	—	—	10.00	—
铜接线端子 DT-6mm²	个	5.58	—	—	—	—	—	—	10.00
半圆头螺钉 M10×100	套	1.09	—	—	4.1	—	—	—	—
合页	副	2.71	—	1	—	—	—	—	—
塑料胶线 2×16×0.15mm²	m	1.36	2.0	1.5	—	—	—	—	—
塑料软管 D6	m	0.47	—	—	—	1	1	1	1
异型塑料管 D2.5~5.0	m	0.89	—	—	—	0.25	0.25	0.25	0.25
破布	kg	5.07	0.20	0.20	0.10	0.10	0.10	0.15	0.15
铁砂布 0#~2#	张	1.15	—	0.5	0.5	1.0	1.0	1.0	1.0
黄漆布带 20mm×40m	卷	19.00	—	—	—	0.63	0.63	0.63	0.63
锯条	根	0.42	0.50	1.00	—	—	—	—	—
电焊条 E4303 D3.2	kg	7.59	0.2	0.5	—	—	—	—	—
焊锡丝	kg	60.79	—	—	—	—	—	0.05	0.05
焊锡膏 50g瓶装	kg	49.90	—	—	—	—	—	0.01	0.01
防锈漆 C53-1	kg	13.20	—	0.15	—	—	—	—	—
调和漆	kg	14.11	0.2	0.3	—	—	—	—	—
清油	kg	15.06	—	0.15	—	—	—	—	—
汽油 60#~70#	kg	6.67	—	—	—	—	—	0.1	0.2
机械 交流弧焊机 21kV·A	台班	60.37	0.06	0.13	—	—	—	—	—

注：主要材料为端子箱、端子板、接线端子。

十八、焊铜接线端子

工作内容：削线头、套绝缘管、焊接头、包缠绝缘带。

单位：10个

编 号			2-375	2-376	2-377	2-378	2-379	2-380	2-381	2-382
项 目			导线截面（mm²以内）							
			16	35	70	120	185	240	300	400
预算基价	总　　价（元）		**142.10**	**184.03**	**270.53**	**433.18**	**635.46**	**816.82**	**930.05**	**1126.24**
	人　工　费（元）		22.95	31.05	37.80	56.70	74.25	83.70	108.00	140.40
	材　料　费（元）		119.15	152.98	232.73	376.48	561.21	733.12	822.05	985.84
组 成 内 容		单位	单价	数 量						
人工	综合工	工日	135.00	0.17	0.23	0.28	0.42	0.55	0.62	0.80	1.04
材料	黄漆布带 20mm×40m	卷	19.00	0.24	0.40	0.56	0.64	1.00	1.00	1.36	1.68
	破布	kg	5.07	0.30	0.30	0.40	0.40	0.50	0.50	0.56	0.60
	铁砂布 0#~2#	张	1.15	1.0	1.0	1.5	1.5	2.0	2.0	2.5	2.5
	汽油 60#~70#	kg	6.67	0.5	0.6	0.8	1.0	1.2	1.2	1.5	1.6
	锯条	根	0.42	—	0.20	0.25	0.30	0.35	0.35	0.40	0.40
	焊锡丝	kg	60.79	0.10	0.23	0.44	0.79	1.00	1.20	1.60	2.03
	焊锡膏 50g瓶装	kg	49.90	0.01	0.02	0.04	0.08	0.10	0.12	0.16	0.20
	铜接线端子 DT-16mm²	个	10.05	10.15	—	—	—	—	—	—	—
	铜接线端子 DT-25mm²	个	11.28	—	5.08	—	—	—	—	—	—
	铜接线端子 DT-35mm²	个	13.06	—	5.08	—	—	—	—	—	—
	铜接线端子 DT-50mm²	个	15.71	—	—	5.08	—	—	—	—	—
	铜接线端子 DT-70mm²	个	20.54	—	—	5.08	—	—	—	—	—
	铜接线端子 DT-95mm²	个	26.24	—	—	—	5.08	—	—	—	—
	铜接线端子 DT-120mm²	个	33.16	—	—	—	5.08	—	—	—	—
	铜接线端子 DT-150mm²	个	41.14	—	—	—	—	5.08	—	—	—
	铜接线端子 DT-185mm²	个	50.09	—	—	—	—	5.08	—	—	—
	铜接线端子 DT-240mm²	个	61.30	—	—	—	—	—	10.15	—	—
	铜接线端子 DT-300mm²	个	66.51	—	—	—	—	—	—	10.15	—
	铜接线端子 DT-400mm²	个	79.19	—	—	—	—	—	—	—	10.15

十九、压铜接线端子

工作内容：削线头、套绝缘管、压接头、包缠绝缘带。

单位：10个

编　号				2-383	2-384	2-385	2-386	2-387	2-388	2-389	2-390
项　目				导线截面（mm²以内）							
				16	35	70	120	185	240	300	400
预算基价	总　　　价（元）			**140.59**	**180.42**	**295.96**	**521.11**	**715.58**	**908.18**	**1103.79**	**1336.07**
	人　工　费（元）			33.75	49.95	102.60	202.50	237.60	270.00	355.05	456.30
	材　料　费（元）			106.84	130.47	193.36	318.61	477.98	638.18	748.74	879.77
组 成 内 容		单位	单价	数　　　量							
人工	综合工	工日	135.00	0.25	0.37	0.76	1.50	1.76	2.00	2.63	3.38
材料	破布	kg	5.07	0.15	0.20	0.25	0.80	0.40	0.50	0.56	0.60
	铁砂布 0#~2#	张	1.15	1.0	1.0	1.5	3.5	2.0	2.0	2.5	2.5
	黑胶布 20mm×20m	卷	2.74	—	—	—	0.5	—	—	—	—
	黄漆布带 20mm×40m	卷	19.00	0.06	0.10	0.14	0.16	0.25	0.25	0.30	0.30
	汽油 60#~70#	kg	6.67	0.20	0.30	0.35	0.40	0.46	0.50	0.60	0.65
	电力复合脂 一级	kg	22.43	0.02	0.03	0.05	0.07	0.10	0.13	0.20	0.28
	铜接线端子 DT-16mm²	个	10.05	10.15	—	—	—	—	—	—	—
	铜接线端子 DT-25mm²	个	11.28	—	5.08	—	—	—	—	—	—
	铜接线端子 DT-35mm²	个	13.06	—	5.08	—	—	—	—	—	—
	铜接线端子 DT-50mm²	个	15.71	—	—	5.08	—	—	—	—	—
	铜接线端子 DT-70mm²	个	20.54	—	—	5.08	—	—	—	—	—
	铜接线端子 DT-95mm²	个	26.24	—	—	—	5.08	—	—	—	—
	铜接线端子 DT-120mm²	个	33.16	—	—	—	5.08	—	—	—	—
	铜接线端子 DT-150mm²	个	41.14	—	—	—	—	5.08	—	—	—
	铜接线端子 DT-185mm²	个	50.09	—	—	—	—	5.08	—	—	—
	铜接线端子 DT-240mm²	个	61.30	—	—	—	—	—	10.15	—	—
	铜接线端子 DT-300mm²	个	66.51	—	—	—	—	—	—	10.15	—
	铜接线端子 DT-400mm²	个	79.19	—	—	—	—	—	—	—	10.15
	锯条	根	0.42	一	0.20	0.25	0.30	0.35	0.35	0.40	0.40
	接头专用枪子弹	个	5.28	—	—	—	—	—	—	10.15	10.15

注：本子目亦适用于铜铝过渡端子。

二十、压铝接线端子

工作内容: 削线头、套绝缘管、压接头、包缠绝缘带。

单位:10个

编　号			2-391	2-392	2-393	2-394	2-395	2-396	2-397	2-398
项　目			导线截面(mm²以内)							
			16	35	70	120	185	240	300	400
预算基价	总　　　价(元)		**55.64**	**74.36**	**127.46**	**222.89**	**271.30**	**393.55**	**540.85**	**637.21**
	人　工　费(元)		14.85	22.95	43.20	91.80	105.30	121.50	153.90	183.60
	材　料　费(元)		40.79	51.41	84.26	131.09	166.00	272.05	386.95	453.61
组　成　内　容	单位	单价	数　量							
人工｜综合工	工日	135.00	0.11	0.17	0.32	0.68	0.78	0.90	1.14	1.36
塑料软管	m	—	10×0.41	10×0.57	10×1.66	10×2.37	10×3.28	10×3.28	10×3.90	10×5.09
破布	kg	5.07	0.05	0.05	0.08	0.08	0.09	0.10	0.10	0.13
铁砂布 0#~2#	张	1.15	1.0	1.0	1.5	1.5	1.5	2.0	2.5	2.5
黑胶布 20mm×20m	卷	2.74	0.11	0.20	0.25	0.35	0.45	0.50	0.60	0.75
黄漆布带 20mm×40m	卷	19.00	0.06	0.10	0.14	0.16	0.21	0.25	0.34	0.42
电力复合脂 一级	kg	22.43	0.02	0.03	0.05	0.07	0.20	0.13	0.20	0.28
锯条	根	0.42	—	0.20	0.25	0.30	0.35	0.35	0.42	0.50
铝接线端子 16mm²	个	3.29	10.15	—	—	—	—	—	—	—
铝接线端子 25mm²	个	3.87	—	5.08	—	—	—	—	—	—
铝接线端子 35mm²	个	4.22	—	5.08	—	—	—	—	—	—
铝接线端子 50mm²	个	5.10	—	—	5.08	—	—	—	—	—
铝接线端子 70mm²	个	6.90	—	—	5.08	—	—	—	—	—
铝接线端子 95mm²	个	8.14	—	—	—	5.08	—	—	—	—
铝接线端子 120mm²	个	11.46	—	—	—	5.08	—	—	—	—
铝接线端子 150mm²	个	11.46	—	—	—	—	5.08	—	—	—
铝接线端子 185mm²	个	12.39	—	—	—	—	5.08	—	—	—
铝接线端子 240mm²	个	22.39	—	—	—	—	—	10.15	—	—
铝接线端子 300mm²	个	27.41	—	—	—	—	—	—	10.15	—
铝接线端子 400mm²	个	32.42	—	—	—	—	—	—	—	10.15
接头专用枪子弹	个	5.28	—	—	—	—	—	—	10.15	10.15

93

二十一、基础槽钢、角钢制作、安装

工作内容： 平直、下料、钻孔、安装、接地、油漆。

单位：10m

编　号			2-399	2-400
项　目			槽钢	角钢
预算基价	总　　价(元)		**209.76**	**165.72**
	人　工　费(元)		155.25	116.10
	材　料　费(元)		38.81	35.13
	机　械　费(元)		15.70	14.49
组 成 内 容		单位	单价	数　量	
人工	综合工	工日	135.00	1.15	0.86
材料	圆钢 $D5.5 \sim 9.0$	t	3896.14	0.00411	0.00411
	镀锌扁钢 40×4	t	4511.48	0.00237	0.00237
	普碳钢板 Q195～Q235 $\delta 2.0 \sim 2.5$	t	4001.96	0.00100	0.00050
	锯条	根	0.42	4.0	2.0
	电焊条 E4303 $D3.2$	kg	7.59	0.66	0.55
	调和漆	kg	14.11	0.10	0.10
机械	交流弧焊机 21kV·A	台班	60.37	0.26	0.24

注：主要材料为槽钢、角钢。

二十二、铁构件制作、安装及箱、盒制作

工作内容：制作、平直、画线、下料、钻孔、组对、焊接、刷油（喷漆）、安装、补刷油。

编　号			2-401	2-402	2-403	2-404	2-405	2-406	2-407	2-408
项　目			一般铁构件		轻型铁构件		箱盒制作	金属围网制作、安装	金属网门制作、安装	二次喷漆
			制作 （100kg）	安装 （100kg）	制作 （100kg）	安装 （100kg）	（100kg）	（m²）	（m²）	（m²）
预算基价	总　　　价（元）		**738.03**	**515.03**	**926.90**	**591.04**	**2487.10**	**155.50**	**196.35**	**118.87**
	人　工　费（元）		630.45	457.65	824.85	534.60	2241.00	122.85	137.70	97.20
	材　料　费（元）		65.92	19.35	45.75	11.16	161.70	23.76	49.76	13.97
	机　械　费（元）		41.66	38.03	56.30	45.28	84.40	8.89	8.89	7.70
组　成　内　容	单位	单价	数　　量							
人工	综合工	工日	135.00	4.67	3.39	6.11	3.96	16.60	0.91	1.02	0.72
材料	门锁及五金	套	—	—	—	—	—	—	—	(0.625)	—
	圆钢 D10～14	t	—	(0.008)	—	—	—	—	—	—	—
	扁钢 25×4	t	—	(0.022)	—	—	—	—	—	—	—
	角钢	t	—	(0.075)	—	—	—	(0.005)	(0.031)	(0.027)	—
	热轧薄钢板 δ1.0～1.5	kg	—	—	—	(104.000)	—	(104.000)	—	—	—
	镀锌钢丝网 D1.6×20×20	kg	6.92	—	—	—	—	—	1.100	1.100	—
	钢管	kg	3.81	—	—	—	—	—	—	6.800	—
	镀锌钢丝 D2.5～4.0	kg	6.91	—	—	—	—	—	0.200	0.200	—
	紫铜板（综合）	kg	73.20	—	—	—	—	—	0.070	0.070	—
	镀锌六角螺栓带螺母 2平垫1弹垫M10×100以内	10套	7.92	5.150	—	2.987	—	2.000	—	—	—
	白布		12.98	0.100	0.200	0.200	0.200	0.200	0.100	0.100	—
	砂轮片 D400	片	19.56	0.150	0.001	0.150	0.001	0.100	0.010	0.015	—
	低碳钢焊条（综合）	kg	6.01	1.400	1.800	1.200	0.600	1.500	0.060	0.060	—
	钢锯条	条	4.33	—	1.000	—	1.000	2.000	0.500	0.500	—
	铁砂布 0#～2#	张	1.15	2.500	—	1.500	—	3.000	1.500	1.500	3.000
	石膏粉	kg	0.94	—	—	—	—	0.700	—	—	—
	胶木板	kg	10.37	0.280	0.094	—	—	—	—	—	—
	酚醛调和漆	kg	10.67	0.200	0.020	0.200	0.020	—	0.100	0.100	—
	喷漆	kg	22.50	—	—	—	—	3.200	—	—	0.350
	防锈漆 C53-1	kg	13.20	0.300	0.030	0.370	0.030	3.600	0.100	0.100	0.200
	油漆溶剂油	kg	6.10	0.100	—	0.100	—	—	—	—	—
	清油	kg	15.06	—	—	—	—	—	0.100	0.100	—
机械	扳边机	台班	17.39	—	—	0.234	—	0.400	—	—	—
	交流弧焊机 21kV·A	台班	60.37	0.690	0.630	0.610	0.750	0.900	0.028	0.028	—
	电动空气压缩机 0.6m³	台班	38.51	—	—	0.400	—	0.600	0.187	0.187	0.200

二十三、穿墙板制作与安装

工作内容：穿通板平直、下料、制作、焊接、打洞、安装、接地、油漆。

单位：块

编 号			2-409	2-410	2-411	2-412	2-413
项 目			石棉水泥板	塑料板	电木板	环氧树脂板	钢板
预算基价	总 价(元)		**260.60**	**232.74**	**417.15**	**413.30**	**275.94**
	人 工 费(元)		187.65	137.70	313.20	313.20	148.50
	材 料 费(元)		64.50	84.69	91.51	87.66	117.24
	机 械 费(元)		8.45	10.35	12.44	12.44	10.20
组 成 内 容	单位	单价	数 量				
人工 综合工	工日	135.00	1.39	1.02	2.32	2.32	1.10
材料 环氧树脂板	块	—	—	—	—	(1.050)	—
胶木板	kg	—	—	—	(5.119)	—	—
镀锌扁钢（综合）	kg	5.32	1.580	1.580	2.400	2.400	1.550
角钢 63以内	kg	3.47	8.000	8.000	17.000	17.000	9.150
普碳钢板（综合）	kg	4.18	—	—	—	—	12.360
聚氯乙烯板	kg	6.49	—	5.220	—	—	—
棉纱	kg	16.11	—	—	0.010	—	—
白布	kg	12.98	0.100	0.100	0.100	0.100	0.100
铁砂布 0#~2#	张	1.15	0.100	0.100	0.100	0.100	0.100
低碳钢焊条（综合）	kg	6.01	0.280	0.280	0.350	0.350	0.330
钢锯条	条	4.33	2.000	2.000	2.000	2.000	2.000
酚醛调和漆	kg	10.67	0.220	0.110	0.525	0.250	0.300
醇酸防锈漆 C53-1	kg	13.20	0.130	0.130	0.080	0.080	0.400
清油	kg	15.06	—	—	0.050	—	—
氧气	m³	2.88	—	—	—	—	0.520
乙炔气	m³	16.13	—	—	—	—	0.220
石棉水泥板 δ20	m²	40.38	0.310	—	—	—	—
机械 立式钻床 D25	台班	6.78	—	0.280	—	—	0.009
交流弧焊机 21kV·A	台班	60.37	0.140	0.140	0.206	0.206	0.168

二十四、木配电箱制作

工作内容:选料、下料、做榫、净面、拼缝、拼装、砂光、油漆。

单位:套

编 号				2-414	2-415	2-416	2-417	2-418	2-419	2-420
项 目				木板配电箱				墙洞配电箱		
				半周长(m)						
				0.6	1.0	1.5	2.0	0.6	1.0	2.5
预算基价	总 价(元)			**173.49**	**315.84**	**566.96**	**1127.71**	**69.42**	**144.52**	**246.42**
	人 工 费(元)			116.10	211.95	390.15	778.95	41.85	87.75	159.30
	材 料 费(元)			57.39	103.89	176.81	348.76	27.57	56.77	87.12
组 成 内 容		单位	单价	数 量						
人工	综合工	工日	135.00	0.86	1.57	2.89	5.77	0.31	0.65	1.18
材料	木材 方木	m³	2716.33	0.014	0.024	0.045	0.097	0.005	0.010	0.018
	合页 <75	个	2.84	1	2	2	2	1	2	2
	插销 75	副	0.67	—	2	2	2	—	2	2
	碰珠	个	2.83	2	4	4	4	2	4	4
	三合板	m²	20.88	0.08	0.21	0.45	0.87	0.08	0.20	0.39
	圆钉	kg	6.68	0.03	0.05	0.07	0.09	0.03	0.05	0.07
	木螺钉 M(2~4)×(6~65)	个	0.06	10	31	31	31	10	26	31
	木螺钉 M(4.5~6)×(15~100)	个	0.14	4	4	4	4	4	4	4
	铁砂布 0#~2#	张	1.15	1.0	1.0	2.0	2.0	0.5	0.5	1.0
	白乳胶	kg	7.86	0.24	0.44	0.78	1.56	0.06	0.14	0.28
	调和漆	kg	14.11	0.34	0.61	1.10	2.21	0.10	0.21	0.39

二十五、配电板制作、安装

工作内容： 制作、下料、做榫、拼缝、钻孔、拼装、砂光、油漆、包钉薄钢板、安装、接线、接地。

编　号			2-421	2-422	2-423	2-424	2-425	2-426	2-427
项　目			制作			木配电板包薄钢板（m²）	安装半周长（m以内）		
			木板（m²）	塑料板（m²）	胶木板（m²）		1.0（块）	1.5（块）	2.5（块）
预算基价	总　　价（元）		**276.50**	**311.80**	**1338.45**	**51.72**	**99.11**	**211.73**	**253.57**
	人工费（元）		180.90	93.15	187.65	29.70	81.00	189.00	225.45
	材料费（元）		95.60	218.65	1150.80	22.02	15.09	18.50	22.69
	机械费（元）		—	—	—	—	3.02	4.23	5.43
组　成　内　容	单位	单价	数　　量						
人工 综合工	工日	135.00	1.34	0.69	1.39	0.22	0.60	1.40	1.67
材料 镀锌扁钢 40×4	t	4511.48	—	—	—	—	0.00063	0.00083	0.00110
镀锌薄钢板 δ0.50～0.65	t	4438.22	—	—	—	0.00463	—	—	—
硬聚氯乙烯板 δ12	kg	11.60	—	18.69	—	—	—	—	—
酚醛层压布板 δ10～20	kg	79.90	—	—	14.38	—	—	—	—
木材 方木	m³	2716.33	0.032	—	—	—	—	—	—
破布	kg	5.07	0.25	0.25	0.25	0.25	—	—	—
棉纱	kg	16.11	—	—	—	—	0.5	0.5	0.5
铁砂布 0#～2#	张	1.15	1.0	0.5	0.5	—	—	—	—
白乳胶	kg	7.86	0.2	—	—	—	—	—	—
黑胶布 20mm×20m	卷	2.74	—	—	—	—	0.10	0.16	0.22
调和漆	kg	14.11	0.28	—	—	—	0.05	0.08	0.12
电焊条 E4303 D3.2	kg	7.59	—	—	—	—	0.05	0.05	0.07
塑料软管	kg	15.62	—	—	—	—	0.10	0.16	0.22
塑料胀管 M6～8	个	0.31	—	—	—	—	4.1	—	—
圆钉	kg	6.68	0.11	—	—	0.03	—	—	—
膨胀螺栓 M8×60	套	0.55	—	—	—	—	—	4.10	6.20
机械 交流弧焊机 21kV·A	台班	60.37	—	—	—	—	0.05	0.07	0.09

注：配电板内设备元件安装及端子板外部接线应另套单项基价。

第五章 蓄电池安装

说　明

一、本章适用范围：碱性蓄电池、固定密闭式铅酸蓄电池和免维护铅酸蓄电池安装工程。

二、蓄电池防震支架按随设备供货考虑，安装按地平打眼装膨胀螺栓固定考虑。

三、蓄电池电极连接条、紧固螺栓、绝缘垫均按设备自带考虑。

四、本章中不包含蓄电池抽头连接用电缆及电缆保护管的安装。

五、碱性蓄电池补充电解液按厂家随设备供货考虑。铅酸蓄电池的电解液已包含在子目内,不另行计算。

六、蓄电池充放电电量已计入基价子目内,不论酸性、碱性电池均按其电压和容量按相应子目列项。

七、铅酸蓄电池和碱性蓄电池安装内已包括电解液的材料消耗,执行时不得调整。

八、蓄电池安装基价中已包括了电解液的材料消耗,执行时不得调整。

工程量计算规则

一、免维护蓄电池安装,按设计图示数量计算,其具体计算如下例:

某项工程设计一组蓄电池为220V/500(A·h),由18个12V的组件组成,则应执行12V/500(A·h)的18组件基价。

二、蓄电池防振支架依据规格、形式,按设计图示尺寸以长度计算。

三、蓄电池充放电依据容量,按设计图示数量计算。

四、蓄电池依据名称、型号、容量,按设计图示数量计算。

五、太阳能电池板钢架依据安装形式,按设计图示尺寸以面积计算。

六、太阳能电池板依据安装形式,按设计图示尺寸以数量计算。

七、太阳能电池组安装依据功率,按图示尺寸以数量计算。

八、光伏逆变器依据输出功率,按图示尺寸以数量计算。

九、太阳能控制器依据电压等级,按图示尺寸以数量计算。

十、UPS依据型号、容量,按图示尺寸以数量计算。

一、碱性蓄电池安装

工作内容：检查测试、安装固定、极柱连接、补充注液。　　　　　　　　　　　　　　　　　　　　**单位：**个

编　号			2-428	2-429	2-430	2-431	2-432	2-433	2-434
项　目			蓄电池容量（A·h以内）						
			40	80	100	150	250	300	500
预算基价	总　　价（元）		**7.07**	**9.77**	**14.15**	**20.90**	**31.92**	**37.32**	**53.52**
	人　工　费（元）		6.75	9.45	13.50	20.25	31.05	36.45	52.65
	材　料　费（元）		0.32	0.32	0.65	0.65	0.87	0.87	0.87
组 成 内 容	单位	单价	数　　量						
人工 综合工	工日	135.00	0.05	0.07	0.10	0.15	0.23	0.27	0.39
材料 相色带 20mm×20m	卷	4.99	0.02	0.02	0.04	0.04	0.04	0.04	0.04
电力复合脂 一级	kg	22.43	0.01	0.01	0.02	0.02	0.03	0.03	0.03

103

二、固定密闭式铅酸蓄电池安装

工作内容：搬运、开箱、检查、安装、连接线、配注电解液、标志标号。

单位：个

	编　　号			2-435	2-436	2-437	2-438	2-439	2-440	2-441
	项　　目			蓄电池 容量（A·h以内）						
				100	200	300	400	600	800	1000
预算基价	总　　价（元）			**30.67**	**44.40**	**57.38**	**64.78**	**87.24**	**108.78**	**141.62**
	人　工　费（元）			14.85	24.30	29.70	33.75	44.55	55.35	74.25
	材　料　费（元）			6.44	10.72	18.30	21.65	33.31	44.05	48.61
	机　械　费（元）			9.38	9.38	9.38	9.38	9.38	9.38	18.76
组　成　内　容		单位	单价	数　　量						
人工	综合工	工日	135.00	0.11	0.18	0.22	0.25	0.33	0.41	0.55
材料	纯硫酸	kg	3.29	1.62	2.85	5.15	6.10	9.64	12.83	14.20
	蒸馏水	km	1.79	0.00376	0.00667	0.01199	0.01422	0.02249	0.02993	0.03300
	铅标志牌	个	0.46	1	1	1	1	1	1	1
	相色带 20mm×20m	卷	4.99	0.04	0.04	0.04	0.04	0.04	0.04	0.05
	电力复合脂 一级	kg	22.43	0.02	0.03	0.03	0.04	0.04	0.05	0.05
机械	载货汽车 5t	台班	443.55	0.01	0.01	0.01	0.01	0.01	0.01	0.02
	叉式起重机 5t	台班	494.40	0.01	0.01	0.01	0.01	0.01	0.01	0.02

工作内容：搬运、开箱、检查、安装、连接线、配注电解液、标志标号。

单位：个

编　号			2-442	2-443	2-444	2-445	2-446	2-447	2-448
项　目			蓄电池 容量（A·h以内）						
			1200	1400	1600	1800	2000	2500	3000
预算基价	总　价（元）		**157.69**	**173.37**	**191.02**	**223.81**	**240.64**	**281.65**	**321.23**
	人 工 费（元）		83.70	91.80	102.60	118.80	128.25	145.80	162.00
	材 料 费（元）		55.23	62.81	69.66	76.87	84.25	107.71	131.09
	机 械 费（元）		18.76	18.76	18.76	28.14	28.14	28.14	28.14
组 成 内 容	单位	单价	数　量						
人工 综合工	工日	135.00	0.62	0.68	0.76	0.88	0.95	1.08	1.20
材料 纯硫酸	kg	3.29	16.21	18.51	20.59	22.78	25.02	32.14	39.24
蒸馏水	km	1.79	0.03781	0.04319	0.04802	0.05312	0.05837	0.07498	0.09156
铅标志牌	个	0.46	1	1	1	1	1	1	1
相色带 20mm×20m	卷	4.99	0.05	0.05	0.05	0.05	0.05	0.05	0.05
电力复合脂 一级	kg	22.43	0.05	0.05	0.05	0.05	0.05	0.05	0.05
机械 载货汽车 5t	台班	443.55	0.02	0.02	0.02	0.03	0.03	0.03	0.03
叉式起重机 5t	台班	494.40	0.02	0.02	0.02	0.03	0.03	0.03	0.03

三、免维护铅酸蓄电池安装

工作内容：搬运、开箱检查、支架固定、蓄电池就位、整理检查、连接与接线、护罩安装、标志标号。

单位：组

编　号				2-449	2-450	2-451	2-452	2-453	2-454	2-455	2-456	2-457
项　目				蓄电池 电压/容量［V/（A•h）］								
				12/100	12/200	12/290	6/390	12/500	12/570	6/820	6/980	6/1070
预算基价	总　　价（元）			**126.48**	**130.53**	**134.58**	**101.54**	**149.43**	**165.63**	**137.99**	**142.04**	**150.14**
	人　工　费（元）			89.10	93.15	97.20	67.50	112.05	128.25	103.95	108.00	116.10
	材　料　费（元）			8.73	8.73	8.73	5.39	8.73	8.73	5.39	5.39	5.39
	机　械　费（元）			28.65	28.65	28.65	28.65	28.65	28.65	28.65	28.65	28.65
组　成　内　容		单位	单价	数　　量								
人工	综合工	工日	135.00	0.66	0.69	0.72	0.50	0.83	0.95	0.77	0.80	0.86
材料	膨胀螺栓 M14	套	3.31	1.43	1.43	1.43	0.82	1.43	1.43	0.82	0.82	0.82
	破布	kg	5.07	0.03	0.03	0.03	0.02	0.03	0.03	0.02	0.02	0.02
	锯条	根	0.42	0.3	0.3	0.3	0.2	0.3	0.3	0.2	0.2	0.2
	洗衣粉	kg	10.47	0.20	0.20	0.20	0.15	0.20	0.20	0.15	0.15	0.15
	相色带 20mm×20m	卷	4.99	0.22	0.22	0.22	0.11	0.22	0.22	0.11	0.11	0.11
	电力复合脂 一级	kg	22.43	0.01	0.01	0.01	0.01	0.01	0.01	0.01	0.01	0.01
	合金钢钻头 D16	个	15.13	0.02	0.02	0.02	0.01	0.02	0.02	0.01	0.01	0.01
机械	汽车式起重机 8t	台班	767.15	0.02	0.02	0.02	0.02	0.02	0.02	0.02	0.02	0.02
	载货汽车 5t	台班	443.55	0.03	0.03	0.03	0.03	0.03	0.03	0.03	0.03	0.03

四、太阳能电池安装
1.太阳能电池板钢架安装

工作内容：开箱检查、清洁搬运、起吊安装组件,调整方位和俯视角,测试,记录,钢架简易基础砌筑、钢架固定等。　　　　　　　单位：10m²

	编　号			2-458	2-459	2-460
	项　目			钢架安装		
				在地面上	在墙面、屋面上	在支架、支柱上
预算基价	总　　　价(元)			**562.22**	**1337.07**	**1748.49**
	人　工　费(元)			452.25	901.80	722.25
	材　料　费(元)			72.88	59.36	57.41
	机　械　费(元)			37.09	375.91	968.83
	组成内容	单位	单价	数　　量		
人工	综合工	工日	135.00	3.35	6.68	5.35
材料	白布	kg	12.98	0.300	0.300	0.400
	电焊条 E4303	kg	7.59	3.200	3.200	4.100
	锯条	根	0.42	2.100	2.100	1.800
	水泥 32.5级	kg	0.36	5.050	5.050	—
	砂子	kg	0.09	0.010	0.010	—
	调和漆	kg	14.11	0.600	0.500	0.600
	醇酸防锈漆 C53-1	kg	13.20	0.900	0.800	0.900
	水	m³	7.62	0.010	0.010	—
	页岩标砖 240×115×53	千块	513.60	0.042	0.021	—
机械	电焊机（综合）	台班	74.17	0.500	0.500	0.700
	汽车式高空作业车 21m	台班	873.25	—	0.388	1.050

107

2.太阳能电池板安装

工作内容： 开箱检查、清洁搬运、起吊、安装组件、调整方位和俯视角、测试、记录、安装接线盒、组件与接线盒电路连接、子方阵与接线盒电路连接、太阳能电池与控制屏联测。

编　号				2-461	2-462	2-463	2-464	2-465	2-466	2-467	2-468
项　目				路灯柱上安装			太阳能电池组安装				太阳能电池与控制屏联测
				柱高（m以下）			500Wp	1000Wp	1500Wp	1500Wp以上每增加500Wp	
				5（块）	12（块）	20（块）	（组）	（组）	（组）	（组）	（组）
预算基价	总　　　价（元）			**76.59**	**94.85**	**124.94**	**493.91**	**632.98**	**804.66**	**259.17**	**291.65**
	人　工　费（元）			25.65	37.80	51.30	450.90	587.25	745.20	225.45	225.45
	材　料　费（元）			7.74	7.74	7.74	3.85	6.57	9.55	3.36	2.53
	机　械　费（元）			43.20	49.31	65.90	39.16	39.16	49.91	30.36	63.67
组成内容		单位	单价	数　　量							
人工	综合工	工日	135.00	0.19	0.28	0.38	3.34	4.35	5.52	1.67	1.67
材料	白布	kg	12.98	0.500	0.500	0.500	0.200	0.400	0.600	0.200	0.100
	电气绝缘胶带 18mm×10m×0.13mm	卷	4.55	0.200	0.200	0.200	0.200	0.200	0.250	0.100	0.100
	橡皮绝缘线 BX-2.5mm^2	m	1.56	0.220	0.220	0.220	0.220	0.300	0.400	0.200	0.500
机械	高压绝缘电阻测试仪	台班	38.93	—	—	—	0.100	0.100	0.150	0.100	0.500
	汽车式高空作业车 21m	台班	873.25	0.049	0.056	0.075	0.040	0.040	0.050	0.030	0.050
	小型机具	元	—	0.41	0.41	0.41	0.34	0.34	0.41	0.27	0.54

3.光伏逆变器、太阳能控制器安装

工作内容：开箱检查、清洁搬运、安装底座、设备安装、接地、单体调试。　　　　　　　　　　　　　　　　　　　　　　单位：台

编　号			2-469	2-470	2-471	2-472	2-473	2-474	2-475
项　目			光伏逆变器					太阳能控制器	
			额定交流输出功率（kW以内）					电压等级（V以内）	
			10	100	250	500	1000	96	110
预算基价	总　　价（元）		**807.72**	**847.82**	**1960.76**	**2474.89**	**4150.75**	**146.46**	**212.98**
	人　工　费（元）		572.40	562.95	1467.45	1833.30	3165.75	83.70	121.50
	材　料　费（元）		149.69	185.69	276.72	360.52	499.62	22.14	31.94
	机　械　费（元）		85.63	99.18	216.59	281.07	485.38	40.62	59.54
组 成 内 容	单位	单价	数　　　量						
人工　综合工	工日	135.00	4.24	4.17	10.87	13.58	23.45	0.62	0.90
材料　型钢	t	3699.72	0.025	0.029	0.034	0.043	0.041	—	—
镀锌扁钢 ＜59	t	4537.41	0.0030	0.0040	0.0060	0.0110	0.0190	0.0017	0.0024
棉纱	kg	16.11	0.095	0.110	0.330	0.440	0.760	0.038	0.055
铁砂布 0#～2#	张	1.15	0.950	2.200	4.400	6.600	11.400	0.150	0.220
电焊条 E4303	kg	7.59	0.285	0.330	1.434	2.200	3.800	0.113	0.165
焊锡丝	kg	60.79	0.095	0.220	0.440	0.550	0.950	0.113	0.165
焊锡膏 50g瓶装	kg	49.90	0.019	0.044	0.088	0.110	0.190	0.023	0.033
锯条	根	0.42	0.950	1.100	2.200	2.200	3.800	0.375	0.550
酚醛调和漆	kg	10.67	0.190	0.220	0.330	0.550	0.950	0.075	0.110
醇酸防锈漆 C53-1	kg	13.20	0.190	0.220	0.330	0.550	0.950	0.075	0.110
汽油	kg	7.74	0.190	0.220	0.330	0.550	0.950	0.038	0.055
机油	kg	7.21	0.095	0.110	0.110	0.110	0.190	—	—
电力复合脂 一级	kg	22.43	0.048	0.088	0.132	0.165	0.280	0.045	0.066
焊接钢管 DN32	t	3843.23	0.00456	0.00528	0.00693	0.00693	0.01200	—	—
钢垫板 δ1～2	kg	6.72	0.950	1.100	4.400	4.730	8.170	0.225	0.330
机械　汽车式起重机 8t	台班	767.15	—	—	0.062	0.103	0.178	—	—
载货汽车 5t	台班	443.55	—	—	0.063	0.103	0.178	—	—
电焊机（综合）	台班	74.17	0.222	0.257	0.822	1.028	1.776	0.105	0.154
高压绝缘电阻测试仪	台班	38.93	0.479	0.555	0.555	0.555	0.959	0.227	0.333
交流变压器	台班	52.92	0.240	0.278	0.278	0.278	0.479	0.114	0.167
TPFRC电容分压器交直流高压测量系统	台班	118.91	0.240	0.278	0.278	0.278	0.479	0.114	0.167
高压试验变压器配套操作箱、调压器	台班	38.65	0.240	0.278	0.278	0.278	0.479	0.114	0.167

五、UPS安装

工作内容：开箱、检查、安装底座、接线、接地、试验。

单位：台

编　号			2-476	2-477	2-478	2-479
项　　目			单相不间断电源	三相不间断电源		
			(kV·A)			
			30	100	500	500以上
预算基价	总　　价(元)		**563.04**	**1079.72**	**1408.51**	**2065.78**
	人　工　费(元)		387.45	747.90	923.40	1291.95
	材　料　费(元)		157.85	294.30	438.21	680.03
	机　械　费(元)		17.74	37.52	46.90	93.80
组 成 内 容		单位	单价	数　　量		
人工	综合工	工日	135.00	2.87	5.54	6.84	9.57
材料	裸铜绞线 35mm²	kg	58.62	1.950	3.550	5.550	8.750
	铜接线端子 DT-35mm²	个	13.06	3.300	6.600	8.580	12.700
	热缩套管 7×220	m	1.43	0.310	—	0.572	0.870
机械	叉式起重机 5t	台班	494.40	—	0.040	0.050	0.100
	载货汽车 5t	台班	443.55	0.040	0.040	0.050	0.100

六、蓄电池防振支架安装

工作内容：打眼、固定、组装、焊接。

单位：10m

编号				2-480	2-481	2-482	2-483
项目				单层支架		双层支架	
				单排	双排	单排	双排
预算基价	总价(元)			**1014.87**	**2067.30**	**2389.32**	**4745.21**
	人工费(元)			783.00	1593.00	1917.00	3888.00
	材料费(元)			144.94	296.81	258.01	543.29
	机械费(元)			86.93	177.49	214.31	313.92
组成内容		单位	单价	数量			
人工	综合工	工日	135.00	5.80	11.80	14.20	28.80
材料	膨胀螺栓 M16	套	4.09	22	54	—	—
	膨胀螺栓 M20	套	7.16	—	—	22	54
	耐酸漆	kg	16.99	2.5	3.0	4.0	6.0
	电焊条 E4303 D3.2	kg	7.59	1.10	2.20	2.65	5.39
	溶剂汽油 200#	kg	6.90	0.6	1.2	1.8	2.0
机械	交流弧焊机 21kV·A	台班	60.37	1.44	2.94	3.55	5.20

注：支架按成品随设备一起供货考虑。

七、蓄电池充放电

工作内容：直流回路检查,放电设施准备,初充电、放电,再充电,测量,记录技术数据。 单位：组

编 号			2-484	2-485	2-486	2-487	2-488	2-489	2-490	2-491
项 目			220V以内							
			蓄电池组 容量（A·h以内）							
			100	200	300	400	600	800	1000	1200
预算基价	总 价(元)		**747.48**	**933.63**	**1119.78**	**1306.66**	**1679.69**	**2052.72**	**2425.75**	**2798.78**
	人 工 费(元)		510.30	510.30	510.30	510.30	510.30	510.30	510.30	510.30
	材 料 费(元)		237.18	423.33	609.48	796.36	1169.39	1542.42	1915.45	2288.48
组 成 内 容	单位	单价	数 量							
人工	综合工	工日	135.00	3.78	3.78	3.78	3.78	3.78	3.78	3.78	3.78
材料	电	kW·h	0.73	256	511	766	1022	1533	2044	2555	3066
	破布	kg	5.07	4.5	4.5	4.5	4.5	4.5	4.5	4.5	4.5
	碳酸氢钠	kg	3.91	3	3	3	3	3	3	3	3
	自粘性橡胶带 20mm×5m	卷	10.50	1.5	1.5	1.5	1.5	1.5	1.5	1.5	1.5

工作内容:直流回路检查,放电设施准备,初充电、放电,再充电,测量,记录技术数据。

单位:组

编　号			2-492	2-493	2-494	2-495	2-496	2-497
项　　目			220V以内					
			蓄电池组 容量(A·h以内)					
			1400	1600	1800	2000	2500	3000
预算基价	总　　价(元)		**3171.81**	**3544.84**	**3918.60**	**4291.63**	**5223.84**	**6156.05**
	人　工　费(元)		510.30	510.30	510.30	510.30	510.30	510.30
	材　料　费(元)		2661.51	3034.54	3408.30	3781.33	4713.54	5645.75
组　成　内　容		单位	单价	数　　　量				
人工	综合工	工日	135.00	3.78	3.78	3.78	3.78	3.78	3.78
材料	电	kW·h	0.73	3577	4088	4600	5111	6388	7665
	破布	kg	5.07	4.5	4.5	4.5	4.5	4.5	4.5
	碳酸氢钠	kg	3.91	3	3	3	3	3	3
	自粘性橡胶带 20mm×5m	卷	10.50	1.5	1.5	1.5	1.5	1.5	1.5

第六章　电动机检查接线

说　明

一、本章适用范围：各种电动机的检查接线。

二、各类电机的检查接线均不包含控制装置的安装和接线。

三、电机的接地线材质系按镀锌扁钢(25×4)编制,如采用铜接地线,主材(导线和接头)应更换,安装人工和机械不变。

四、本章的电动机检查接线,均不包括电动机干燥,发生时其工程量应按电机干燥另行计算。电机干燥系按一次干燥所需的人工、材料、机械消耗量考虑的,在特别潮湿的地方,电机需要进行多次干燥,应按实际干燥次数计算。在气候干燥、电机绝缘性能良好、符合技术标准不需要干燥时,则不计算干燥费用。

五、电机解体检查子目应根据需要选用。如不需要解体时,只执行电机检查接线。

工程量计算规则

一、电动机干燥基价分为小型电机和大中型电机,其界线划分为:单台电机质量在3t以内的为小型电机,单台电机质量在3t以外至30t以内的为中型电机,单台电机质量在30t以外的为大型电机。小型电机干燥依据电机容量(kW),按数量计算;中型电机干燥依据电机质量,按数量计算;大型电机干燥按电机质量计算。

二、电动机解体检查按容量(kW)计算。

三、电动机检查接线依据不同接线方式,按设计图示数量计算。

一、电动机检查接线

工作内容： 检测绝缘,记录,研磨整流子、滑环及电刷,吹扫,包缠绝缘带,接线,接地,空载试运转等。

单位：台

编 号			2-498	2-499	2-500	2-501	2-502	2-503
项 目			三个端子					
			导线截面（mm²以内）					
			10	25	50	95	150	240
预算基价	总 价（元）		**73.15**	**91.53**	**133.94**	**166.35**	**192.98**	**211.45**
	人 工 费（元）		27.00	32.40	49.95	66.15	78.30	94.50
	材 料 费（元）		37.66	47.22	70.15	86.25	100.64	102.80
	机 械 费（元）		8.49	11.91	13.84	13.95	14.04	14.15
组 成 内 容	单位	单价	数 量					
人工 综合工	工日	135.00	0.20	0.24	0.37	0.49	0.58	0.70
材料 镀锌扁钢 40×4	t	4511.48	0.0015	0.0024	0.0024	0.0024	0.0024	0.0024
镀锌精制六角带帽螺栓 M8×（14～75）	套	0.63	5.00	1.02	1.02	—	—	—
镀锌精制六角带帽螺栓 M10×（80～120）	套	1.44	—	—	—	1.02	1.02	1.02
绝缘导线 BV-6	m	3.63	1.00	1.00	—	—	—	—
绝缘导线 BV-16	m	9.86	—	—	1.00	—	—	—
绝缘导线 BV-25	m	14.93	—	—	—	1.00	1.00	1.00
汽油 60#～70#	kg	6.67	0.12	0.21	0.30	0.60	1.00	1.10
电焊条 E4303 D3.2	kg	7.59	0.05	0.10	0.10	0.10	0.10	0.10
焊锡丝	kg	60.79	0.08	0.14	0.20	0.20	0.30	0.30
焊锡膏 50g瓶装	kg	49.90	0.02	0.03	0.04	0.04	0.06	0.06
电力复合脂 一级	kg	22.43	0.02	0.03	0.04	0.06	0.08	0.10
自粘性橡胶带 20mm×5m	卷	10.50	0.3	0.4	0.5	1.0	1.4	1.5
黄蜡带 20mm×10m	卷	13.40	0.16	0.28	0.40	0.40	0.40	0.40
铜接线端子 DT-6mm²	个	5.58	2.03	2.03	—	—	—	—
铜接线端子 DT-16mm²	个	10.05	—	—	2.03	—	—	—
铜接线端子 DT-25mm²	个	11.28	—	—	—	2.03	2.03	2.03
机械 小型机具	元	—	8.49	11.91	13.84	13.95	14.04	14.15

工作内容：检测绝缘,记录,研磨整流子、滑环及电刷,吹扫,包缠绝缘带,接线,接地,空载试运转等。

单位：台

编　号			2-504	2-505	2-506	2-507	2-508	2-509
项　目			六个端子					
			导线截面(mm² 以内)					
			10	25	50	95	150	240
预算基价	总　　价(元)		**78.79**	**103.76**	**147.53**	**189.46**	**217.44**	**240.00**
	人　工　费(元)		35.10	44.55	63.45	89.10	102.60	122.85
	材　料　费(元)		35.15	47.22	70.15	86.25	100.64	102.80
	机　械　费(元)		8.54	11.99	13.93	14.11	14.20	14.35
组成内容	单位	单价	数　量					
人工 综合工	工日	135.00	0.26	0.33	0.47	0.66	0.76	0.91
材料 镀锌扁钢 40×4	t	4511.48	0.0015	0.0024	0.0024	0.0024	0.0024	0.0024
镀锌精制六角带帽螺栓 M8×(14～75)	套	0.63	1.02	1.02	1.02	—	—	—
镀锌精制六角带帽螺栓 M10×(80～120)	套	1.44	—	—	—	1.02	1.02	1.02
电焊条 E4303 D3.2	kg	7.59	0.05	0.10	0.10	0.10	0.10	0.10
焊锡丝	kg	60.79	0.08	0.14	0.20	0.20	0.30	0.30
焊锡膏 50g瓶装	kg	49.90	0.02	0.03	0.04	0.04	0.06	0.06
电力复合脂 一级	kg	22.43	0.02	0.03	0.04	0.06	0.08	0.10
自粘性橡胶带 20mm×5m	卷	10.50	0.3	0.4	0.5	1.0	1.4	1.5
黄蜡带 20mm×10m	卷	13.40	0.16	0.28	0.40	0.40	0.40	0.40
汽油 60#～70#	kg	6.67	0.12	0.21	0.30	0.60	1.00	1.10
绝缘导线 BV-6	m	3.63	1.00	1.00	—	—	—	—
绝缘导线 BV-16	m	9.86	—	—	1.00	—	—	—
绝缘导线 BV-25	m	14.93	—	—	—	1.00	1.00	1.00
铜接线端子 DT-6mm²	个	5.58	2.03	2.03	—	—	—	—
铜接线端子 DT-16mm²	个	10.05	—	—	2.03	—	—	—
铜接线端子 DT-25mm²	个	11.28	—	—	—	2.03	2.03	2.03
机械 小型机具	元	—	8.54	11.99	13.93	14.11	14.20	14.35

二、电机干燥

1.小型电机干燥

工作内容：接电源及干燥前的准备、安装加热装置及保温设施、加温干燥及值班、检查绝缘情况、拆除清理。　　　　　　　　　　　　　　　　　　　　　　　　**单位：台**

编　号			2-510	2-511	2-512	2-513	2-514
项　目			小型电机干燥（kW以内）				
			3	13	30	100	220
预算基价	总　　价（元）		**580.50**	**971.93**	**1356.01**	**2075.82**	**2659.40**
	人工费（元）		472.50	766.80	1005.75	1566.00	1890.00
	材料费（元）		108.00	205.13	350.26	509.82	769.40
组成内容	单位	单价	数　　量				
人工 综合工	工日	135.00	3.50	5.68	7.45	11.60	14.00
材料 电	kW·h	0.73	48	94	185	324	600
红外线灯泡 220V 1000W	个	235.26	0.24	0.42	0.60	0.80	1.00
黑胶布 20mm×20m	卷	2.74	0.16	0.28	0.40	0.50	0.60
石棉织布 δ2.5	m²	57.89	0.16	0.28	0.40	0.50	0.60
橡皮绝缘线 BLX-2.5mm²	m	0.85	8.0	—	—	—	—
橡皮绝缘线 BLX-6mm²	m	1.48	—	14.0	—	—	—
橡皮绝缘线 BLX-16mm²	m	2.49	—	—	20.0	22.0	24.0

2.大中型电机干燥

工作内容：接电源及干燥前的准备、安装加热装置及保温设施、加温干燥及值班、检查绝缘情况、拆除清理。

编　号				2-515	2-516	2-517	2-518	2-519
项　目				中型电机干燥(t以内)				大型电机干燥(t)
				5 (台)	10 (台)	20 (台)	30 (台)	
预算基价	总　价(元)			**2912.73**	**4935.26**	**7837.75**	**11793.91**	**364.67**
	人　工　费(元)			2079.00	3037.50	4333.50	6507.00	191.70
	材　料　费(元)			833.73	1897.76	3504.25	5286.91	172.97
组 成 内 容		单位	单价	数　量				
人工	综合工	工日	135.00	15.40	22.50	32.10	48.20	1.42
材料	电	kW·h	0.73	982	2340	4500	6900	220
	白纱带 20mm×20m	卷	2.88	0.30	0.50	0.60	0.80	0.02
	黑胶布 20mm×20m	卷	2.74	0.65	0.76	0.95	1.20	0.04
	石棉织布 δ2.5	m²	57.89	0.40	0.50	0.60	0.70	0.02
	破布	kg	5.07	0.40	0.50	0.70	1.00	0.03
	橡皮绝缘线 BLX-25mm²	m	3.71	24.0	—	—	—	—
	橡皮绝缘线 BLX-35mm²	m	5.52	—	28.0	32.0	36.0	—
	橡皮绝缘线 BLX-70mm²	m	9.08	—	—	—	—	1.2

三、电机解体检查

工作内容： 解体、抽芯、清扫、清洗轴承、更换润滑油、组装复原、测量空气间隙、盘车检查电机转动情况。 单位：台

	编　号			2-520	2-521	2-522	2-523	2-524	2-525	2-526
	项　目			电机解体检查（kW以内）						
				3	30	100	220	500	1000	2000
预算基价	总　　价（元）			**441.86**	**914.98**	**2117.37**	**3308.37**	**4371.14**	**6047.37**	**7736.40**
	人工费（元）			421.20	877.50	1633.50	2376.00	2970.00	4158.00	5346.00
	材料费（元）			16.81	33.63	58.75	82.14	123.86	173.50	235.93
	机械费（元）			3.85	3.85	425.12	850.23	1277.28	1715.87	2154.47
组　成　内　容		单位	单价	数　　量						
人工	综合工	工日	135.00	3.12	6.50	12.10	17.60	22.00	30.80	39.60
材料	棉纱	kg	16.11	0.3	0.6	1.0	1.5	2.0	3.0	4.2
	破布	kg	5.07	0.5	1.0	1.6	2.0	3.0	4.5	5.7
	煤油	kg	7.49	0.5	1.0	1.8	2.5	3.5	4.5	6.0
	汽油 60# ～70#	kg	6.67	0.5	1.0	1.5	2.0	2.8	3.2	4.7
	黄干油	kg	15.77	0.15	0.30	0.70	1.00	2.00	3.00	4.00
机械	电动空气压缩机 0.6m³	台班	38.51	0.10	0.10	0.15	0.30	0.50	1.00	1.50
	汽车式起重机 10t	台班	838.68	—	—	0.5	1.0	1.5	2.0	2.5

第七章　滑触线装置安装

说　　明

一、本章适用范围：轻型、安全节能型滑触线,角钢、扁钢、圆钢、工字钢滑触线及移动软电缆安装工程。

二、滑触线支架的基础铁件及螺栓,按土建预埋考虑。

三、滑触线及支架的油漆均按涂一遍考虑。

四、移动软电缆敷设中未包含轨道安装及滑轮制作。

五、滑触线伸缩器和座式电车绝缘子支持器的安装,已分别包含在"滑触线安装"和"滑触线支架安装"子目内,不另行计算。

六、滑触线及支架安装是按10m以内标高考虑的,如超过10m时按超高系数计算。

工程量计算规则

一、滑触线支架依据规格、型号,按设计图示数量计算。

二、滑触线拉紧装置及支持器依据规格、型号,按设计图示数量计算。

三、移动软电缆沿钢索敷设,依据长度按设计图示数量计算。沿轨道敷设,依据规格按设计图示尺寸以长度计算。

四、滑触线安装应考虑的附加和预留长度按下表的规定计算。

滑触线安装的附加和预留长度表

单位:m/根

序 号	项 目	预 留 长 度	说 明
1	圆钢、铜母线与设备连接	0.2	从设备接线端子接口起算
2	圆钢、铜滑触线终端	0.5	从最后一个固定点起算
3	角钢滑触线终端	1.0	从最后一个支持点起算
4	扁钢滑触线终端	1.3	从最后一个固定点起算
5	扁钢母线分支	0.5	分支线预留
6	扁钢母线与设备连接	0.5	从设备接线端子接口起算
7	轻轨滑触线终端	0.8	从最后一个支持点起算
8	安全节能及其他滑触线终端	0.5	从最后一个固定点起算

五、滑触线依据名称、型号、规格、材质,按设计图示单相长度计算。

一、轻型滑触线安装

工作内容：平直、除锈刷油、支架、滑触线、补充器安装。

单位：100m

	编　　号			2-527	2-528	2-529
	项　　目			铜质I型	铜钢组合	沟型
预算基价	总　　　　　价(元)			**11634.69**	**10616.70**	**2007.80**
	人　工　费(元)			9221.85	9063.90	1919.70
	材　料　费(元)			816.16	677.48	88.10
	机　械　费(元)			1596.68	875.32	—
组　成　内　容		单位	单价	数　　量		
人工	综合工	工日	135.00	68.31	67.14	14.22
材料	型钢	t	3699.72	0.0080	0.0260	—
	铜接线端子 DT-185mm²	个	50.09	2.500	2.500	—
	裸铜线 95mm²	kg	54.01	2.400	1.700	—
	乙炔气	kg	14.66	5.220	1.300	0.870
	氧气	m³	2.88	12.000	3.000	2.000
	破布	kg	5.07	1.000	1.000	1.000
	铁砂布 0#～2#	张	1.15	10.000	10.000	5.000
	锯条	根	0.42	5.000	5.000	2.000
	电焊条 E4303 D3.2	kg	7.59	4.000	12.000	3.000
	焊锡丝	kg	60.79	4.200	1.600	0.220
	焊锡膏 50g瓶装	kg	49.90	0.500	0.200	0.020
	调和漆	kg	14.11	6.000	8.000	1.000
	汽油 60#～70#	kg	6.67	1.000	1.000	1.000
机械	汽车式起重机 8t	台班	767.15	1.440	0.720	—
	交流弧焊机 21kV·A	台班	60.37	1.100	3.000	—
	型钢剪断机 500mm	台班	283.72	1.500	0.500	—

二、安全节能型滑触线安装

工作内容： 开箱检查、测位画线、组装、调直、固定、安装导电器及滑触线。

单位：100m

编　　号				2-530	2-531	2-532	2-533	2-534	2-535
项　　目				电流（A以内）					
				100	200	320	500	800	1250
预算基价	总　　　价（元）			**3568.53**	**4154.31**	**4274.80**	**4780.56**	**5497.01**	**5909.91**
	人　工　费（元）			2515.05	2988.90	3159.00	3535.65	4082.40	4398.30
	材　料　费（元）			487.79	530.93	412.53	446.21	497.29	525.49
	机　械　费（元）			565.69	634.48	703.27	798.70	917.32	986.12
组 成 内 容		单位	单价	数　　　　量					
人工	综合工	工日	135.00	18.63	22.14	23.40	26.19	30.24	32.58
材料	型钢	t	3699.72	0.0064	0.0072	0.0080	0.0090	0.0104	0.0112
	铜接线端子 DT-185mm²	个	50.09	2.500	2.500	2.500	2.500	2.500	2.500
	裸铜线 95mm²	kg	54.01	0.960	1.080	1.200	1.350	1.560	1.680
	乙炔气	kg	14.66	1.380	1.550	1.720	1.940	2.240	2.510
	氧气	m³	2.88	3.200	3.600	4.000	4.500	5.200	5.600
	破布	kg	5.07	0.500	0.500	0.700	0.700	0.900	0.900
	铁砂布 0#～2#	张	1.15	6.000	6.000	7.000	7.000	8.000	8.000
	锯条	根	0.42	2.000	2.000	3.000	3.000	4.000	4.000
	电焊条 E4303 D3.2	kg	7.59	8.000	9.000	10.000	11.000	13.000	14.000
	焊锡丝	kg	60.79	2.400	2.700	0.300	0.340	0.390	0.420
	焊锡膏 50g瓶装	kg	49.90	0.030	0.030	0.030	0.040	0.040	0.040
	调和漆	kg	14.11	2.400	2.700	3.000	3.380	3.900	4.200
	汽油 60#～70#	kg	6.67	0.800	0.800	0.800	1.000	1.000	1.000
机械	汽车式起重机 8t	台班	767.15	0.580	0.650	0.720	0.820	0.940	1.010
	交流弧焊机 21kV·A	台班	60.37	2.000	2.250	2.500	2.810	3.250	3.500

注：未包括滑触线的导轨、支架、集电器及其附件等装置性材料。三相组合为一根的滑触线,按单相滑触线基价乘以系数2.00。

三、角钢、扁钢滑触线安装

工作内容：平直、下料、除锈、刷漆、安装、连接伸缩器、安装拉紧装置。

单位：100m

编　号			2-536	2-537	2-538	2-539	2-540	2-541	2-542
项　目			角钢				扁钢		
			40×4	50×5	63×6	75×8	40×4	50×5	60×6
预算基价	总　　价(元)		**1491.66**	**1902.69**	**485.81**	**670.89**	**212.01**	**251.04**	**293.52**
	人　工　费(元)		1300.05	1676.70	189.00	218.70	56.70	72.90	89.10
	材　料　费(元)		125.20	159.58	212.29	301.26	112.45	135.28	161.56
	机　械　费(元)		66.41	66.41	84.52	150.93	42.86	42.86	42.86
组　成　内　容	单位	单价	数　　量						
人工 综合工	工日	135.00	9.63	12.42	1.40	1.62	0.42	0.54	0.66
材料 镀锌扁钢 40×4	t	4511.48	—	—	—	—	0.0049	0.0072	0.0105
热轧角钢 ＜60	t	3721.43	0.0064	0.0096	0.0159	0.0222	—	—	—
滑触线伸缩器	套	21.45	1.000	1.000	1.000	1.000	1.000	1.000	1.000
滑触线拉紧装置	套	14.44	—	—	—	—	2.000	2.000	2.000
破布	kg	5.07	1.500	1.500	1.500	1.500	1.000	1.000	1.000
铁砂布 0#～2#	张	1.15	6.000	6.000	8.000	8.000	3.000	3.000	4.000
锯条	根	0.42	3.000	3.000	4.000	4.000	2.000	2.000	2.000
电焊条 E4303 $D3.2$	kg	7.59	2.400	3.900	5.700	11.960	1.570	2.460	3.400
溶剂汽油 200#	kg	6.90	0.500	0.500	0.800	1.000	0.220	0.300	0.300
电力复合脂 一级	kg	22.43	0.600	0.800	1.000	1.200	0.250	0.350	0.400
防锈漆 C53-1	kg	13.20	2.200	2.700	3.180	4.100	0.880	1.100	1.250
机械 交流弧焊机 21kV·A	台班	60.37	1.100	1.100	1.400	2.500	0.710	0.710	0.710

注：主要材料为滑触线。

四、圆钢、工字钢滑触线安装

工作内容： 平直、下料、除锈、刷漆、安装、连接伸缩器、安装拉紧装置。

单位：100m

编　号			2-543	2-544	2-545	2-546	2-547	2-548
项　目			圆钢		工字钢、轻轨（kg/m以内）			
			D8	D10	10	12	14	16
预算基价	总　　价（元）		**474.52**	**508.69**	**4035.93**	**5083.75**	**6695.61**	**7266.56**
	人　工　费（元）		376.65	400.95	2600.10	3535.65	4932.90	5260.95
	材　料　费（元）		61.65	71.52	773.42	885.69	986.23	1084.37
	机　械　费（元）		36.22	36.22	662.41	662.41	776.48	921.24
组 成 内 容	单位	单价	数　量					
人工 综合工	工日	135.00	2.79	2.97	19.26	26.19	36.54	38.97
材料 圆钢 D5.5~9.0	t	3896.14	0.0013	0.0020	—	—	—	—
钢板垫板	t	4954.18	—	—	0.050	0.061	0.070	0.080
裸铜线 10mm²	kg	54.36	—	—	0.510	0.510	0.510	0.510
铜焊条 铜107 D3.2	kg	51.27	—	—	0.250	0.250	0.250	0.250
电焊条 E4303 D3.2	kg	7.59	1.300	2.090	20.000	23.000	25.000	28.000
锯条	根	0.42	3.000	3.000	2.000	2.000	2.000	2.000
滑触线伸缩器	套	21.45	2.000	2.000	—	—	—	—
焊锡丝	kg	60.79	—	—	0.150	0.150	0.150	0.150
焊锡膏 50g瓶装	kg	49.90	—	—	0.020	0.020	0.020	0.020
破布	kg	5.07	0.050	0.050	1.000	1.000	1.500	1.500
铁砂布 0#~2#	张	1.15	2.000	3.000	4.000	6.000	9.000	11.000
调和漆	kg	14.11	—	—	8.000	8.500	9.000	9.500
防锈漆 C53-1	kg	13.20	—	—	8.000	8.500	9.000	9.500
硼砂	kg	4.46	—	—	0.020	0.020	0.020	0.020
乙炔气	kg	14.66	—	—	3.440	4.300	5.160	5.590
氧气	m³	2.88	—	—	8.000	10.000	12.000	13.000
溶剂汽油 200#	kg	6.90	—	—	3.000	3.100	3.500	3.600
机械 交流弧焊机 21kV·A	台班	60.37	0.600	0.600	5.000	5.000	6.000	7.000
汽车式起重机 8t	台班	767.15	—	—	0.470	0.470	0.540	0.650

注：主要材料为滑触线。

五、滑触线支架安装

工作内容：测位、放线、支架及支持器安装、底板钻眼、指示灯安装。

编 号			2-549	2-550	2-551	2-552	2-553	2-554
项 目			3横架式		6横架式		工字钢、轻轨支架	指示灯
			螺栓固定 （10副）	焊接固定 （10副）	螺栓固定 （10副）	焊接固定 （10副）	（10副）	（10套）
预算基价	总　　价（元）		**526.74**	**500.81**	**818.78**	**830.14**	**1579.07**	**304.41**
	人　工　费（元）		256.50	256.50	380.70	380.70	718.20	18.90
	材　料　费（元）		270.24	183.94	438.08	358.88	403.08	273.44
	机　械　费（元）		—	60.37	—	90.56	457.79	12.07
组 成 内 容	单位	单价	数　　量					
人工　综合工	工日	135.00	1.90	1.90	2.82	2.82	5.32	0.14
普碳钢板 Q195～Q235 δ2.0～2.5	t	4001.96	—	—	—	—	—	0.00450
镀锌精制带帽螺栓 M10×100以内	套	1.15	—	—	—	—	—	20.0
半圆头镀锌螺栓 M（6～12）×（22～80）	套	0.42	—	—	—	—	—	61.20
双头螺栓 M16×340	套	5.02	20.400	—	20.400	—	—	—
滑触线支持器	套	5.51	30.000	30.000	60.000	60.000	60.000	—
绕线电阻 300Ω 15W	个	2.08	—	—	—	—	—	30
电焊条 E4303 D3.2	kg	7.59	—	1.750	—	2.500	5.000	1.000
红色灯泡 220V 35W	个	1.77	—	—	—	—	—	30
瓷灯头	个	1.05	—	—	—	—	—	30
圆木台 （63～138）×22	块	1.40	—	—	—	—	—	30
破布	kg	5.07	0.500	0.500	1.000	1.000	1.500	2.000
调和漆	kg	14.11	—	0.200	—	0.300	0.400	—
乙炔气	kg	14.66	—	—	—	—	1.000	—
氧气	m³	2.88	—	—	—	—	2.300	—
机械　交流弧焊机 21kV·A	台班	60.37	—	1.000	—	1.500	2.500	0.200
汽车式起重机 8t	台班	767.15	—	—	—	—	0.400	—

注：主要材料为滑触线支架。

六、滑触线拉紧装置及挂式滑触线支持器安装

工作内容： 画线、下料、钻孔、刷油、绝缘子灌注螺栓、组装、固定、拉紧装置组装成套、安装。

编　号			2-555	2-556	2-557	2-558
项　目			滑触线拉紧装置			挂式滑触线支持器
			扁钢（套）	圆钢（套）	软滑线（套）	（10套）
预算基价	总　　价（元）		**55.12**	**56.37**	**96.70**	**325.98**
	人　工　费（元）		14.85	17.55	70.20	5.40
	材　料　费（元）		40.27	38.82	26.50	320.28
	机　械　费（元）		—	—	—	0.30
组成内容		单位	单价	数　　量		
人工	综合工	工日	135.00	0.11	0.13	0.52	0.04
材料	调和漆	kg	14.11	0.06	0.06	0.06	—
	防锈漆 C53-1	kg	13.20	0.05	0.05	0.05	—
	热轧角钢 ＜60	t	3721.43	0.00250	0.00230	0.00115	0.00246
	拉紧绝缘子 J-2	个	2.35	—	1.02	—	—
	拉紧绝缘子 J-4.5	个	3.24	1.02	—	—	—
	电车绝缘子 WX-01	个	2.81	—	—	—	10.3
	花篮螺栓 M14×150	套	9.63	1.02	1.02	—	—
	花篮螺栓 M16×250	套	13.84	—	—	1.02	—
	花篮螺栓 M14×270	套	13.84	1.02	1.02	—	—
	镀锌精制带帽螺栓 M10×100以内	套	1.15	—	—	—	20.4
	镀锌精制带帽螺栓 M12×150以内	套	1.76	—	—	2.1	—
	镀锌钢丝 D2.8～4.0	kg	6.91	0.10	0.13	0.20	—
	硅酸盐水泥 42.5级	kg	0.41	—	—	—	620
	破布	kg	5.07	0.3	0.3	0.3	0.4
	青壳纸 δ0.1～0.8	kg	4.80	—	—	—	0.52
机械	台式钻床 D16	台班	4.27	—	—	—	0.07

七、移动软电缆安装

工作内容：配钢索,安装拉紧装置、吊挂滑轮及托架、电缆敷设,接线。

编　号			2-559	2-560	2-561	2-562	2-563	2-564	2-565
项　目			沿钢索 长度(m以内)			沿轨道 截面(mm²以内)			
			10 (根)	20 (根)	30 (根)	16 (100m)	35 (100m)	70 (100m)	120 (100m)
预算基价	总　　价(元)		**136.33**	**213.63**	**292.24**	**342.69**	**379.14**	**427.95**	**476.55**
	人　工　费(元)		87.75	130.95	175.50	243.00	279.45	328.05	376.65
	材　料　费(元)		48.58	82.68	116.74	99.69	99.69	99.90	99.90
组　成　内　容	单位	单价	数　　量						
人工	综合工	工日	135.00	0.65	0.97	1.30	1.80	2.07	2.43	2.79
材料	钢丝绳 D4.5	m	0.70	12.000	24.000	36.000	100.000	100.000	100.000	100.000
	钢丝绳 D8.4	m	2.12	10.000	20.000	30.000	—	—	—	—
	钢索拉紧装置	套	13.16	1.000	1.000	1.000	—	—	—	—
	锯条	根	0.42	0.500	0.500	1.000	1.500	1.500	2.000	2.000
	电缆吊挂	套	0.85	6.000	11.000	16.000	33.000	33.000	33.000	33.000
	破布	kg	5.07	0.100	0.150	0.150	0.200	0.200	0.200	0.200

注：主要材料为软电缆、滑轮及托架。

第八章　电　缆　安　装

说　明

一、本章适用范围：电力电缆和控制电缆敷设，电缆桥架安装，电缆阻燃盒安装，电缆保护管敷设等。

二、本章电缆敷设适用于10kV以内的电力电缆和控制电缆敷设。子目系按平原地区和厂内电缆工程的施工条件编制，未考虑在积水区、水底、井下等特殊条件下的电缆敷设，厂外电缆敷设工程按本册基价第十章10kV以内架空配电线路的相应项目另计工地运输。

三、电缆如在一般山地、丘陵地区敷设，人工工日乘以系数1.30。该地段所需的施工材料如固定桩、夹具等按实另计。

四、电缆敷设中未考虑因波形敷设增加长度、弛度增加长度、电缆绕梁（柱）增加长度以及电缆与设备连接、电缆接头等必要的预留长度，该增加长度应计入工程量内。

五、本章的电力电缆头均按铜芯电缆考虑，铝芯电力电缆头按同截面电缆头子目乘以系数0.80，双屏蔽电缆头制作、安装人工工日乘以系数1.05。

六、电力电缆敷设均按三芯（包含三芯连地）考虑，五芯电力电缆敷设子目乘以系数1.30，六芯电力电缆敷设子目乘以系数1.60，每增加一芯子目增加30%，以此类推。单芯电力电缆敷设按同截面电缆子目乘以系数0.67。截面400mm²以上至800mm²的单芯电力电缆敷设按400mm²电力电缆子目执行。截面800～1000mm²的单芯电力电缆敷设按400mm²电力电缆子目乘以系数1.25。截面240mm²以上的电缆头的接线端子为异型端子的，需要单独加工，应按实际加工价计算。

七、电缆沟挖填土（石）方亦适用于电气管道沟等的挖填方工作。

八、桥架安装：

1.玻璃钢梯式桥架和铝合金梯式桥架子目均按不带盖考虑，如这两种桥架带盖，分别执行玻璃钢槽式桥架和铝合金槽式桥架子目。

2.钢制桥架主结构设计厚度如大于3mm，人工、机械乘以系数1.20。

3.不锈钢桥架安装，执行钢制桥架子目乘以系数1.10。

九、本章电缆敷设系综合子目，已将裸包电缆、铠装电缆、屏蔽电缆等因素考虑在内，因此凡10kV以内的电力电缆和控制电缆均不分结构形式和型号，一律按相应的电缆截面和芯数执行子目。

十、本章未包含下列工作内容：

1.隔热层、保护层的制作、安装。

2.电缆冬期施工的加温工作和在其他特殊施工条件下的施工措施费和施工降效增加费。

十一、本章中的电缆支架制作、安装只适用于大型电缆支架的制作、安装。

十二、电缆沟挖填中的"含建筑垃圾土"系指建筑物周围及施工道路区域内的土质中含有建筑碎块或含有砌筑留下的砂浆等，称为建筑垃圾土。电缆沟挖填不包含恢复路面。

十三、塑料电缆槽、混凝土电缆槽安装未包含各种电缆槽和接线盒材料。电缆槽的挖填土方及铺砂盖砖另行计算。宽度100mm以内的金属槽安装可执行加强塑料槽子目。固定支架及吊杆另计。

十四、电缆防腐不包含挖沟和回填土。电缆刷色相漆按一遍考虑。电缆缠麻层的人工可执行电缆剥皮子目，麻层材料费另计。

十五、户内干包式电力电缆头制作、安装未包含终端盒、保护盒、铅套管和安装支架。干包电缆头不装"终端盒"时,称为"简包终端头",适用于一般塑料和橡皮绝缘低压电缆。

十六、户内浇注式电力电缆终端头制作、安装未包含电缆终端盒和安装支架。浇注式电缆头主要用于油浸纸绝缘电缆。

十七、户内热缩式电力电缆终端头制作、安装未包含安装支架和防护罩。热缩式电缆头适用于0.5~10.0kV的交联聚乙烯电缆和各种电缆。

十八、浇注式、热缩式电力电缆中间头制作、安装未包含铅套管和安装支架。

十九、控制电缆终端头制作、安装未包含铅套管和固定支架。中间头制作、安装未包含中间头保护盒。

二十、电缆沟盖板揭、盖基价,按每揭或每盖一次以延长米计算。如又揭又盖,则按两次计算。

工程量计算规则

一、电缆沟挖填依据土质,按设计图示尺寸以体积计算。直埋电缆的挖、填土(石)方,除特殊要求外,可按下表计算土方量。

直埋电缆的挖、填土(石)方量表　　　　　　　　　　　　　　　　　　单位：m³

项　　　　目	电　缆　根　数	
	1～2	每 增 1 根
每米沟长挖方量	0.450	0.153

注：1.两根以内的电缆沟,系按上口宽度600mm、下口宽度400mm、深度900mm计算的常规土方量(深度按规范的最低标准)。

　　2.每增加一根电缆,其宽度增加170mm。

　　3.以上土方量系按埋深从自然地坪起算,如设计埋深超过900mm时,多挖的土方量应另行计算。

二、人工开挖路面依据路面材质、厚度,按设计图示尺寸以面积计算。

三、电缆沟铺砂盖砖、盖保护板依据电缆沟中埋设电缆的根数,按设计图示尺寸以长度计算。

四、电缆沟揭(盖)盖板依据沟盖板长度,按设计图示尺寸计算。

五、塑料电缆槽、混凝土电缆槽安装,按设计图示尺寸以长度计算。

六、电缆终端头及中间头均按设计图示数量计算。电力电缆和控制电缆均按一根电缆有两个终端头考虑。中间电缆头设计有图示的,按设计确定;设计没有规定的,按实际情况计算(或按平均250m一个中间头考虑)。

七、电缆防火隔板、防火墙安装,按设计图示尺寸以面积计算。电缆防火涂料按设计图示尺寸以质量计算。电缆阻燃槽盒、防火槽、防火带安装,按设计图示尺寸以长度计算。电缆防火包、防火堵料按设计图示尺寸以质量计算。

八、电缆防护按设计图示尺寸以长度计算。

九、电缆敷设长度应根据敷设路径的水平和垂直敷设长度,按下表规定增加附加长度。

电缆敷设附加长度表

单位：m/根

序 号	项　　　目	预留（附加）长度	说　　明
1	电缆敷设驰度、波形弯度、交叉	2.5%	按电缆全长计算
2	电缆进入建筑物	2.0m	规范规定最小值
3	电缆进入沟内或吊架时引上（下）预留	1.5m	规范规定最小值
4	变电所进线、出线	1.5m	规范规定最小值
5	电力电缆终端头	1.5m	检修余量最小值
6	电缆中间接头盒	两端各留2.0m	检修余量最小值
7	电缆进控制、保护屏及模拟盘等	高＋宽	按盘面尺寸
8	高压开关柜及低压配电盘、箱	2.0m	盘下进出线
9	电动机	0.5m	从电机接线盒起算
10	厂用变压器	3.0m	从地坪起算
11	电缆绕过梁柱等增加长度	按实计算	按被绕物的断面情况计算增加长度
12	电梯电缆与电缆架固定点	每处0.5m	规范规定最小值

注：电缆附加及预留的长度是电缆敷设长度的组成部分,应计入电缆长度工程量之内。

十、电缆敷设依据型号、规格、敷设方式,按设计图示尺寸以长度计算。

十一、电缆保护管：

1.电缆保护管地下敷设依据材质、规格,按设计图示尺寸以长度计算。

2.电缆保护管地上敷设依据材质、规格,按设计图示数量计算。

3.入室密封电缆保护管依据规格,按设计图示数量计算。

4.电缆保护管埋地敷设,其土方量凡有设计图注明的,按设计图计算;无设计图的,一般按沟深0.9m、沟宽按最外边的保护管两侧边缘外各增加0.3m工作面计算。

5.电缆保护管长度,除按设计规定长度计算外,遇有下列情况,应按以下规定增加保护管长度：

（1）横穿道路时,按路基宽度两端各增加2m计算。

（2）垂直敷设时,管口距地面增加2m计算。

（3）穿过建筑物外墙时,按基础外缘以外增加1m计算。

142

（4）穿过排水沟时，按沟壁外缘以外增加1m计算。

十二、电缆桥架依据型号、规格、材质、类型，按设计图示尺寸以长度计算。

十三、电缆支架依据材质、规格，按设计图示质量计算。

十四、顶管拉管依据规格，按长度计算。

一、铝芯电力电缆敷设

工作内容： 开盘、检查、架盘、敷设、锯断、排列、整理、固定、收盘、临时封头、挂牌。

单位：100m

编　号			2-566	2-567	2-568	2-569	2-570	2-571	2-572	2-573	2-574	2-575
项　目			电缆截面（mm²以内）					竖直通道电缆截面（mm²以内）				
			10	35	120	240	400	10	35	120	240	400
预算基价	总　价(元)		**503.63**	**812.21**	**1429.07**	**2187.84**	**3577.15**	**1389.63**	**1927.69**	**3323.17**	**4638.09**	**7203.16**
	人工费(元)		386.10	677.70	1221.75	1722.60	2652.75	692.55	1215.00	2320.65	3219.75	4884.30
	材料费(元)		105.42	122.40	154.46	208.79	283.28	638.94	654.55	811.57	910.29	1258.40
	机械费(元)		12.11	12.11	52.86	256.45	641.12	58.14	58.14	190.95	508.05	1060.46
组　成　内　容	单位	单价	数　量									
人工 综合工	工日	135.00	2.86	5.02	9.05	12.76	19.65	5.13	9.00	17.19	23.85	36.18
材料 电力电缆	m	—	(101.000)	(101.000)	(101.000)	(101.000)	(101.000)	(101.000)	(101.000)	(101.000)	(101.000)	(101.000)
合金钢钻头 D10	个	8.21	0.16	0.16	0.14	—	—	0.24	0.24	0.24	0.08	0.08
镀锌钢丝 D1.2～2.2	kg	7.13	0.32	0.32	0.45	0.48	0.67	3.00	3.00	3.40	3.60	5.04
镀锌精制带帽螺栓 M8×100以内	套	0.67	30.6	30.6	30.6	—	—	102.0	102.0	102.0	—	—
镀锌精制带帽螺栓 M10×100以内	套	1.15	—	—	—	42.8	60.0	—	—	—	260.0	396.0
镀锌电缆卡子 2×35	套	0.85	23.40	23.40	—	—	—	171.00	171.00	—	—	—
镀锌电缆卡子 3×35	套	1.62	—	—	22.30	—	—	—	—	171.00	—	—
镀锌电缆卡子 3×100	套	2.17	—	—	—	21.40	29.96	—	—	—	171.00	238.00
膨胀螺栓 M10	套	1.53	16.20	16.20	14.00	14.00	14.00	240.00	240.00	240.00	80.00	80.00
电缆吊挂	套	0.85	5.11	7.11	6.70	6.21	8.69	—	—	—	—	—
破布	kg	5.07	0.3	0.5	0.6	0.8	1.0	0.3	0.5	0.6	0.8	1.0
汽油 60#～70#	kg	6.67	0.50	0.75	0.95	1.04	1.46	0.45	0.75	0.95	1.04	1.46
封铅 含铅65%含锡35%	kg	29.99	0.60	1.02	1.55	2.02	2.83	0.60	1.02	1.55	2.02	2.83
沥青绝缘胶	kg	15.75	0.10	0.10	0.15	0.20	0.28	0.10	0.10	0.15	0.20	0.28
耐油橡胶垫 δ2	m²	33.90	0.07	0.07	0.07	0.07	0.10	0.15	0.15	0.26	0.32	0.45
硬脂酸 一级	kg	8.20	0.05	0.05	0.08	0.10	0.13	0.05	0.05	0.08	0.10	0.13
标志牌	个	0.85	6.0	6.0	6.0	6.0	8.4	6.0	6.0	6.0	6.0	8.4
机械 载货汽车 5t	台班	443.55	0.01	0.01	0.05	0.20	0.50	0.01	0.01	0.05	0.20	0.50
汽车式起重机 8t	台班	767.15	0.01	0.01	0.04	—	—	0.07	0.07	0.22	—	—
汽车式起重机 10t	台班	838.68	—	—	—	0.2	0.5	—	—	—	0.5	1.0

注：主要材料为电力电缆。厂外电缆（包括进厂部分）敷设，另计工地运输。

二、铜芯电力电缆敷设

工作内容： 开盘、检查、架盘、敷设、锯断、排列、整理、固定、收盘、临时封头、挂牌。

单位：100m

编　号				2-576	2-577	2-578	2-579	2-580	2-581	2-582	2-583	2-584	2-585
项　目				电缆截面（mm²以内）					竖直通道电缆截面（mm²以内）				
				10	35	120	240	400	10	35	120	240	400
预算基价	总　　　价（元）			**817.18**	**1083.56**	**1934.32**	**2957.49**	**4873.27**	**1669.08**	**2413.69**	**4243.91**	**6165.66**	**9547.04**
	人　工　费（元）			697.95	949.05	1710.45	2411.10	3713.85	972.00	1701.00	3171.15	4544.10	6804.00
	材　料　费（元）			107.12	122.40	154.46	187.37	261.86	638.94	654.55	811.57	910.29	1258.40
	机　械　费（元）			12.11	12.11	69.41	359.02	897.56	58.14	58.14	261.19	711.27	1484.64
组　成　内　容		单位	单价	数　　　量									
人工	综合工	工日	135.00	5.17	7.03	12.67	17.86	27.51	7.20	12.60	23.49	33.66	50.40
材料	电力电缆	m	—	(101.000)	(101.000)	(101.000)	(101.000)	(101.000)	(101.000)	(101.000)	(101.000)	(101.000)	(101.000)
	镀锌精制带帽螺栓 M8×100以内	套	0.67	30.6	30.6	30.6	—	—	102.0	102.0	102.0	—	—
	镀锌精制带帽螺栓 M10×100以内	套	1.15	—	—	—	42.8	60.0	—	—	—	260.0	396.0
	膨胀螺栓 M10	套	1.53	16.20	16.20	14.00	—	—	240.00	240.00	240.00	80.00	80.00
	电缆吊挂	套	0.85	7.11	7.11	6.70	6.21	8.69	—	—	—	—	—
	镀锌电缆卡子 2×35	套	0.85	23.40	23.40	—	—	—	171.00	171.00	—	—	—
	镀锌电缆卡子 3×35	套	1.62	—	—	22.30	—	—	—	—	171.00	—	—
	镀锌电缆卡子 3×100	套	2.17	—	—	—	21.40	29.96	—	—	—	171.00	238.00
	镀锌钢丝 D1.2～2.2	kg	7.13	0.32	0.32	0.45	0.48	0.67	3.00	3.00	3.40	3.60	5.04
	合金钢钻头 D10	个	8.21	0.16	0.16	0.14	—	—	0.24	0.24	0.24	0.08	0.08
	破布	kg	5.07	0.3	0.5	0.6	0.8	1.0	0.3	0.5	0.6	0.8	1.0
	标志牌	个	0.85	6.0	6.0	6.0	6.0	8.4	6.0	6.0	6.0	6.0	8.4
	封铅 含铅65%含锡35%	kg	29.99	0.60	1.02	1.55	2.02	2.83	0.60	1.02	1.55	2.02	2.83
	汽油 60#～70#	kg	6.67	0.50	0.75	0.95	1.04	1.46	0.45	0.75	0.95	1.04	1.46
	耐油橡胶垫 δ2	m²	33.90	0.07	0.07	0.07	0.07	0.10	0.15	0.15	0.26	0.32	0.45
	沥青绝缘胶	kg	15.75	0.10	0.10	0.15	0.20	0.28	0.10	0.10	0.15	0.20	0.28
	硬脂酸 一级	kg	8.20	0.05	0.05	0.08	0.10	0.13	0.05	0.05	0.08	0.10	0.13
机械	载货汽车 5t	台班	443.55	0.01	0.01	0.07	0.28	0.70	0.01	0.01	0.07	0.28	0.70
	汽车式起重机 8t	台班	767.15	0.01	0.01	0.05	—	—	0.07	0.07	0.30	—	—
	汽车式起重机 10t	台班	838.68	—	—	—	0.28	0.70	—	—	—	0.70	1.40

注：主要材料为电力电缆。厂外电缆（包括进厂部分）敷设，另计工地运输。

三、控制电缆敷设

工作内容： 开盘、检查、架盘、敷设、锯断、排列、整理、固定、收盘、临时封头、挂牌。

单位：100m

编　号		2-586	2-587	2-588	2-589	2-590	2-591	2-592	2-593	2-594
项　目		电缆（芯以内）					竖直通道电缆（芯以内）			
		6	14	24	37	48	6	14	37	48
预算基价	总　价（元）	**683.04**	**768.92**	**829.56**	**1024.41**	**1382.75**	**1921.83**	**2121.28**	**2963.76**	**4007.68**
	人　工　费（元）	591.30	656.10	702.00	893.70	1205.55	1443.15	1640.25	2488.05	3483.00
	材　料　费（元）	91.74	100.97	115.71	118.86	125.64	466.83	469.18	463.86	473.12
	机　械　费（元）	—	11.85	11.85	11.85	51.56	11.85	11.85	11.85	51.56

	组 成 内 容	单位	单价	数　　量								
人工	综合工	工日	135.00	4.38	4.86	5.20	6.62	8.93	10.69	12.15	18.43	25.80
材料	控制电缆	m	—	(101.500)	(101.500)	(101.500)	(101.500)	(101.500)	(101.500)	(101.500)	(101.500)	(101.500)
	镀锌钢丝 D1.2～2.2	kg	7.13	0.20	0.30	0.35	0.35	0.45	0.30	0.30	0.35	0.45
	镀锌电缆卡子 2×35	套	0.85	23.4	23.4	23.4	23.4	23.4	170.0	170.0	170.0	170.0
	镀锌精制带帽螺栓 M8×100以内	套	0.67	30.6	30.6	30.6	30.6	30.6	340.0	340.0	340.0	340.0
	膨胀螺栓 M8×60	套	0.55	—	—	30.60	30.60	30.60	—	—	61.20	61.20
	合金钢钻头 D8	个	7.16	0.24	0.24	0.31	0.31	0.31	1.20	1.20	0.60	0.60
	塑料胀管 M6～8	个	0.31	24	24	—	—	—	120	120	—	—
	电缆吊挂	套	0.85	7.11	7.11	7.11	7.11	7.11	—	—	—	—
	破布	kg	5.07	0.2	0.3	0.4	0.4	0.5	0.2	0.3	0.4	0.5
	汽油 60#～70#	kg	6.67	0.3	0.7	0.8	0.9	1.0	0.3	0.7	0.9	1.0
	封铅 含铅65%含锡35%	kg	29.99	0.75	0.92	1.02	1.10	1.25	1.02	1.02	1.02	1.25
	标志牌	个	0.85	6	6	6	6	6	6	6	6	6
	沥青绝缘胶	kg	15.75	0.10	0.10	0.12	0.12	0.14	0.10	0.10	0.12	0.14
	耐油橡胶垫 δ2	m²	33.90	0.07	0.07	0.07	0.07	0.07	0.15	0.15	0.15	0.15
	硬脂酸 一级	kg	8.20	0.02	0.05	0.05	0.06	0.07	0.15	0.05	0.05	0.07
机械	汽车式起重机 8t	台班	767.15	—	0.01	0.01	0.01	0.04	0.01	0.01	0.01	0.04
	载货汽车 4t	台班	417.41	—	0.01	0.01	0.01	0.05	0.01	0.01	0.01	0.05

注：主要材料为电力电缆。厂外电缆（包括进厂部分）敷设，另计工地运输。

四、预制分支电缆敷设

工作内容： 开盘,检查,架线盘、安装挂具,吊装、收线盘、卡固、敷设、测量绝缘电阻、挂标牌、绝缘电阻测试等。

单位：100m

编 号				2-595	2-596	2-597	2-598	2-599	2-600
项 目				主电缆截面(mm²以内)					
				10	16	25	35	50	70
预算基价	总 价(元)			**1393.95**	**1770.60**	**2329.50**	**2888.40**	**3407.98**	**3906.13**
	人 工 费(元)			1008.45	1385.10	1944.00	2502.90	3001.05	3499.20
	材 料 费(元)			295.30	295.30	295.30	295.30	316.73	316.73
	机 械 费(元)			90.20	90.20	90.20	90.20	90.20	90.20
组 成 内 容		单位	单价	数 量					
人工	综合工	工日	135.00	7.47	10.26	14.40	18.54	22.23	25.92
材料	电力电缆	m	—	(100.000)	(100.000)	(100.000)	(100.000)	(100.000)	(100.000)
	耐油橡胶垫 δ2	m²	33.90	0.300	0.300	0.300	0.300	0.300	0.300
	镀锌膨胀螺栓 M8	10个	24.40	6.610	6.610	6.610	6.610	6.610	6.610
	柴油	kg	6.32	0.300	0.300	0.300	0.300	0.300	0.300
	汽油	kg	7.74	2.300	2.300	2.300	2.300	4.700	4.700
	汽油 70#	kg	7.10	0.800	0.800	0.800	0.800	1.000	1.000
	汽油 90#	kg	7.16	0.800	0.800	0.800	0.800	1.000	1.000
	镀锌电缆卡子 2×35	套	0.85	103.100	103.100	103.100	103.100	103.100	103.100
	标志牌	个	0.85	6.010	6.010	6.010	6.010	6.010	6.010
机械	汽车式起重机 8t	台班	767.15	0.070	0.070	0.070	0.070	0.070	0.070
	载货汽车 5t	台班	443.55	0.070	0.070	0.070	0.070	0.070	0.070
	高压绝缘电阻测试仪	台班	38.93	0.140	0.140	0.140	0.140	0.140	0.140

工作内容: 开盘,检查,架线盘、安装挂具,吊装、收线盘、卡固、敷设、测量绝缘电阻、挂标牌、绝缘电阻测试等。

单位:100m

编　　号			2-601	2-602	2-603	2-604	2-605	2-606	2-607
项　　目			主电缆截面(mm²以内)						
			95	120	150	185	240	300	400
预算基价	总　　价(元)		**5498.90**	**6166.70**	**7525.69**	**8198.08**	**8842.87**	**10840.21**	**12574.47**
	人　工　费(元)		4556.25	5613.30	6767.55	7362.90	7970.40	9574.20	11153.70
	材　料　费(元)		613.43	454.03	579.06	597.39	634.68	822.75	860.10
	机　械　费(元)		329.22	99.37	179.08	237.79	237.79	443.26	560.67
组　成　内　容		单位	单价	数　　　量					
人工	综合工	工日	135.00	33.75	41.58	50.13	54.54	59.04	70.92	82.62
材料	电力电缆	m	—	(100.000)	(100.000)	(100.000)	(100.000)	(100.000)	(100.000)	(100.000)
	耐油橡胶垫 δ2	m²	33.90	0.300	0.300	0.300	0.300	0.300	0.300	0.300
	镀锌膨胀螺栓 M8	10个	24.40	6.610	6.610	6.610	6.610	6.610	6.610	6.610
	柴油	kg	6.32	40.440	15.220	26.030	28.930	34.830	63.460	69.370
	汽油 70#	kg	7.10	1.000	1.000	1.000	1.000	1.000	1.500	1.500
	汽油 90#	kg	7.16	1.000	1.000	1.000	1.000	1.000	1.500	1.500
	镀锌电缆卡子 3×35	套	1.62	103.100	103.100	—	—	—	—	—
	镀锌电缆卡子 3×100	套	2.17	—	—	103.100	103.100	103.100	103.100	103.100
	标志牌	个	0.85	6.010	6.010	6.010	6.010	6.010	6.010	6.010
机械	汽车式起重机 8t	台班	767.15	0.070	0.070	—	—	—	—	—
	汽车式起重机 10t	台班	838.68	—	—	0.070	0.140	0.140	0.200	0.340
	载货汽车 10t	台班	574.62	0.470	0.070	0.200	0.200	0.200	0.470	0.470
	高压绝缘电阻测试仪	台班	38.93	0.140	0.140	0.140	0.140	0.140	0.140	0.140

五、电缆保护管敷设及顶管

1. 地 下 敷 设

（1）钢 管 敷 设

工作内容：沟底夯实、锯管、弯管、打喇叭口、接口、敷设、刷漆、堵管口、金属管的接地等。 单位：10m

编　　号				2-608	2-609	2-610	2-611	2-612
项　　目				直径（mm以内）				
				50	100	150	200	300
预算基价	总　　价（元）			**120.75**	**135.13**	**149.77**	**173.00**	**198.19**
	人 工 费（元）			89.10	98.55	106.65	121.50	137.70
	材 料 费（元）			19.34	23.66	29.88	37.05	44.23
	机 械 费（元）			12.31	12.92	13.24	14.45	16.26
组 成 内 容		单位	单价	数　　量				
人工	综合工	工日	135.00	0.66	0.73	0.79	0.90	1.02
材料	钢管	m	—	(10.300)	(10.300)	(10.300)	(10.300)	(10.300)
	镀锌钢丝（综合）	kg	7.16	0.701	0.901	1.101	1.301	1.502
	普碳钢板	t	3696.76	0.0002	0.0003	0.0005	0.0010	0.0015
	低碳钢焊条 J422 $D3.2$	kg	3.60	0.400	0.501	0.601	0.701	0.801
	沥青清漆	kg	6.89	1.001	1.201	1.602	2.002	2.402
	氧气	m^3	2.88	0.701	0.801	0.901	1.001	1.101
	乙炔气	m^3	16.13	0.200	0.230	0.270	0.300	0.330
机械	交流弧焊机 21kV·A	台班	60.37	0.160	0.170	0.190	0.210	0.240
	半自动切割机 100mm	台班	88.45	0.030	0.030	0.020	0.020	0.020

(2)硬塑(UPVC)管敷设

工作内容：沟底夯实、锯管、弯管、打喇叭口、接口、敷设、刷漆、堵管口等。

单位：10m

编 号			2-613	2-614	2-615	2-616	2-617
项 目			直径(mm以内)				
			50	100	150	200	300
预算基价	总 价(元)		**26.51**	**33.26**	**49.17**	**56.78**	**73.35**
	人 工 费(元)		24.30	31.05	45.90	52.65	67.50
	材 料 费(元)		1.81	1.81	2.67	3.53	5.25
	机 械 费(元)		0.40	0.40	0.60	0.60	0.60
组 成 内 容		单位	单价	数 量			
人工	综合工	工日	135.00	0.18	0.23	0.34	0.39	0.50
材料	塑料管	m	—	(10.300)	(10.300)	(10.300)	(10.300)	(10.300)
	锯条	根	0.42	0.200	0.200	0.200	0.200	0.200
	砂子 中砂	t	86.14	0.020	0.020	0.030	0.040	0.060
机械	台式砂轮机 D100	台班	19.99	0.020	0.020	0.030	0.030	0.030

(3) 塑料矩形套管铺设

工作内容：沟底夯实、锯管、弯管、打喇叭口、接口、敷设、刷漆、堵管口等。

单位：10m

编　　号			2-618	2-619	2-620
项　　目			外轮廓截面		
			0.05m²以内	0.10m²以内	0.10m²以外
预算基价	总　　价(元)		**56.70**	**73.47**	**82.63**
	人　工　费(元)		52.65	67.50	75.60
	材　料　费(元)		3.45	5.17	6.03
	机　械　费(元)		0.60	0.80	1.00
组　成　内　容		单位	单价	数　　量	
人工	综合工	工日	135.00	0.39	0.50	0.56
材料	塑料管	m	—	(10.300)	(10.300)	(10.300)
	砂子 中砂	t	86.14	0.040	0.060	0.070
机械	台式砂轮机 D100	台班	19.99	0.030	0.040	0.050

151

（4）混凝土（水泥）管铺设

工作内容： 沟底夯实、锯管、弯管、打喇叭口、接口、敷设、刷漆、堵管口等。

单位：10m

编 号				2-621	2-622
项 目				\multicolumn{2}{c}{直径（mm以内）}	
				150	200
预算基价	总 价（元）			**76.50**	**157.86**
	人 工 费（元）			72.90	153.90
	材 料 费（元）			3.60	3.96
组 成 内 容		单位	单价	\multicolumn{2}{c}{数 量}	
人工	综合工	工日	135.00	0.54	1.14
材料	钢筋混凝土管	m	—	(10.500)	(10.500)
	水泥 32.5级	kg	0.36	10.010	11.011

152

（5）地下顶管、拉管

工作内容： 钢管刷油、下管、装机具、顶管、接管、清理、扫管等。

单位：10m

编 号			2-623	2-624	2-625	2-626
项 目			钢管直径150mm以内		钢管直径300mm以内	
			顶管距离10m以内	顶管距离10m以外	顶管距离10m以内	顶管距离10m以外
预算基价	总 价（元）		**4427.28**	**3600.80**	**4739.37**	**3941.95**
	人 工 费（元）		1146.15	1146.15	1317.60	1317.60
	材 料 费（元）		1015.19	671.64	1088.87	739.10
	机 械 费（元）		2265.94	1783.01	2332.90	1885.25
组 成 内 容	单位	单价	数 量			
人工 综合工	工日	135.00	8.49	8.49	9.76	9.76
材料 钢管	m	—	（10.250）	（10.250）	（10.250）	（10.250）
中厚钢板（综合）	kg	3.71	4.955	2.482	5.696	2.853
低碳钢焊条 J422 D3.2	kg	3.60	0.040	0.040	—	—
枕木 2500×200×160	根	285.96	2.272	1.141	2.272	1.141
沥青清漆	kg	6.89	3.504	3.504	4.034	4.034
氧气	m³	2.88	0.030	0.030	0.030	0.030
乙炔气	m³	16.13	0.791	0.791	0.911	0.911
无缝钢管 D159×6	kg	3.92	5.135	4.284	—	—
热轧一般无缝钢管 D219×6	kg	4.45	—	—	9.469	7.888
水	m³	7.62	38.038	37.037	43.744	42.593
机械 立式油压千斤顶 100t	台班	10.21	4.304	4.104	4.505	4.304
载货汽车 5t	台班	443.55	2.803	1.872	2.803	1.872
卷扬机 双筒慢速 30kN	台班	215.58	2.152	2.052	2.252	2.152
电动单级离心清水泵 D50	台班	28.19	1.870	1.872	1.872	1.872
污水泵 70mm	台班	76.67	2.803	2.342	3.223	3.223
高压油泵 50MPa	台班	110.93	2.152	2.052	2.252	2.152
交流弧焊机 21kV·A	台班	60.37	0.140	0.140	0.140	0.140

2.地上敷设

工作内容: 锯断、钢管撖管、打喇叭口、上抱箍、固定、刷油、堵管口等。

单位:根

编　号			2-627	2-628	2-629	2-630
项　目			沿电杆敷设			
			钢管 直径80mm以内	钢管 直径80mm以外	硬塑料管 直径80mm以内	硬塑料管 直径80mm以外
预算基价	总　　价(元)		**227.99**	**336.52**	**107.39**	**147.08**
	人　工　费(元)		91.80	125.55	51.30	76.95
	材　料　费(元)		134.42	209.11	56.01	70.03
	机　械　费(元)		1.77	1.86	0.08	0.10
组 成 内 容	单位	单价	数　　量			
人工　综合工	工日	135.00	0.68	0.93	0.38	0.57
材料　麻绳	kg	9.28	0.600	0.900	0.600	0.900
沥青清漆	kg	6.89	0.300	0.300	—	—
焊接钢管	t	4230.02	0.024	0.041	—	—
硬塑料管 DN70	m	11.09	—	—	2.270	—
硬塑料管 DN150	m	16.04	—	—	—	2.270
镀锌U形抱箍	套	3.46	2.010	2.010	2.010	2.010
防水水泥砂浆 1:2	m³	366.21	0.050	0.050	0.050	0.050
机械　半自动切割机 100mm	台班	88.45	0.005	0.006	—	—
台式砂轮机 D100	台班	19.99	—	—	0.004	0.005
钢材电动撖弯机 500mm以内	台班	51.03	0.026	0.026	—	—

3.入室密封电缆保护管安装

工作内容： 下料、法兰制作、打喇叭口、焊接、敷设、密封、紧固、刷油等。

单位：根

编　号			2-631	2-632	2-633	2-634	2-635	2-636
项　目			钢管直径（mm以内）					
			50	80	100	125	150	200
预算基价	总　　　价(元)		**160.33**	**224.60**	**277.84**	**334.80**	**381.02**	**590.35**
	人　工　费(元)		63.45	85.05	89.10	105.30	112.05	211.95
	材　料　费(元)		92.48	134.30	183.19	222.70	261.73	369.46
	机　械　费(元)		4.40	5.25	5.55	6.80	7.24	8.94
组 成 内 容		单位	单价	数　　　量				
人工	综合工	工日	135.00	0.47	0.63	0.66	0.78	0.83	1.57
材料	普碳钢板（综合）	kg	4.18	4.400	6.600	7.600	9.600	11.800	14.300
	麻绳	kg	9.28	0.500	0.600	0.700	0.800	0.900	1.100
	普低钢焊条 J507 D3.2	kg	4.76	0.130	0.220	0.270	0.340	0.420	0.530
	沥青清漆	kg	6.89	0.400	0.600	0.800	1.000	1.200	1.600
	氧气	m³	2.88	0.110	0.140	0.210	0.260	0.310	0.370
	乙炔气	m³	16.13	0.065	0.085	0.125	0.155	0.185	0.220
	焊接钢管	kg	4.23	10.420	17.390	27.158	33.750	40.020	61.630
	水泥砂浆 1:1	m³	412.53	0.050	0.050	0.050	0.050	0.050	0.050
机械	半自动切割机 100mm	台班	88.45	0.030	0.030	0.030	0.040	0.040	0.050
	钢材电动搣弯机 500mm以内	台班	51.03	0.020	0.026	0.026	0.026	0.030	0.040
	交流弧焊机 21kV·A	台班	60.37	0.012	0.021	0.026	0.032	0.036	0.041

155

六、电缆桥架安装

1.钢 制 桥 架

工作内容：定位、打眼装膨胀螺栓或预埋铁件焊接、安装桥架、找正、固定、接地。

单位：10m

	编　　　号			2-637	2-638	2-639	2-640	2-641	2-642	2-643
	项　　　目			钢制槽式桥架宽度（mm以内）						
				150	400	600	800	1000	1200	1500
预算基价	总　　　　价（元）			**302.63**	**480.81**	**749.92**	**1022.64**	**1302.73**	**1557.98**	**1794.90**
	人　工　费（元）			257.85	429.30	688.50	932.85	1186.65	1413.45	1626.75
	材　料　费（元）			39.56	40.88	44.07	45.55	47.75	50.06	56.30
	机　械　费（元）			5.22	10.63	17.35	44.24	68.33	94.47	111.85
	组　成　内　容	单位	单价	数　　　量						
人工	综合工	工日	135.00	1.91	3.18	5.10	6.91	8.79	10.47	12.05
材料	桥架	m	—	(10.050)	(10.050)	(10.050)	(10.050)	(10.050)	(10.050)	(10.050)
	盖板	m	—	(10.050)	(10.050)	(10.050)	(10.050)	(10.050)	(10.050)	(10.050)
	隔板	m	—	—	—	(6.030)	(10.050)	(10.050)	(20.100)	(30.150)
	酚醛防锈漆	kg	17.27	0.10	0.12	0.15	0.15	0.20	0.25	0.30
	汽油 60#～70#	kg	6.67	0.08	0.10	0.20	0.30	0.40	0.50	0.70
	棉纱	kg	16.11	0.03	0.05	0.10	0.12	0.15	0.20	0.30
	电焊条 E4303 $D3.2$	kg	7.59	—	—	0.10	0.17	0.27	0.33	0.50
	砂轮片 $D100$	片	3.83	0.01	0.01	0.02	0.02	0.03	0.03	0.03
	砂轮片 $D400$	片	19.56	0.01	0.01	0.02	0.02	0.03	0.04	0.04
	接地线 5.5～16mm^2	m	5.16	2.25	2.25	2.25	2.20	1.88	1.70	1.70
	铜接线端子 DT-2.5mm^2	个	1.83	10.50	10.50	10.50	10.50	10.50	10.50	10.50
	精制螺栓 M(6～8)×(20～70)	套	0.50	10.50	10.50	10.50	10.50	10.50	10.00	10.50
	电	kW·h	0.73	0.70	1.40	1.69	1.98	3.15	3.83	5.05
机械	直流弧焊机 20kW	台班	75.06	—	—	0.02	0.05	0.10	0.12	0.15
	载货汽车 8t	台班	521.59	0.010	0.020	0.030	0.040	0.060	0.070	0.080
	汽车式起重机 16t	台班	971.12	—	—	—	0.020	0.030	0.050	0.060
	台式砂轮机 $D100$	台班	19.99	—	0.010	0.010	0.010	0.020	0.020	0.030

工作内容：定位、打眼装膨胀螺栓或预埋铁件焊接、安装桥架、找正、固定、接地。

单位：10m

编　　号			2-644	2-645	2-646	2-647	2-648	2-649
项　　目			钢制梯式桥架宽度(mm以内)					
			200	500	800	1000	1200	1500
预算基价	总　　　价(元)		**263.34**	**547.33**	**798.04**	**1131.75**	**1300.53**	**1592.02**
	人　工　费(元)		218.70	492.75	722.25	1024.65	1158.30	1421.55
	材　料　费(元)		39.42	42.65	45.73	47.90	50.82	60.28
	机　械　费(元)		5.22	11.93	30.06	59.20	91.41	110.19
组　成　内　容		单位	单价	数　　量				
人工	综合工	工日	135.00	1.62	3.65	5.35	7.59	8.58	10.53
材料	桥架	m	—	(10.050)	(10.050)	(10.050)	(10.050)	(10.050)	(10.050)
	盖板	m	—	(6.030)	(6.030)	(6.030)	(6.030)	(6.030)	(6.030)
	酚醛防锈漆	kg	17.27	0.10	0.12	0.15	0.20	0.25	0.30
	汽油 60#～70#	kg	6.67	0.08	0.10	0.30	0.40	0.50	0.80
	棉纱	kg	16.11	0.03	0.08	0.12	0.15	0.20	0.30
	电焊条 E4303 $D3.2$	kg	7.59	—	0.16	0.20	0.28	0.50	0.66
	砂轮片 $D100$	片	3.83	0.01	0.01	0.01	0.02	0.02	0.02
	砂轮片 $D400$	片	19.56	0.01	0.01	0.01	0.03	0.03	0.14
	接地线 5.5～16mm^2	m	5.16	2.25	2.25	2.20	1.88	1.70	1.70
	铜接线端子 DT-2.5mm^2	个	1.83	10.50	10.50	10.50	10.50	10.50	10.50
	精制螺栓 M(6～8)×(20～70)	套	0.50	10.50	10.50	10.50	10.50	10.50	10.50
	电	kW·h	0.73	0.50	1.50	1.98	3.30	3.08	5.30
机械	直流弧焊机 20kW	台班	75.06	—	0.02	0.06	0.12	0.15	0.20
	载货汽车 8t	台班	521.59	0.01	0.02	0.03	0.04	0.06	0.07
	汽车式起重机 16t	台班	971.12	—	—	0.01	0.03	0.05	0.06
	台式砂轮机 $D100$	台班	19.99	—	—	0.010	0.010	0.015	0.020

工作内容：定位、打眼装膨胀螺栓或预埋铁件焊接、安装桥架、找正、固定、接地。

单位：10m

编　　号			2-650	2-651	2-652	2-653	2-654	2-655	2-656	2-657
项　　目			钢制托盘式桥架宽度（mm以内）							
			100	150	400	600	800	1000	1200	1500
预算基价	总　　　价（元）		**155.32**	**286.41**	**452.03**	**702.75**	**938.97**	**1161.40**	**1283.80**	**1704.69**
	人　工　费（元）		124.20	243.00	400.95	638.55	854.55	1054.35	1162.35	1544.40
	材　料　费（元）		31.12	38.19	40.45	43.86	46.80	50.76	47.74	59.43
	机　械　费（元）		—	5.22	10.63	20.34	37.62	56.29	73.71	100.86
组　成　内　容		单位	单价	数　　　量						
人工	综合工	工日	135.00	0.92	1.80	2.97	4.73	6.33	7.81	8.61	11.44
材料	桥架	m	—	(10.050)	(10.050)	(10.050)	(10.050)	(10.050)	(10.050)	(10.050)	(10.050)
	盖板	m	—	(5.030)	(10.050)	(10.050)	(10.050)	(10.050)	(10.050)	(10.050)	(10.050)
	隔板	m	—	—	—	—	—	(10.050)	(10.050)	(20.100)	(30.150)
	酚醛防锈漆	kg	17.27	0.05	0.05	0.05	0.10	0.15	0.20	0.25	0.30
	汽油 60#～70#	kg	6.67	0.02	0.05	0.08	0.10	0.20	0.40	0.50	0.80
	电焊条 E4303 $D3.2$	kg	7.59	—	—	—	—	0.13	0.20	0.25	0.40
	砂轮片 $D100$	片	3.83	—	0.01	0.01	0.01	0.01	0.02	0.02	0.02
	砂轮片 $D400$	片	19.56	0.01	0.01	0.10	0.20	0.20	0.30	0.04	0.04
	接地线 5.5～16mm²	m	5.16	1.00	2.25	2.25	2.25	2.20	1.88	1.70	1.70
	铜接线端子 DT-2.5mm²	个	1.83	10.50	10.50	10.50	10.50	10.50	10.50	10.50	10.50
	精制螺栓 M(6～8)×(20～70)	套	0.50	10.50	10.50	10.50	10.50	10.50	10.50	10.50	10.50
	棉纱	kg	16.11	0.01	0.02	0.02	0.03	0.05	0.06	0.10	0.50
	电	kW·h	0.73	0.20	0.50	0.90	1.31	1.80	2.80	3.40	5.10
机械	直流弧焊机 20kW	台班	75.06	—	—	—	—	0.03	0.10	0.12	0.20
	载货汽车 8t	台班	521.59	—	0.01	0.02	0.02	0.03	0.03	0.04	0.06
	汽车式起重机 16t	台班	971.12	—	—	0.01	0.02	0.02	0.03	0.04	0.05
	台式砂轮机 $D100$	台班	19.99	—	0.010	0.010	0.015	0.200	0.250	0.300	

2．玻璃钢桥架

工作内容： 定位、打眼装膨胀螺栓或预埋铁件焊接、安装桥架、找正、固定、接地。

单位：10m

编　号			2-658	2-659	2-660	2-661	2-662	2-663	2-664
项　目			玻璃钢槽式桥架 宽度（mm以内）					玻璃钢梯式桥架 宽度（mm以内）	
			200	400	600	800	1000	200	400
预算基价	总　　　价（元）		**297.49**	**440.86**	**668.96**	**1102.95**	**1239.23**	**252.80**	**400.06**
	人　工　费（元）		255.15	398.25	612.90	1028.70	1144.80	210.60	357.75
	材　料　费（元）		36.92	37.19	37.66	37.74	39.72	36.78	36.89
	机　械　费（元）		5.42	5.42	18.40	36.51	54.71	5.42	5.42
组　成　内　容		单位	单价	数　　　量					
人工	综合工	工日	135.00	1.89	2.95	4.54	7.62	8.48	1.56	2.65
材料	桥架	m	—	(10.050)	(10.050)	(10.050)	(10.050)	(10.050)	(10.050)	(10.050)
	盖板	m	—	(10.050)	(10.050)	(10.050)	(10.050)	(10.050)	—	—
	隔板	m	—	—	—	—	(10.050)	(15.075)	—	—
	棉纱	kg	16.11	0.02	0.03	0.05	0.10	0.20	0.02	0.02
	砂轮片 *D*100	片	3.83	0.01	0.01	0.01	0.02	0.03	0.01	0.01
	砂轮片 *D*400	片	19.56	0.01	0.01	0.01	0.02	0.02	0.01	0.01
	接地线 5.5～16mm^2	m	5.16	2.25	2.25	2.25	2.00	1.88	2.25	2.25
	铜接线端子 DT-2.5mm^2	个	1.83	10.50	10.50	10.50	10.50	10.50	10.50	10.50
	精制螺栓 M（6～8）×（20～70）	套	0.50	10.50	10.50	10.50	10.50	10.50	10.50	10.50
	电	kW•h	0.73	0.40	0.55	0.75	1.20	2.50	0.20	0.35
机械	载货汽车 8t	台班	521.59	0.01	0.01	0.02	0.04	0.06	0.01	0.01
	汽车式起重机 8t	台班	767.15	—	—	0.01	0.02	0.03	—	—
	台式砂轮机 *D*100	台班	19.99	0.010	0.010	0.015	0.015	0.020	0.010	0.010

工作内容： 定位、打眼装膨胀螺栓或预埋铁件焊接、安装桥架、找正、固定、接地。

单位：10m

编　号			2-665	2-666	2-667	2-668	2-669	2-670	2-671
项　目			玻璃钢梯式桥架 宽度(mm以内)			玻璃钢托盘式桥架 宽度(mm以内)			
			600	800	1000	300	500	800	1000
预算基价	总　　价(元)		**583.07**	**879.55**	**1065.25**	**290.57**	**608.66**	**974.58**	**1201.78**
	人　工　费(元)		525.15	800.55	970.65	248.40	550.80	896.40	1101.60
	材　料　费(元)		37.48	38.41	38.99	36.75	37.52	37.59	39.35
	机　械　费(元)		20.44	40.59	55.61	5.42	20.34	40.59	60.83
组 成 内 容	单位	单价	数　　　量						
人工	综合工	工日	135.00	3.89	5.93	7.19	1.84	4.08	6.64	8.16
材料	桥架	m	—	(10.050)	(10.050)	(10.050)	(10.050)	(10.050)	(10.050)	(10.050)
	盖板	m	—	—	—	—	(5.025)	(5.025)	(5.025)	(5.025)
	隔板	m	—	—	—	—	—	—	(10.050)	(15.075)
	棉纱	kg	16.11	0.05	0.10	0.20	0.03	0.05	0.10	0.20
	砂轮片 $D100$	片	3.83	0.01	0.02	0.03	0.01	0.01	0.02	0.03
	砂轮片 $D400$	片	19.56	0.01	0.02	0.02	0.01	0.01	0.02	0.02
	接地线 5.5~16mm²	m	5.16	2.25	2.20	1.88	2.20	2.25	2.00	1.88
	铜接线端子 DT-2.5mm²	个	1.83	10.50	10.50	10.50	10.50	10.50	10.50	10.50
	精制螺栓 M(6~8)×(20~70)	套	0.50	10.50	10.50	10.50	10.50	10.50	10.50	10.50
	电	kW·h	0.73	0.50	0.70	1.50	0.30	0.55	1.00	2.00
机械	载货汽车 8t	台班	521.59	0.02	0.04	0.05	0.01	0.02	0.04	0.06
	汽车式起重机 16t	台班	971.12	0.01	0.02	0.03	—	0.01	0.02	0.03
	台式砂轮机 $D100$	台班	19.99	0.015	0.015	0.020	0.010	0.010	0.015	0.020

3.铝合金桥架

工作内容：定位、打眼装膨胀螺栓或预埋铁件焊接、安装桥架、找正、固定、接地。

单位：10m

编　号				2-672	2-673	2-674	2-675	2-676	2-677
项　目				铝合金槽式桥架					
				宽度（mm以内）					
				100	200	350	550	800	1000
预算基价	总　　　价(元)			**137.03**	**216.56**	**318.13**	**607.60**	**921.35**	**1104.06**
	人　工　费(元)			105.30	179.55	276.75	565.65	866.70	1036.80
	材　料　费(元)			31.53	36.81	37.01	37.48	38.33	38.99
	机　械　费(元)			0.20	0.20	4.37	4.47	16.32	28.27
组　成　内　容		单位	单价	数　　量					
人工	综合工	工日	135.00	0.78	1.33	2.05	4.19	6.42	7.68
材料	桥架	m	—	(10.050)	(10.050)	(10.050)	(10.050)	(10.050)	(10.050)
	盖板	m	—	(10.050)	(10.050)	(10.050)	(10.050)	(10.050)	(10.050)
	棉纱	kg	16.11	0.01	0.02	0.03	0.05	0.10	0.20
	砂纸	张	0.87	2.00	—	—	—	—	—
	砂轮片 $D100$	片	3.83	—	0.01	0.01	0.01	0.02	0.03
	砂轮片 $D400$	片	19.56	—	0.01	0.01	0.01	0.02	0.02
	接地线 5.5～16mm²	m	5.16	1.00	2.25	2.25	2.25	2.20	1.88
	铜接线端子 DT-2.5mm²	个	1.83	10.50	10.50	10.50	10.50	10.50	10.50
	精制螺栓 M(6～8)×(20～70)	套	0.50	10.50	10.50	10.50	10.50	10.50	10.50
	电	kW·h	0.73	—	0.25	0.30	0.50	0.60	1.50
机械	载货汽车 4t	台班	417.41	—	—	0.01	0.01	0.02	0.03
	汽车式起重机 8t	台班	767.15	—	—	—	—	0.01	0.02
	台式砂轮机 $D100$	台班	19.99	0.010	0.010	0.010	0.015	0.015	0.020

161

工作内容: 定位、打眼装膨胀螺栓或预埋铁件焊接、安装桥架、找正、固定、接地。

单位:10m

编　号			2-678	2-679	2-680	2-681	2-682	2-683	2-684	2-685
项　目			铝合金梯式桥架 宽度(mm以内)				铝合金托盘式桥架 宽度(mm以内)			
			320	500	800	1000	320	520	800	1000
预算基价	总　价(元)		**239.85**	**470.17**	**697.14**	**929.51**	**280.65**	**508.12**	**856.73**	**1020.54**
	人工费(元)		198.45	427.95	642.60	862.65	238.95	465.75	801.90	953.10
	材料费(元)		37.03	37.85	38.22	38.59	37.33	38.00	38.51	39.17
	机械费(元)		4.37	4.37	16.32	28.27	4.37	4.37	16.32	28.27
组成内容	单位	单价	数　量							
人工 综合工	工日	135.00	1.47	3.17	4.76	6.39	1.77	3.45	5.94	7.06
材料 桥架	m	—	(10.050)	(10.050)	(10.050)	(10.050)	(10.050)	(10.050)	(10.050)	(10.050)
盖板	m	—	—	—	—	—	(5.025)	(5.025)	(5.025)	(5.025)
隔板	m	—	—	—	—	—	—	—	(10.050)	(15.075)
棉纱	kg	16.11	0.05	0.08	0.10	0.20	0.05	0.08	0.10	0.20
砂轮片 D100	片	3.83	—	0.01	0.01	0.02	0.01	0.01	0.01	0.02
砂轮片 D400	片	19.56	—	0.01	0.02	0.02	0.01	0.01	0.02	0.02
接地线 5.5~16mm²	m	5.16	2.25	2.25	2.20	1.88	2.25	2.25	2.20	1.88
铜接线端子 DT-2.5mm²	个	1.83	10.50	10.50	10.50	10.50	10.50	10.50	10.50	10.50
精制螺栓 M(6~8)×(20~70)	套	0.50	10.50	10.50	10.50	10.50	10.50	10.50	10.50	10.50
电	kW•h	0.73	0.20	0.35	0.50	1.00	0.30	0.55	0.90	1.80
机械 载货汽车 4t	台班	417.41	0.01	0.01	0.02	0.03	0.01	0.01	0.02	0.03
汽车式起重机 8t	台班	767.15	—	—	0.01	0.02	—	—	0.01	0.02
台式砂轮机 D100	台班	19.99	0.010	0.010	0.015	0.020	0.010	0.010	0.015	0.020

4.组合式托架、托臂、立柱安装

工作内容： 定位、打眼装膨胀螺栓或预埋铁件焊接、安装桥架、找正、固定、接地。

编 号				2-686	2-687	2-688	2-689	2-690	2-691
项 目				组合式托架 （100片）	托臂安装 长度（mm以内）		型钢立柱安装 高度（mm以内）		
					500 （10个）	800 （10个）	1000 （10个）	2500 （10个）	4000 （10个）
预算基价	总 价(元)			**7475.35**	**477.60**	**654.23**	**853.21**	**1015.97**	**1201.20**
	人 工 费(元)			7469.55	427.95	607.50	823.50	950.40	1144.80
	材 料 费(元)			5.80	42.14	35.47	22.20	54.31	45.14
	机 械 费(元)			—	7.51	11.26	7.51	11.26	11.26
组 成 内 容		单位	单价	数 量					
人工	综合工	工日	135.00	55.33	3.17	4.50	6.10	7.04	8.48
材料	组合式托架	片	—	(100.00)	—	—	—	—	—
	托臂	个	—	—	(10.00)	(10.00)	—	—	—
	立柱	个	—	—	—	—	(10.00)	(10.00)	(10.00)
	电	kW·h	0.73	3.80	0.58	0.34	3.20	5.09	4.28
	电焊条 E4303 D3.2	kg	7.59	—	0.10	0.10	0.50	0.70	0.80
	砂子	t	87.03	—	0.007	0.003	0.003	0.010	0.004
	砂轮片 D100	片	3.83	0.02	0.01	0.01	0.01	0.02	0.01
	棉纱	kg	16.11	0.10	0.05	0.10	0.10	0.15	0.15
	汽油 60#～70#	kg	6.67	0.20	0.20	0.30	0.30	0.30	0.30
	冲击钻头 D6～12	个	6.33	—	0.03	0.02	0.05	0.08	0.08
	膨胀螺栓 M12	套	1.75	—	21.00	16.80	6.30	21.00	16.80
	硅酸盐水泥 42.5级	kg	0.41	—	3.00	2.50	2.00	6.50	3.00
机械	直流弧焊机 20kW	台班	75.06	—	0.10	0.15	0.10	0.15	0.15

5.防火桥架安装

工作内容：画线、定位、打眼、槽体清扫、本体固定、配件安装、接地跨接、补漆。

单位：10m

编　号			2-692	2-693	2-694	2-695	2-696
项　目			防火桥架（宽度）				
			150	400	600	800	1000
预算基价	总　　价（元）		**320.16**	**519.82**	**829.31**	**1118.99**	**1423.32**
	人　工　费（元）		283.50	472.50	757.35	1026.00	1305.45
	材　料　费（元）		30.56	30.79	30.79	30.79	31.03
	机　械　费（元）		6.10	16.53	41.17	62.20	86.84
组 成 内 容		单位	单价	数　　　量			
人工	综合工	工日	135.00	2.10	3.50	5.61	7.60	9.67
材料	桥架	m	—	(10.200)	(10.200)	(10.200)	(10.200)	(10.200)
	铜接线端子 DT-2.5mm^2	个	1.83	10.500	10.500	10.500	10.500	10.500
	精制螺栓 M（6～8）×（20～70）	套	0.50	10.500	10.500	10.500	10.500	10.500
	砂轮片 D100	片	3.83	0.020	0.030	0.030	0.030	0.040
	砂轮片 D400	片	19.56	0.020	0.030	0.030	0.030	0.040
	铜芯塑料绝缘软电线 BVR-6mm^2	m	2.50	2.250	2.250	2.250	2.250	2.250
机械	汽车式起重机 16t	台班	971.12	—	—	0.020	0.030	0.050
	载货汽车 8t	台班	521.59	0.010	0.030	0.040	0.060	0.070
	半自动切割机 100mm	台班	88.45	0.010	0.010	0.010	0.020	0.020

七、电缆支架制作、安装

工作内容: 放样、号料、切割、剪切、调直、型钢搣制、坡口、修口、组对、焊接、吊装就位、找正、焊接固定、紧固螺栓。

单位:t

编 号				2-697	2-698	2-699	2-700	2-701	2-702	2-703
项 目				每组质量(t)						
				0.2	0.5	1	3	5	10	10以外
预算基价	总 价(元)			**4303.62**	**4062.71**	**3761.79**	**3454.27**	**3174.51**	**2882.15**	**2621.07**
	人 工 费(元)			3379.05	3017.25	2775.60	2533.95	2323.35	2081.70	1871.10
	材 料 费(元)			276.13	255.98	244.57	233.27	212.23	192.31	170.16
	机 械 费(元)			648.44	789.48	741.62	687.05	638.93	608.14	579.81
组成内容		单位	单价	数 量						
人工	综合工	工日	135.00	25.03	22.35	20.56	18.77	17.21	15.42	13.86
材料	主材	t	—	(1.06)	(1.06)	(1.06)	(1.06)	(1.06)	(1.06)	(1.06)
	木材 方木	m³	2716.33	0.01	0.01	0.01	0.01	0.01	0.01	0.01
	氧气	m³	2.88	7.97	7.12	6.76	6.41	5.70	5.13	4.49
	乙炔气	kg	14.66	2.66	2.37	2.25	2.14	1.90	1.71	1.50
	尼龙砂轮片 D100×16×3	片	3.92	1.26	1.18	1.13	1.06	0.96	0.86	0.73
	电焊条 E4303 D3.2	kg	7.59	22.59	20.96	19.91	18.86	16.98	15.09	13.00
	零星材料费	元	—	10.62	9.85	9.41	8.97	8.16	7.40	6.54
机械	电焊条烘干箱 600×500×750	台班	27.16	0.39	0.36	0.33	0.32	0.29	0.26	0.22
	直流弧焊机 20kW	台班	75.06	3.91	3.62	3.33	3.25	2.93	2.61	2.25
	剪板机 20×2500	台班	329.03	0.28	0.24	0.21	0.18	0.18	0.15	0.15
	立式钻床 D25	台班	6.78	0.19	0.15	0.14	0.13	0.12	0.11	0.09
	立式钻床 D50	台班	20.33	—	0.03	0.03	0.03	0.02	0.02	0.02
	载货汽车 6t	台班	461.82	0.07	0.07	0.07	0.07	0.07	0.07	0.07
	载货汽车 10t	台班	574.62	0.02	0.02	0.02	0.02	0.02	0.02	0.02
	汽车式起重机 8t	台班	767.15	0.27	0.50	0.48	0.43	0.40	0.19	—
	汽车式起重机 16t	台班	971.12	—	—	—	—	—	0.17	0.32

八、电缆沟挖填、人工开挖路面

工作内容：测位、画线、挖电缆沟、回填土、夯实、开挖路面、清理现场。

编　号			2-704	2-705	2-706	2-707	2-708	2-709	2-710	2-711
项　目			电缆沟挖填				开挖路面			
							混凝土路面		沥青路面	砂石路面
			一般土沟	含建筑垃圾土	泥水土冻土	石方	厚度（mm以内）			
			（m³）	（m³）	（m³）	（m³）	150 （m²）	250 （m²）	250 （m²）	250 （m²）
预算基价	总　　价（元）		**58.76**	**101.70**	**121.90**	**338.57**	**134.72**	**284.57**	**67.80**	**33.90**
	人　工　费（元）		58.76	101.70	107.35	316.40	97.18	228.26	67.80	33.90
	材　料　费（元）		—	—	—	22.17	—	—	—	—
	机　械　费（元）		—	—	14.55	—	37.54	56.31	—	—
组 成 内 容	单位	单价	数　　量							
人工 综合工	工日	113.00	0.52	0.90	0.95	2.80	0.86	2.02	0.60	0.30
材料 炸药 硝铵	kg	4.76	—	—	—	1.6	—	—	—	—
雷管	个	1.89	—	—	—	4.2	—	—	—	—
导火索	m	1.89	—	—	—	3.5	—	—	—	—
机械 潜水泵 D100	台班	29.10	—	—	0.5	—	—	—	—	—
电动空气压缩机 10m³	台班	375.37	—	—	—	—	0.10	0.15	—	—

注：1."含建筑垃圾土"系指建筑物周围及施工道路区域内的土质中含有建筑碎块或含有砌筑留下的砂浆等,称为建筑垃圾土。

2.不包括恢复路面。

九、电缆沟铺砂、盖砖及移动盖板

工作内容: 调整电缆间距、铺砂、盖砖或盖保护板、埋设标桩、揭盖板或盖盖板。

单位:100m

编　号			2-712	2-713	2-714	2-715	2-716	2-717	2-718
项　目			铺砂盖砖		铺砂盖保护板		揭(盖)盖板 板长(mm以内)		
			1~2根	每增加1根	1~2根	每增加1根	500	1000	1500
预算基价	总　　价(元)		**2431.58**	**857.41**	**3164.69**	**1286.46**	**994.40**	**1683.70**	**2373.00**
	人　工　费(元)		706.25	188.71	706.25	188.71	994.40	1683.70	2373.00
	材　料　费(元)		1725.33	668.70	2458.44	1097.75	—	—	—
组　成　内　容	单位	单价	数　　量						
人工	综合工	工日	113.00	6.25	1.67	6.25	1.67	8.80	14.90	21.00
材料	砂子	t	87.03	13.900	5.205	13.900	5.205	—	—	—
	页岩标砖 240×115×53	千块	513.60	0.83	0.42	—	—	—	—	—
	混凝土标桩 100×100×1200	个	22.11	4.04	—	4.04	—	—	—	—
	混凝土保护板 300×150×30	块	1.99	—	—	—	324	—	—	—
	混凝土保护板 300×250×30	块	3.10	—	—	374	—	—	—	—

注:移动盖板或揭或盖基价均按一次考虑,如又揭又盖则按两次计算。

167

十、塑料电缆槽、混凝土电缆槽安装

工作内容：测位、画线、安装、接口。

单位：10m

编　号			2-719	2-720	2-721	2-722	2-723	2-724
项　目			小型塑料槽		加强式塑料槽	混凝土电缆槽		
			宽度50mm以内		宽度（mm以内）			
			盘后	墙上	100		200	430
预算基价	总　　价（元）		**192.67**	**217.87**	**480.12**	**476.56**	**540.14**	**761.83**
	人　工　费（元）		140.40	202.50	391.50	459.00	514.35	726.30
	材　料　费（元）		52.27	15.37	86.59	17.56	25.79	35.53
	机　械　费（元）		—	—	2.03	—	—	—
组　成　内　容	单位	单价	数　　量					
人工 综合工	工日	135.00	1.04	1.50	2.90	3.40	3.81	5.38
材料 镀锌精制带帽螺栓 M8×100以内	套	0.67	35.0	—	41.2	—	—	—
镀锌精制带帽螺栓 M10×100以内	套	1.15	—	—	41.2	—	—	—
合金钢钻头 D8	个	7.16	—	0.35	0.15	—	—	—
膨胀螺栓 M8×60	套	0.55	—	—	15.0	—	—	—
塑料胀管 M6～8	个	0.31	—	35	—	—	—	—
木螺钉 M（4.5～6）×（15～100）	个	0.14	—	3.5	—	—	—	—
破布	kg	5.07	0.30	0.30	0.30	0.20	0.20	0.40
尼龙扎带 300	根	0.78	35	—	—	—	—	—
电焊条 E4303 D3.2	kg	7.59	—	—	0.1	—	—	—
硅酸盐水泥 42.5级	kg	0.41	—	—	—	10	15	21
砂子	t	87.03	—	—	—	0.143	0.214	0.286
机械 立式钻床 D50	台班	20.33	—	—	0.1	—	—	—

注：1.未包括各种电缆槽和接线盒材料。
　　2.电缆槽的挖填土方及铺砂盖砖另套子目。
　　3.宽度100mm以下的金属槽安装可套加强塑料槽子目。固定支架及吊杆另计。

十一、电缆安全防护

1.电缆防火设施安装

工作内容：清扫、堵洞、安装防火槽盒(隔板)、防火涂料、防火包、防火带、清理现场等。

编　号			2-725	2-726	2-727	2-728	2-729	2-730	2-731	2-732	2-733
项　目			阻燃槽盒(宽+高)		防火隔板 (m²)	防火槽 (10m)	防火带 (10m)	防火墙 (m²)	防火包 (t)	防火堵料 (t)	防火涂料 (100kg)
			550m以内 (10m)	550m以外 (10m)							
预算基价	总　　　价(元)		**1036.64**	**1589.38**	**134.21**	**62.10**	**28.35**	**47.25**	**2018.25**	**6426.41**	**4779.89**
	人　工　费(元)		1030.05	1580.85	125.55	62.10	28.35	47.25	2018.25	6081.75	3024.00
	材　料　费(元)		6.59	8.53	8.66	—	—	—	—	344.66	1755.89
组　成　内　容	单位	单价	数　　　量								
人工 综合工	工日	135.00	7.63	11.71	0.93	0.46	0.21	0.35	14.95	45.05	22.40
材料 防火隔板	m²	—	—	—	(1.080)	—	—	—	—	—	—
防火包	t	—	—	—	—	—	—	—	(1.080)	—	—
防火带	m	—	—	—	—	—	(10.200)	—	—	—	—
防火墙	m²	—	—	—	—	—	—	(1.080)	—	—	—
防火堵料	t	—	—	—	—	—	—	—	—	(1.080)	—
阻燃槽盒	m	—	(10.050)	(10.050)	—	(10.500)	—	—	—	—	—
防火涂料	kg	13.63	—	—	—	—	—	—	—	—	108.000
镀锌钢丝（综合）	kg	7.16	—	—	—	—	—	—	—	6.000	—
镀锌钢丝 D4.0	kg	7.08	0.450	0.551	—	—	—	—	—	—	—
钢锯条	条	4.33	—	—	2.000	—	—	—	—	—	—
锯条	根	0.42	8.11	11.01	—	—	—	—	—	—	—
板枋材	m³	2001.17	—	—	—	—	—	—	—	0.150	—
汽油 100#	kg	8.11	—	—	—	—	—	—	—	—	35.000
水	m³	7.62	—	—	—	—	—	—	—	0.200	—

2．电缆防腐、缠石棉绳、刷漆、剥皮

工作内容：配料、加垫、灌防腐料、铺砖、缠石棉绳、管道或电缆刷色漆、电缆剥皮。

单位：10m

编　号					2-734	2-735	2-736	2-737
项　目					电缆防护			
					防腐	缠石棉绳	刷漆	剥皮
预算基价	总　　价（元）				**731.19**	**137.42**	**52.21**	**51.92**
	人　工　费（元）				324.00	67.50	32.40	24.30
	材　料　费（元）				407.19	69.92	19.81	27.62
组　成　内　容		单位	单价		数　　量			
人工	综合工	工日	135.00		2.40	0.50	0.24	0.18
材料	页岩标砖 240×115×53	千块	513.60		0.21	—	—	—
	油毛毡 400g	卷	52.68		0.52	—	—	—
	破布	kg	5.07		0.80	0.50	1.20	1.50
	汽油 60#～70#	kg	6.67		0.50	0.30	1.00	3.00
	木柴	kg	1.03		27	—	—	—
	石油沥青 10#	kg	4.04		58.6	—	—	—
	石棉扭绳	kg	19.23		—	3.4	—	—
	调和漆	kg	14.11		—	—	0.5	—

注：1.电缆防腐不包括挖沟和回填土,另套本章相应子目。
　　2.电缆刷色相漆按一遍考虑。
　　3.电缆缠麻层的人工可套电缆剥皮子目,另计麻层材料费。

十二、户内干包式电力电缆头制作、安装

工作内容: 定位、量尺寸、锯断、剥保护层及绝缘层、清洗、包缠绝缘、压连接管及接线端子、安装、接线。

单位:个

编 号			2-738	2-739	2-740	2-741	2-742	2-743	2-744	2-745
项 目			1kV以内							
			电缆截面(mm²以内)							
			10	16	35	50	70	120	240	400
预算基价	总 价(元)		**93.85**	**110.35**	**149.79**	**178.56**	**210.47**	**274.69**	**428.63**	**520.95**
	人 工 费(元)		25.65	36.45	59.40	71.55	83.70	95.85	125.55	139.05
	材 料 费(元)		68.20	73.90	90.39	107.01	126.77	178.84	303.08	381.90
组 成 内 容	单位	单价	数 量							
人工 综合工	工日	135.00	0.19	0.27	0.44	0.53	0.62	0.71	0.93	1.03
材料 三色塑料带 20mm×40m	m	0.16	0.079	0.112	0.140	0.243	0.347	0.450	0.700	0.900
白布	kg	12.98	0.200	0.288	0.360	0.440	0.520	0.600	0.960	1.056
焊锡膏 50g瓶装	kg	49.90	0.007	0.010	0.012	0.016	0.020	0.024	0.048	0.056
焊锡丝	kg	60.79	0.034	0.048	0.060	0.080	0.100	0.120	0.240	0.360
汽油	kg	7.74	0.200	0.288	0.360	0.380	0.400	0.420	0.480	0.500
电力复合脂 一级	kg	22.43	0.021	0.029	0.036	0.044	0.052	0.060	0.096	0.106
固定卡子 DN90	个	1.01	1.154	1.648	2.060	2.060	2.060	2.060	2.060	2.060
电气绝缘胶带 18mm×10m×0.13mm	卷	4.55	0.200	0.240	0.300	0.300	0.300	0.400	0.500	0.600
镀锡裸铜软绞线 TJRX 16mm²	kg	50.05	0.120	0.160	0.200	0.277	0.253	0.280	0.350	0.385
铜接线端子 DT-16mm²	个	10.05	4.780	4.780	1.020	1.020	1.020	1.020	1.020	1.020
铜接线端子 DT-35mm²	个	13.06	—	—	3.760	—	—	—	—	—
铜接线端子 DT-50mm²	个	15.71	—	—	—	3.760	—	—	—	—
铜接线端子 DT-70mm²	个	20.54	—	—	—	—	3.760	—	—	—
铜接线端子 DT-120mm²	个	33.16	—	—	—	—	—	3.760	—	—
铜接线端子 DT-240mm²	个	61.30	—	—	—	—	—	—	3.760	—
铜接线端子 DT-400mm²	个	79.19	—	—	—	—	—	—	—	3.760
塑料手套 ST型	个	4.80	1.050	1.050	1.050	1.050	1.050	1.050	1.050	1.050

注: 1.未包括终端盒、保护盒、铅套盒和安装支架。
   2.干包电缆头不装"终端盒"时,称为"简包电缆头",适用于一般塑料和橡皮绝缘低压电缆。

十三、户内浇注式电力电缆终端头制作、安装

工作内容：定位、量尺寸、锯断、剥切清洗、内屏蔽层处理、包缠绝缘、压扎锁管和接线端子、装终端盒、配料浇注、安装接线。

单位：个

编　号			2-746	2-747	2-748	2-749	2-750	2-751	2-752	2-753	2-754
项　目			1kV以内					10kV以内			
			终端头截面(mm²以内)								
			10	35	120	240	400	35	120	240	400
预算基价	总　　价(元)		**147.21**	**180.96**	**317.39**	**484.60**	**734.13**	**165.62**	**316.65**	**447.22**	**684.47**
	人　工　费(元)		25.65	59.40	95.85	125.55	139.05	66.15	99.90	116.10	162.00
	材　料　费(元)		121.56	121.56	221.54	359.05	595.08	99.47	216.75	331.12	522.47
组　成　内　容	单位	单价	数　　量								
人工 综合工	工日	135.00	0.19	0.44	0.71	0.93	1.03	0.49	0.74	0.86	1.20
镀锡裸铜绞线 16mm²	kg	54.96	0.20	0.20	0.30	0.35	0.50	0.25	0.30	0.35	0.50
铜接线端子 DT-16mm²	个	10.05	1.02	1.02	1.02	1.02	1.02	1.02	1.02	1.02	1.02
铜接线端子 DT-25mm²	个	11.28	3.760	3.760	—	—	—	—	—	—	—
铜接线端子 DT-95mm²	个	26.24	—	—	3.760	—	—	—	3.060	—	—
铜接线端子 DT-185mm²	个	50.09	—	—	—	3.760	—	—	—	3.060	—
铜接线端子 DT-400mm²	个	79.19	—	—	—	—	3.760	—	—	—	3.060
镀锌精制带帽螺栓 M10×100以内	套	1.15	9.0	9.0	4.0	4.0	—	8.2	4.1	4.1	—
镀锌精制六角带帽螺栓 M12×(14～75)	套	1.25	—	—	5.0	8.0	18.0	—	4.1	7.1	17.4
丁腈橡胶管 D13～50	kg	14.39	0.25	0.25	0.40	0.60	0.80	0.40	0.64	0.96	1.28
固定卡子 3×80	套	2.18	2.06	2.06	2.06	2.06	2.06	2.06	2.06	2.06	2.06
破布	kg	5.07	0.30	0.30	0.50	0.80	1.05	0.30	0.50	0.80	1.05
石英粉	kg	0.42	0.68	0.68	1.19	1.36	1.60	0.85	1.36	1.50	1.80
汽油 60#～70#	kg	6.67	0.6	0.6	0.8	1.0	1.3	0.6	0.8	1.0	1.3
相色带 20mm×20m	卷	4.99	0.10	0.10	0.16	0.20	0.30	0.10	0.16	0.20	0.30
塑料带 20mm×40m	kg	19.85	0.2	0.2	0.4	0.6	0.8	0.8	0.8	—	—
自粘性橡胶带 20mm×5m	卷	10.50	0.5	0.5	1.2	2.0	3.1	0.5	1.2	2.0	3.1
焊锡丝	kg	60.79	0.05	0.05	0.10	0.20	0.25	0.05	0.10	0.20	0.25
焊锡膏 50g瓶装	kg	49.90	0.01	0.01	0.02	0.04	0.05	0.01	0.02	0.04	0.05
二丁酯	kg	13.87	0.03	0.03	0.05	0.08	0.10	0.03	0.06	0.08	0.10
电力复合脂 一级	kg	22.43	0.03	0.03	0.05	0.08	0.10	0.03	0.05	0.08	0.10
环氧树脂	kg	28.33	0.4	0.4	0.7	1.0	1.4	0.5	0.8	1.2	1.5
聚酰胺树脂 651	kg	30.61	0.16	0.16	0.32	0.40	0.56	0.20	0.30	0.65	0.70
硬脂酸 一级	kg	8.20	0.01	0.01	0.01	0.02	0.03	0.01	0.01	0.02	0.03
封铅 含铅65%含锡35%	kg	29.99	0.10	0.10	0.22	0.35	0.45	0.11	0.25	0.40	0.50
接头专用枪子弹	个	5.28	—	—	—	—	12.24	—	—	—	9.18

注：1.未包括电缆终端盒和安装支架。
　　2.浇注式电缆头主要用于油浸纸绝缘电缆。

十四、户内热（冷）缩式电力电缆终端头制作、安装

1．1kV 户内热（冷）缩式电力电缆终端头

工作内容：定位、量尺寸、锯断、剥切清洗、内屏蔽层处理、焊接地线、压扎锁管和接线端子、装热缩管、加热成形、安装、接线。　　　　　　　　　　**单位：**个

编　号			2-755	2-756	2-757	2-758	2-759	2-760	2-761	2-762
项　目			电缆截面（mm² 以内）							
			10	16	35	50	70	120	240	400
预算基价	总　　价（元）		**104.59**	**127.72**	**173.94**	**202.45**	**237.80**	**308.81**	**471.01**	**615.47**
	人　工　费（元）		24.30	35.10	59.40	72.90	85.05	98.55	132.30	183.60
	材　料　费（元）		80.29	92.62	114.54	129.55	152.75	210.26	338.71	431.87
组 成 内 容	单位	单价	数　　量							
人工 综合工	工日	135.00	0.18	0.26	0.44	0.54	0.63	0.73	0.98	1.36
户内热缩式电缆终端头	套	—	(1.020)	(1.020)	(1.020)	(1.020)	(1.020)	(1.020)	(1.020)	(1.020)
三色塑料带 20mm×40m	m	0.16	0.300	0.400	0.500	0.600	0.700	0.800	1.000	1.500
白布	kg	12.98	0.200	0.288	0.360	0.440	0.520	0.600	0.960	1.200
焊锡膏	kg	38.51	0.040	0.058	0.072	0.076	0.080	0.084	0.108	0.120
焊锡丝	kg	60.79	0.200	0.288	0.360	0.380	0.400	0.420	0.540	0.600
汽油	kg	7.74	0.400	0.576	0.720	0.800	0.880	0.960	1.200	1.560
电力复合脂 一级	kg	22.43	0.020	0.029	0.036	0.044	0.052	0.060	0.096	0.120
丙酮	kg	9.89	0.340	0.480	0.600	0.720	0.840	0.960	1.200	1.680
固定卡子 DN90	个	1.01	2.060	2.060	2.060	2.060	2.060	2.060	2.060	2.060
电气绝缘胶带 18mm×10m×0.13mm	卷	4.55	0.200	0.240	0.300	0.440	0.580	0.720	1.200	1.860
镀锡裸铜软绞线 TJRX 16mm²	kg	50.05	0.120	0.160	0.200	0.200	0.200	0.300	0.350	0.500
铜接线端子 DT-16mm²	个	10.05	4.780	4.780	1.020	1.020	1.020	1.020	1.020	1.020
铜接线端子 DT-35mm²	个	13.06	—	—	3.760	—	—	—	—	—
铜接线端子 DT-50mm²	个	15.71	—	—	—	3.760	—	—	—	—
铜接线端子 DT-70mm²	个	20.54	—	—	—	—	3.760	—	—	—
铜接线端子 DT-120mm²	个	33.16	—	—	—	—	—	3.760	—	—
铜接线端子 DT-240mm²	个	61.30	—	—	—	—	—	—	3.760	—
铜接线端子 DT-400mm²	个	79.19	—	—	—	—	—	—	—	3.760

注：1.未包括支架及防护罩。
　　2.基价中热缩电缆头适用于0.5～10kV的交联聚乙烯电缆和各种电缆。

2．10kV户内热(冷)缩式电力电缆终端头

工作内容: 定位、量尺寸、锯断、剥切清洗、内屏蔽层处理、焊接地线、压扎锁管和接线端子、装热缩管、加热成形、安装、接线。　　　　　　　　　　　　　　单位:个

编　号			2-763	2-764	2-765	2-766	2-767	2-768
项　目			电缆截面(mm²以内)					
			35	50	70	120	240	400
预算基价	总　　价(元)		**191.33**	**221.46**	**261.59**	**321.95**	**472.54**	**626.43**
	人　工　费(元)		78.30	93.15	106.65	121.50	156.60	221.40
	材　料　费(元)		113.03	128.31	154.94	200.45	315.94	405.03
组　成　内　容	单位	单价	数　　　量					
人工 综合工	工日	135.00	0.58	0.69	0.79	0.90	1.16	1.64
户内热缩式电缆终端头	套	—	(1.020)	(1.020)	(1.020)	(1.020)	(1.020)	(1.020)
聚四氟乙烯带 1×30	kg	46.22	0.160	0.200	0.240	0.280	0.400	0.500
三色塑料带 20mm×40m	m	0.16	0.550	0.680	0.780	0.880	1.080	1.590
白布	kg	12.98	0.360	0.440	0.520	0.600	0.960	1.320
焊锡膏	kg	38.51	0.072	0.076	0.080	0.084	0.108	0.120
焊锡丝	kg	60.79	0.360	0.380	0.400	0.420	0.540	0.600
汽油	kg	7.74	0.720	0.800	0.880	0.960	1.200	1.560
电力复合脂 一级	kg	22.43	0.036	0.044	0.052	0.060	0.096	0.120
丙酮	kg	9.89	0.600	0.720	0.840	0.960	1.200	1.800
固定卡子 DN90	个	1.01	2.060	2.060	2.060	2.060	2.060	2.060
电气绝缘胶带 18mm×10m×0.13mm	卷	4.55	0.350	0.550	0.680	0.820	1.560	2.460
镀锡裸铜软绞线 TJRX 16mm²	kg	50.05	0.200	0.200	0.300	0.300	0.350	0.500
铜接线端子 DT-16mm²	个	10.05	1.020	1.020	1.020	1.020	1.020	1.020
铜接线端子 DT-35mm²	个	13.06	3.060	—	—	—	—	—
铜接线端子 DT-50mm²	个	15.71	—	3.060	—	—	—	—
铜接线端子 DT-70mm²	个	20.54	—	—	3.060	—	—	—
铜接线端子 DT-120mm²	个	33.16	—	—	—	3.060	—	—
铜接线端子 DT-240mm²	个	61.30	—	—	—	—	3.060	—
铜接线端子 DT-400mm²	个	79.19	—	—	—	—	—	3.060

十五、户外热(冷)缩式电力电缆终端头制作、安装

工作内容：定位、量尺寸、锯断、剥切清洗、内屏蔽层处理、焊接地线、套热缩管、压接线端子、装终端盒、配料浇注、安装、接线。　　　　　　　　　　　　　**单位**：个

编　号			2-769	2-770	2-771	2-772	2-773	2-774
项　目			10kV以内					
			电缆截面(mm²以内)					
			35	50	70	120	240	400
预算基价	总　　　价(元)		**277.28**	**319.93**	**371.75**	**445.13**	**615.30**	**795.23**
	人　工　费(元)		186.30	214.65	243.00	271.35	329.40	427.95
	材　料　费(元)		90.98	105.28	128.75	173.78	285.90	367.28
组 成 内 容	单位	单价	数　　　量					
人工 综合工	工日	135.00	1.38	1.59	1.80	2.01	2.44	3.17
材料 热缩式电缆终端头	套	—	(1.020)	(1.020)	(1.020)	(1.020)	(1.020)	(1.020)
聚四氟乙烯带 1×30	kg	46.22	0.160	0.200	0.240	0.280	0.400	0.500
三色塑料带 20mm×40m	m	0.16	0.050	0.060	0.070	0.080	0.100	0.150
白布	kg	12.98	0.600	0.720	0.840	0.960	1.200	1.560
焊锡膏	kg	38.51	0.012	0.016	0.020	0.024	0.048	0.060
焊锡丝	kg	60.79	0.060	0.080	0.100	0.120	0.240	0.300
汽油	kg	7.74	0.960	1.060	1.160	1.260	1.440	1.800
电力复合脂 一级	kg	22.43	0.036	0.044	0.052	0.060	0.096	0.120
固定卡子 DN90	个	1.01	2.060	2.060	2.060	2.060	2.060	2.060
电气绝缘胶带 18mm×10m×0.13mm	卷	4.55	0.250	0.350	0.450	0.600	1.023	1.550
镀锡裸铜软绞线 TJRX 16mm²	kg	50.05	0.200	0.200	0.250	0.250	0.350	0.500
铜接线端子 DT-16mm²	个	10.05	1.020	1.020	1.020	1.020	1.020	1.020
铜接线端子 DT-35mm²	个	13.06	3.060	—	—	—	—	—
铜接线端子 DT-50mm²	个	15.71	—	3.060	—	—	—	—
铜接线端子 DT-70mm²	个	20.54	—	—	3.060	—	—	—
铜接线端子 DT-120mm²	个	33.16	—	—	—	3.060	—	—
铜接线端子 DT-240mm²	个	61.30	—	—	—	—	3.060	—
铜接线端子 DT-400mm²	个	79.19	—	—	—	—	—	3.060

十六、浇注式电力电缆中间头制作、安装

工作内容：定位、量尺寸、锯断、剥切清洗、内屏蔽层处理、焊接地线、压接线端子、装中间盒、配料浇注、安装。 单位：个

编　号			2-775	2-776	2-777	2-778	2-779	2-780	2-781	2-782
项　目			1kV以内				10kV以内			
			浇注式中间头截面（mm²以内）							
			35	120	240	400	35	120	240	400
预算基价	总　　价（元）		323.64	511.71	694.70	1043.40	538.80	800.77	1022.71	1477.05
	人　工　费（元）		182.25	288.90	372.60	521.10	225.45	348.30	444.15	622.35
	材　料　费（元）		141.39	222.81	322.10	522.30	313.35	452.47	578.56	854.70
组　成　内　容	单位	单价	数　　量							
人工 综合工	工日	135.00	1.35	2.14	2.76	3.86	1.67	2.58	3.29	4.61
电缆中间接头盒 35～400mm²	套	—	(1.02)	(1.02)	(1.02)	(1.02)	(1.02)	(1.02)	(1.02)	(1.02)
破布	kg	5.07	0.5	0.8	1.0	1.3	0.5	0.8	1.3	1.5
石英粉	kg	0.42	0.5	0.8	1.2	1.6	0.6	1.0	1.5	1.9
汽油 60#～70#	kg	6.67	0.5	0.7	0.9	1.1	0.6	0.8	1.0	1.3
相色带 20mm×20m	卷	4.99	0.10	0.16	0.20	0.30	0.10	0.16	0.20	0.30
塑料带 20mm×40m	kg	19.85	0.3	0.5	0.7	1.0	—	—	—	—
自粘性橡胶带 20mm×5m	卷	10.50	0.50	1.20	2.05	3.10	11.00	17.00	18.00	25.00
双面半导体布带 20mm×5m	m	0.99	—	—	—	—	15	15	18	25
聚四氟乙烯带 1×30	kg	46.22	—	—	—	—	0.3	0.5	0.7	1.0
沥青绝缘胶	kg	15.75	4	6	8	10	5	7	9	12
焊锡丝	kg	60.79	0.05	0.10	0.20	0.25	0.05	0.10	0.20	0.25
焊锡膏 50g瓶装	kg	49.90	0.01	0.02	0.04	0.05	0.01	0.02	0.04	0.05
环氧树脂	kg	28.33	0.4	0.7	1.0	1.5	0.5	0.8	1.4	1.8
聚酰胺树脂 651	kg	30.61	0.16	0.28	0.40	0.60	0.20	0.30	0.65	0.80
电力复合脂 一级	kg	22.43	0.03	0.05	0.08	0.10	0.03	0.05	0.08	0.10
硬脂酸 一级	kg	8.20	0.03	0.04	0.05	0.07	0.03	0.04	0.05	0.07
铝压接管 25mm²	个	4.09	3.76	—	—	—	3.06	—	—	—
铝压接管 95mm²	个	6.60	—	3.76	—	—	—	3.06	—	—
铝压接管 185mm²	个	13.47	—	—	3.76	—	—	—	3.06	—
铝压接管 400mm²	个	30.42	—	—	—	3.76	—	—	—	3.06
铝箔带 0.08mm×30m	m	1.26	—	—	—	—	15	15	18	25
镀锡裸铜绞线 16mm²	kg	54.96	0.25	0.30	0.35	0.50	0.25	0.30	0.35	0.50
封铅 含铅65%含锡35%	kg	29.99	0.36	0.59	0.71	1.00	0.44	0.64	0.79	1.11
接头专用枪子弹	个	5.28	—	—	—	8.16	—	—	—	6.12

注：未包括保护盒、铅套盒和安装支架。

十七、热缩式电力电缆中间头制作、安装

1. 1kV 以内

工作内容：定位、量尺寸、锯断、剥切清洗、内屏蔽层处理、焊接地线、套热缩管、压接线端子、加热成形、安装。

单位：个

编　号			2-783	2-784	2-785	2-786	2-787	2-788	2-789
项　目			电缆截面（mm² 以内）						
			16	35	50	70	120	240	400
预算基价	总　　价(元)		**110.68**	**152.45**	**181.70**	**213.88**	**249.67**	**340.11**	**480.64**
	人 工 费(元)		48.60	79.65	95.85	110.70	126.90	163.35	229.50
	材 料 费(元)		62.08	72.80	85.85	103.18	122.77	176.76	251.14
组 成 内 容	单位	单价	数　　量						
人工　综合工	工日	135.00	0.36	0.59	0.71	0.82	0.94	1.21	1.70
热缩式电缆中间接头 35～400mm²	套	—	(1.020)	(1.020)	(1.020)	(1.020)	(1.020)	(1.020)	(1.020)
聚四氟乙烯带 1×30	kg	46.22	0.288	0.360	0.440	0.520	0.600	0.840	1.200
三色塑料带 20mm×40m	m	0.16	0.248	0.310	0.379	0.448	0.517	0.721	1.031
白布	kg	12.98	0.480	0.600	0.720	0.840	0.960	1.200	1.560
焊锡膏 50g瓶装	kg	49.90	0.010	0.012	0.016	0.020	0.024	0.048	0.060
焊锡丝	kg	60.79	0.048	0.060	0.080	0.100	0.120	0.240	0.300
沥青绝缘漆	kg	17.57	0.780	0.960	1.120	1.270	1.400	1.800	2.400
汽油	kg	7.74	0.480	0.600	0.680	0.760	0.840	1.080	1.200
电力复合脂 一级	kg	22.43	0.029	0.036	0.044	0.052	0.060	0.096	0.120
电气绝缘胶带 18mm×10m×0.13mm	卷	4.55	0.200	0.250	0.367	0.483	0.600	1.025	1.550
镀锡裸铜绞线 16mm²	kg	54.96	0.300	0.300	0.300	0.350	0.350	0.350	0.500
铜压接管 16mm²	个	0.96	3.760	—	—	—	—	—	—
铜压接管 35mm²	个	1.10	—	3.760	—	—	—	—	—
铜压接管 50mm²	个	1.69	—	—	3.760	—	—	—	—
铜压接管 70mm²	个	2.74	—	—	—	3.760	—	—	—
铜压接管 120mm²	个	5.21	—	—	—	—	3.760	—	—
铜压接管 240mm²	个	10.43	—	—	—	—	—	3.760	—
铜压接管 400mm²	个	17.38	—	—	—	—	—	—	3.760

2．10kV以内

工作内容：定位、量尺寸、锯断、剥切清洗、内屏蔽层处理、焊接地线、套热缩管、压接线端子、加热成形、安装。

单位：个

编　号			2-790	2-791	2-792	2-793	2-794	2-795
项　目			电缆截面（mm²以内）					
			35	50	70	120	240	400
预算基价	总　　价(元)		**190.94**	**280.36**	**262.30**	**301.93**	**410.70**	**574.11**
	人 工 费(元)		118.80	140.40	162.00	183.60	234.90	329.40
	材 料 费(元)		72.14	139.96	100.30	118.33	175.80	244.71
组 成 内 容	单位	单价	数　　量					
人工 综合工	工日	135.00	0.88	1.04	1.20	1.36	1.74	2.44
材料 热缩式电缆中间接头 35～400mm²	套	—	(1.020)	(1.020)	(1.020)	(1.020)	(1.020)	(1.020)
聚四氟乙烯带 1×30	kg	46.22	0.300	0.367	0.433	0.500	0.700	1.000
三色塑料带 20mm×40m	m	0.16	0.500	0.600	0.700	0.800	1.000	1.500
白布	kg	12.98	0.600	0.720	0.840	0.960	1.560	1.800
焊锡膏 50g瓶装	kg	49.90	0.012	0.016	0.020	0.024	0.048	0.060
焊锡丝	kg	60.79	0.060	0.080	0.100	0.120	0.240	0.300
沥青绝缘漆	kg	17.57	1.200	1.360	1.520	1.680	2.160	2.880
汽油	kg	7.74	0.720	8.000	0.880	0.960	1.200	1.440
电力复合脂 一级	kg	22.43	0.036	0.044	0.052	0.060	0.096	0.120
电气绝缘胶带 18mm×10m×0.13mm	卷	4.55	0.350	0.480	0.580	0.750	1.210	1.880
镀锡裸铜绞线 16mm²	kg	54.96	0.250	0.250	0.300	0.300	0.350	0.500
铜压接管 35mm²	个	1.10	3.060	—	—	—	—	—
铜压接管 50mm²	个	1.69	—	3.060	—	—	—	—
铜压接管 70mm²	个	2.74	—	—	3.060	—	—	—
料 铜压接管 120mm²	个	5.21	—	—	—	3.060	—	—
铜压接管 240mm²	个	10.43	—	—	—	—	3.060	—
铜压接管 400mm²	个	17.38	—	—	—	—	—	3.060

十八、成套型电缆头安装

1.10kV以内电缆中间头安装

工作内容： 定位、量尺寸、锯断、剥切清洗、内屏蔽层处理、焊接地线、中间头安装。

单位：个

编 号			2-796	2-797	2-798	2-799	2-800	2-801
项 目			电缆截面（mm²以内）					
			35	50	70	120	240	400
预算基价	总 价(元)		**221.28**	**1864.40**	**286.06**	**329.10**	**427.80**	**582.51**
	人 工 费(元)		122.85	1764.45	166.05	189.00	241.65	337.50
	材 料 费(元)		98.43	99.95	120.01	140.10	186.15	245.01
组 成 内 容	单位	单价	数 量					
人工 综合工	工日	135.00	0.91	13.07	1.23	1.40	1.79	2.50
材料 成套型电缆中间接头	套	—	(1.020)	(1.020)	(1.020)	(1.020)	(1.020)	(1.020)
白布	m	3.68	0.500	0.600	0.700	0.800	1.300	1.500
焊锡膏	kg	38.51	0.010	0.013	0.017	0.020	0.040	0.050
焊锡丝	kg	60.79	0.050	0.067	0.083	0.100	0.200	0.250
沥青绝缘漆	kg	17.57	5.000	5.000	6.000	7.000	9.000	12.000
汽油	kg	7.74	0.600	0.600	0.700	0.800	1.000	1.200
电力复合脂 一级	kg	22.43	0.030	0.030	0.040	0.050	0.080	0.100

2．10kV以内室内电缆终端头安装

工作内容：定位、量尺寸、锯断、剥切清洗、内屏蔽层处理、焊接地线、安装、接线。

单位：个

编　　号				2-802	2-803	2-804	2-805	2-806	2-807
项　　目				电缆截面（mm²以内）					
				35	50	70	120	240	400
预算基价	总　　价(元)			**111.56**	**127.63**	**148.26**	**165.24**	**213.84**	**296.28**
	人　工　费(元)			79.65	94.50	109.35	124.20	160.65	230.85
	材　料　费(元)			31.91	33.13	38.91	41.04	53.19	65.43
组　成　内　容		单位	单价	数　　　量					
人工	综合工	工日	135.00	0.59	0.70	0.81	0.92	1.19	1.71
材料	成套型电缆终端头	套	—	(1.020)	(1.020)	(1.020)	(1.020)	(1.020)	(1.020)
	白布	m	3.68	0.300	0.300	0.400	0.500	0.800	1.100
	焊锡膏	kg	38.51	0.060	0.060	0.070	0.070	0.090	0.100
	焊锡丝	kg	60.79	0.300	0.300	0.350	0.350	0.450	0.500
	汽油	kg	7.74	0.600	0.600	0.700	0.800	1.000	1.300
	电力复合脂 一级	kg	22.43	0.030	0.040	0.050	0.050	0.080	0.100
	丙酮	kg	9.89	0.500	0.600	0.700	0.800	1.000	1.500

3．10kV以内室外电缆终端头安装

工作内容： 定位、量尺寸、锯断、剥切清洗、内屏蔽层处理、焊接地线、终端盒安装、接线。

单位：个

编　号				2-808	2-809	2-810	2-811	2-812	2-813
项　目				电缆截面（mm²以内）					
				35	50	70	120	240	400
预算基价	总　　价(元)			**228.49**	**266.62**	**310.11**	**353.20**	**428.10**	**535.30**
	人 工 费(元)			189.00	220.05	249.75	279.45	338.85	438.75
	材 料 费(元)			39.49	46.57	60.36	73.75	89.25	96.55
组 成 内 容		单位	单价	数　　量					
人工	综合工	工日	135.00	1.40	1.63	1.85	2.07	2.51	3.25
材料	成套型电缆终端头	套	—	(1.020)	(1.020)	(1.020)	(1.020)	(1.020)	(1.020)
	白布	m	3.68	0.500	0.600	0.700	0.800	1.000	1.300
	焊锡膏	kg	38.51	0.010	0.010	0.020	0.020	0.040	0.050
	焊锡丝	kg	60.79	0.500	0.600	0.800	1.000	1.200	1.250
	汽油	kg	7.74	0.800	0.883	0.967	1.050	1.200	1.500
	电力复合脂 一级	kg	22.43	0.030	0.030	0.040	0.050	0.080	0.100

十九、控制电缆头制作、安装

工作内容：定位、量尺寸、锯断、剥切、焊接头或压接头、包缠绝缘、安装、接线。

单位：个

编 号			2-814	2-815	2-816	2-817	2-818	2-819	2-820	2-821
项 目			终端头（芯以内）					中间接头（芯以内）		
			6	14	24	37	48	14	37	48
预算基价	总 价（元）		**80.57**	**118.17**	**155.12**	**210.42**	**287.35**	**249.22**	**492.79**	**652.97**
	人 工 费（元）		36.45	58.05	78.30	114.75	174.15	95.85	175.50	228.15
	材 料 费（元）		44.12	60.12	76.82	95.67	113.20	153.37	317.29	424.82
组 成 内 容	单位	单价	数 量							
人工 综合工	工日	135.00	0.27	0.43	0.58	0.85	1.29	0.71	1.30	1.69
镀锌精制带帽螺栓 M10×100以内	套	1.15	3.1	3.1	3.1	3.1	3.1	—	—	—
镀锡裸铜绞线 16mm²	kg	54.96	0.14	0.14	0.14	0.14	0.14	0.17	0.23	0.25
铜接线端子 DT-16mm²	个	10.05	1.02	1.02	1.02	1.02	1.02	1.02	1.02	1.02
端子号牌	个	0.94	5	12	21	32	41	—	—	—
固定卡子 1.5×32	个	0.55	1.03	1.03	1.03	1.03	1.03	—	—	—
破布	kg	5.07	0.20	0.30	0.35	0.40	0.50	0.30	0.40	0.50
汽油 60#~70#	kg	6.67	0.10	0.15	0.18	0.20	0.25	0.20	0.30	0.50
沥青绝缘胶	kg	15.75	—	—	—	—	—	1.2	1.5	1.8
自粘性橡胶带 20mm×5m	卷	10.50	0.2	0.4	0.6	0.8	0.9	0.8	1.3	1.6
尼龙扎带 L100~150	根	0.37	10	10	15	15	15	—	—	—
塑料带 20mm×40m	kg	19.85	0.02	0.05	0.08	0.10	0.15	0.16	0.32	0.40
塑料软管	kg	15.62	0.04	0.19	0.32	0.57	0.74	0.02	0.04	0.05
套管 KT2型	个	1.68	1.05	1.05	1.05	1.05	1.05	—	—	—
铜压接管 D2.5	个	6.34	—	—	—	—	—	12	32	45
焊锡丝	kg	60.79	0.10	0.15	0.17	0.19	0.24	0.15	0.30	0.40
焊锡膏 50g瓶装	kg	49.90	0.02	0.03	0.03	0.04	0.05	0.03	0.06	0.08
硬脂酸 一级	kg	8.20	—	—	—	—	—	0.03	0.05	0.06
封铅 含铅65%含锡35%	kg	29.99	—	—	—	—	—	0.44	0.72	0.90

注：1.未包括铅套管及固定支架。
　　2.未包括中间头保护盒。

182

第九章　防雷及接地装置

说　明

一、本章适用范围：接地装置和避雷装置安装。接地装置包括生产、生活用的安全接地、防静电接地、保护接地等一切接地装置的安装。避雷装置包括建筑物、构筑物、金属塔器等防雷装置，由受雷体、引下线、接地干线、接地极组成一个系统。

二、本章不适于采用爆破法施工敷设接地线、安装接地极，也不包含高土壤电阻率地区采用换土或化学处理的接地装置及接地电阻的测定工作。

三、户外接地母线敷设按自然地坪和一般土质综合考虑，包含地沟挖填土和夯实工作，执行本子目时不应再计算土方量。如遇有石方、矿渣、积水、障碍物等情况时可另行计算。

四、本章中避雷针的安装、半导体少长针消雷装置安装均已考虑了高空作业因素。

五、高层建筑物屋顶防雷接地装置应执行"避雷网安装"子目，电缆支架的接地线安装应执行户内接地母线敷设子目。

六、利用建筑物底板钢筋作接地板，执行"结构钢筋网接地"子目。

工程量计算规则

一、接地极依据材质、规格，按设计图示数量计算。长度按设计图示长度计算，设计无规定时，每根长度按2.5m计算。若设计有管帽时，管帽另按加工件计算。

二、接地母线、避雷线依据材质、规格，按设计图示尺寸以长度计算。在工程计价时，接地母线、避雷线敷设长度按设计图水平和垂直规定长度另加3.9%的附加长度(包括转弯、上下波动、避绕障碍物、搭接头所占长度)计算。计算主材费时应另增加规定的损耗率。

三、接地跨接线按设计图示数量计算，按规范规定凡需做接地跨接线的工程内容，每跨接一次按一处计算，户外配电装置构架均需接地，每副构架按一处计算。

四、桩承台接地依据桩连接根数，按设计图示数量计算。

五、避雷针依据材质、规格、技术要求(安装部位)，按设计图示数量计算。独立避雷针安装，其长度、安装高度、数量均按设计规定。

六、避雷引下线沿建筑物、构筑物引下按设计图示尺寸以长度计算。

七、避雷引下线利用建筑物内主筋引下按设计图示数量计算，每一柱子内按焊接两根主筋考虑，如果焊接主筋数超过两根时，可按比例调整。

八、均压环敷设按长度计算，系按利用圈梁内主筋做均压环接地连线，焊接按两根主筋考虑，超过两根时，可按比例调整。长度按设计需要做均压接地的圈梁中心线长度，以延长米计算。

九、柱子主筋与圈梁连接按数量计算，每处按两根主筋与两根圈梁钢筋分别焊接连接考虑。如果焊接主筋和圈梁钢筋超过两根时，可按比例调整，需要连接的柱子主筋和圈梁钢筋处数按设计规定计算。

十、钢、铝窗接地(高层建筑六层以上的金属窗设计一般要求接地)，按设计规定接地的金属窗数计算。

十一、断接卡子制作、安装，按设计规定装设的断接卡子数量计算，接地检查井内的断接卡子安装按每井一套计算。

十二、半导体少长针消雷装置依据型号、高度，按设计图示数量计算。

十三、设备防雷装置依据类型，按设计图示数量计算。

一、接地极(板)制作、安装

工作内容： 尖端及加固帽加工、接地极打入地下及埋设、下料、加工、焊接。　　　　　　　　　　　　　　　　　　　　　　　单位：根

编　号			2-822	2-823	2-824	2-825	2-826	2-827	2-828	2-829
项　目			钢管接地极		角钢接地极		圆钢接地极		接地极板	
			普通土	坚土	普通土	坚土	普通土	坚土	铜板	钢板
预算基价	总　价(元)		**103.46**	**110.21**	**78.54**	**85.29**	**63.85**	**90.85**	**570.64**	**506.28**
	人　工　费(元)		83.70	90.45	64.80	71.55	52.65	79.65	459.00	486.00
	材　料　费(元)		3.46	3.46	2.87	2.87	1.94	1.94	111.64	11.22
	机　械　费(元)		16.30	16.30	10.87	10.87	9.26	9.26	—	9.06
组 成 内 容	单位	单价	数　量							
人工　综合工	工日	135.00	0.62	0.67	0.48	0.53	0.39	0.59	3.40	3.60
材料　镀锌扁钢 60×6	t	4531.61	0.00026	0.00026	0.00026	0.00026	0.00013	0.00013	—	—
锯条	根	0.42	1.50	1.50	1.00	1.00	0.17	0.17	—	—
电焊条 E4303 D3.2	kg	7.59	0.20	0.20	0.15	0.15	0.16	0.16	—	0.60
铜焊条 铜107 D3.2	kg	51.27	—	—	—	—	—	—	1.2	—
铜焊粉	kg	40.09	—	—	—	—	—	—	0.12	—
乙炔气	kg	14.66	—	—	—	—	—	—	1.81	—
氧气	m³	2.88	—	—	—	—	—	—	4.2	—
汽油 60#～70#	kg	6.67	—	—	—	—	—	—	1	1
沥青清漆	kg	6.89	0.02	0.02	0.02	0.02	0.01	0.01	—	—
机械　交流弧焊机 21kV·A	台班	60.37	0.27	0.27	0.18	0.18	0.15	0.15	—	0.15
吹风机 4.0m³	台班	20.62	—	—	—	—	0.01	0.01	—	—

二、接地母线敷设

工作内容: 挖地沟、接地线平直、下料、测位、打眼、埋卡子、撇弯、敷设、焊接、回填土夯实、刷漆。

单位:10m

	编　　号			2-830	2-831	2-832	2-833	2-834
	项　　目			户内接地母线敷设	户外接地母线敷设		铜接地绞线敷设	
					截面(mm²以内)			
					200	600	150	250
预算基价	总　　价(元)			**207.28**	**416.17**	**584.29**	**528.84**	**562.59**
	人　工　费(元)			184.95	411.75	575.10	513.00	546.75
	材　料　费(元)			15.69	2.01	3.76	15.84	15.84
	机　械　费(元)			6.64	2.41	5.43	—	—
	组　成　内　容	单位	单价			数　　量		
人工	综合工	工日	135.00	1.37	3.05	4.26	3.80	4.05
材料	镀锌扁钢 60×6	t	4531.61	0.00071	—	—	—	—
	钢管保护管 D40×400	根	4.88	1	—	—	—	—
	镀锌精制带帽螺栓 M16×100以内	套	2.60	1.0	—	—	—	—
	锯条	根	0.42	1	1	1	1	1
	电焊条 E4303 D3.2	kg	7.59	0.21	0.20	—	—	—
	电焊条 E4303 D4	kg	7.58	—	—	0.35	—	—
	铜焊粉	kg	40.09	—	—	—	0.02	0.02
	铜焊条 铜107 D3.2	kg	51.27	—	—	—	0.22	0.22
	沥青清漆	kg	6.89	—	0.01	0.10	—	—
	调和漆	kg	14.11	0.20	—	—	—	—
	棉纱	kg	16.11	0.01	—	—	—	—
	铁砂布 0#～2#	张	1.15	—	—	—	1	1
	乙炔气	kg	14.66	—	—	—	0.10	0.10
	氧气	m³	2.88	—	—	—	0.25	0.25
机械	交流弧焊机 21kV·A	台班	60.37	0.11	0.04	0.09	—	—

注:主要材料为接地母线(包括钢带、铜绞线等)。

三、接地跨接线安装

工作内容： 下料、钻孔、搣弯、敷设、挖填土、固定、刷漆。

单位：10处

编 号			2-835	2-836	2-837
项 目			接地跨接线	构架接地	钢制、铝制窗接地
预算基价	总 价（元）		**132.62**	**2364.31**	**260.85**
	人 工 费（元）		89.10	1857.60	187.65
	材 料 费（元）		32.05	467.47	52.67
	机 械 费（元）		11.47	39.24	20.53
组 成 内 容	单位	单价	数 量		
人工 综合工	工日	135.00	0.66	13.76	1.39
材料 热轧圆盘条 D10以内	kg	1.82	—	—	4.880
镀锌扁钢（综合）	kg	5.32	4.590	72.800	—
低碳钢焊条（综合）	kg	6.01	0.400	1.300	0.710
钢锯条	条	4.33	1.000	10.000	1.000
酚醛调和漆	kg	10.67	—	0.500	—
醇酸防锈漆 C53-1	kg	13.20	0.040	—	0.080
清油	kg	15.06	0.010	—	0.080
铅油	kg	11.17	0.020	—	0.040
镀锌接地线板 40×5×120	个	2.10	—	11.300	—
镀锌接地端子板 双孔	个	3.20	—	—	10.150
机械 交流弧焊机 21kV·A	台班	60.37	0.190	0.650	0.340

四、桩承台接地

编　　　号			2-838	2-839	2-840
项　　　目			3根桩以内连接	7根桩以内连接	10根桩以内连接
预算基价	总　　　价(元)		**306.01**	**433.25**	**636.84**
	人　工　费(元)		197.10	279.45	410.40
	材　料　费(元)		79.51	112.27	165.29
	机　械　费(元)		29.40	41.53	61.15
组　成　内　容	单位	单价	数　　　量		
人工　综合工	工日	135.00	1.46	2.07	3.04
材料　镀锌扁钢（综合）	kg	5.32	11.969	16.901	24.881
低碳钢焊条 J422 D3.2	kg	3.60	1.043	1.472	2.168
钢锯条	条	4.33	2.234	3.155	4.645
铅油	kg	11.17	0.052	0.074	0.108
醇酸防锈漆 C53-1	kg	13.20	0.104	0.147	0.217
清油	kg	15.06	0.030	0.042	0.062
机械　交流弧焊机 21kV·A	台班	60.37	0.487	0.688	1.013

190

五、避雷针制作、安装
1.避雷针制作

工作内容: 下料,针尖、针体加工,挂锡,校正,组焊,刷漆等,不包含底座加工。　　　　　　　　　　　　　　　　　　　　　　**单位:** 根

编　号				2-841	2-842	2-843	2-844	2-845	2-846	2-847
项　目				钢管						圆钢
				避雷针制作(m以内)						
				2	5	7	10	12	14	2
预算基价	总　　价(元)			**125.12**	**287.85**	**320.36**	**364.64**	**412.01**	**473.54**	**104.70**
	人　工　费(元)			94.50	237.60	263.25	301.05	341.55	386.10	82.35
	材　料　费(元)			25.19	26.10	26.92	27.37	28.20	28.88	22.14
	机　械　费(元)			5.43	24.15	30.19	36.22	42.26	58.56	0.21
组 成 内 容		单位	单价	数　　量						
人工	综合工	工日	135.00	0.70	1.76	1.95	2.23	2.53	2.86	0.61
材料	银粉漆	kg	22.81	0.01	0.03	0.04	0.04	0.05	0.05	—
	汽油 60# ～70#	kg	6.67	0.23	0.23	0.25	0.25	0.26	0.26	—
	焊锡丝	kg	60.79	0.2	0.2	0.2	0.2	0.2	0.2	0.2
	焊锡膏 50g瓶装	kg	49.90	0.2	0.2	0.2	0.2	0.2	0.2	0.2
	电焊条 E4303 D4	kg	7.58	0.17	0.23	0.29	0.35	0.42	0.51	—
机械	交流弧焊机 21kV·A	台班	60.37	0.09	0.40	0.50	0.60	0.70	0.97	—
	吹风机 4.0m³	台班	20.62	—	—	—	—	—	—	0.01

注: 主要材料为针尖、针体材料(如钢管、圆钢、铜质针尖等)。

2.避雷针安装

工作内容： 预埋铁件、螺栓或支架,安装固定,补漆等。

单位：根

编　号			2-848	2-849	2-850	2-851	2-852	2-853	2-854	2-855
项　目			装在烟囱上安装高度 (m以内)						装在平屋面上针高 (m以内)	
			25	50	75	100	150	250	2	5
预算基价	总　　价(元)		**151.81**	**385.68**	**517.51**	**635.16**	**887.42**	**1657.03**	**192.44**	**207.29**
	人 工 费(元)		144.45	375.30	504.90	621.00	868.05	1622.70	99.90	114.75
	材 料 费(元)		1.93	2.53	2.95	3.29	4.28	7.16	75.64	75.64
	机 械 费(元)		5.43	7.85	9.66	10.87	15.09	27.17	16.90	16.90
组 成 内 容		单位	单价	数　　量						
人工	综合工	工日	135.00	1.07	2.78	3.74	4.60	6.43	12.02	0.74	0.85
材料	防锈漆 C53-1	kg	13.20	0.02	0.02	0.02	0.02	0.02	0.02	—	—
	铅油	kg	11.17	0.02	0.02	0.01	0.02	0.02	0.02	—	—
	清油	kg	15.06	0.01	0.01	0.02	0.01	0.01	0.01	—	—
	电焊条 E4303 $D4$	kg	7.58	0.17	0.25	0.30	0.35	0.48	0.86	0.56	0.56
	钢肋板 $\delta6$	t	5122.12	—	—	—	—	—	—	0.00416	0.00416
	钢板底座 300×300×6	kg	7.98	—	—	—	—	—	—	4.5	4.5
	地脚螺栓 M16×(150~230)	套	3.44	—	—	—	—	—	—	4.12	4.12
机械	交流弧焊机 21kV·A	台班	60.37	0.09	0.13	0.16	0.18	0.25	0.45	0.28	0.28

工作内容：预埋铁件、螺栓或支架,安装固定,补漆等。

编　号			2-856	2-857	2-858	2-859	2-860	2-861	2-862	2-863
项　目			装在平屋面上针高(m以内)				拉线安装	装在墙上针高(m以内)		
			7 (根)	10 (根)	12 (根)	14 (根)	三根拉线 (组)	2 (根)	5 (根)	7 (根)
预算基价	总　　价(元)		**245.09**	**270.74**	**312.59**	**344.99**	**299.84**	**640.38**	**664.68**	**701.13**
	人　工　费(元)		152.55	178.20	220.05	252.45	222.75	98.55	122.85	159.30
	材　料　费(元)		75.64	75.64	75.64	75.64	77.09	538.21	538.21	538.21
	机　械　费(元)		16.90	16.90	16.90	16.90	—	3.62	3.62	3.62
组　成　内　容	单位	单价	数　　量							
人工	综合工	工日	135.00	1.13	1.32	1.63	1.87	1.65	0.73	0.91	1.18
材料	钢肋板 $\delta6$	t	5122.12	0.00416	0.00416	0.00416	0.00416	—	—	—	—
	钢板底座 300×300×6	kg	7.98	4.5	4.5	4.5	4.5	—	—	—	—
	角钢支架	kg	21.68	—	—	—	—	—	23.8	23.8	23.8
	镀锌钢丝 $D2.8\sim4.0$	kg	6.91	—	—	—	—	2.4	—	—	—
	镀锌精制带帽螺栓 M16×100以内	套	2.60	—	—	—	—	—	8.2	8.2	8.2
	地脚螺栓 M16×(150~230)	套	3.44	4.12	4.12	4.12	4.12	—	—	—	—
	花篮螺栓 M20×300	套	18.11	—	—	—	—	3	—	—	—
	电焊条 E4303 $D4$	kg	7.58	0.560	0.560	0.560	0.560	—	0.120	0.120	0.120
	拉扣	只	1.03	—	—	—	—	3	—	—	—
	拉环	套	1.03	—	—	—	—	3	—	—	—
机械	交流弧焊机 21kV·A	台班	60.37	0.28	0.28	0.28	0.28	—	0.06	0.06	0.06

193

工作内容：预埋铁件、螺栓或支架，安装固定，补漆等。

单位：根

编　号			2-864	2-865	2-866	2-867	2-868	2-869	2-870	2-871	2-872	2-873
项　目			装在墙上			装在金属容器顶上		装在金属容器壁上		装在构筑物上		
			针高（m以内）			针长（m以内）				木杆上	水泥杆上	金属构架上
			10	12	14	3	7	3	7			
预算基价	总　　价（元）		**733.53**	**769.98**	**814.53**	**192.77**	**248.12**	**106.74**	**160.74**	**173.43**	**363.15**	**81.09**
	人　工　费（元）		191.70	228.15	272.70	164.70	220.05	98.55	152.55	103.95	211.95	72.90
	材　料　费（元）		538.21	538.21	538.21	22.64	22.64	2.76	2.76	65.25	132.49	2.76
	机　械　费（元）		3.62	3.62	3.62	5.43	5.43	5.43	5.43	4.23	18.71	5.43
组　成　内　容	单位	单价	数　　量									
人工 综合工	工日	135.00	1.42	1.69	2.02	1.22	1.63	0.73	1.13	0.77	1.57	0.54
材料 圆钢 D10～14	t	3926.88	—	—	—	—	—	—	—	0.00834	0.00963	—
镀锌扁钢抱箍 40×4	副	5.59	—	—	—	—	—	—	—	2.01	2.01	—
普碳钢板 δ4～10	t	3794.50	—	—	—	0.00395	0.00395	—	—	—	0.01701	—
镀锌钢丝 D2.8～4.0	kg	6.91	—	—	—	—	—	—	—	1.3	—	—
镀锌精制带帽螺栓 M16×100以内	套	2.60	8.2	8.2	8.2	—	—	—	—	4.1	4.1	—
角钢支架	kg	21.68	23.8	23.8	23.8	—	—	—	—	—	—	—
电焊条 E4303 D3.2	kg	7.59	—	—	—	—	—	—	—	—	—	0.28
电焊条 E4303 D4	kg	7.58	0.120	0.120	0.120	0.280	0.280	0.280	0.280	0.130	0.134	—
防锈漆 C53-1	kg	13.20	—	—	—	0.04	0.04	0.02	0.02	0.02	0.06	0.02
氧气	m³	2.88	—	—	—	0.46	0.46	—	—	—	0.57	—
乙炔气	kg	14.66	—	—	—	0.20	0.20	—	—	—	0.25	—
铅油	kg	11.17	—	—	—	0.04	0.04	0.02	0.02	0.02	0.06	0.02
清油	kg	15.06	—	—	—	0.02	0.02	0.01	0.01	0.01	0.03	0.01
机械 交流弧焊机 21kV·A	台班	60.37	0.06	0.06	0.06	0.09	0.09	0.09	0.09	0.07	0.31	0.09

注：1. 不包括针体。
　　2. 装在木杆和水泥杆上包括避雷引下线安装。

194

3.独立避雷针安装

工作内容： 组装、焊接、吊装、找正、固定、补漆。

单位：基

编　号				2-874	2-875	2-876	2-877
项　目				独立避雷针安装 高度（m以内）			
				18	24	30	40
预算基价	总　　　价(元)			**1568.14**	**1822.36**	**2010.58**	**2297.45**
	人　工　费(元)			1039.50	1173.15	1291.95	1467.45
	材　料　费(元)			229.65	267.47	301.69	318.56
	机　械　费(元)			298.99	381.74	416.94	511.44
组　成　内　容		单位	单价	数　　量			
人工	综合工	工日	135.00	7.70	8.69	9.57	10.87
材料	圆钢 D15～24	t	3894.21	0.03350	0.03350	0.03350	0.03350
	钢板垫板	t	4954.18	0.006	0.006	0.006	0.006
	镀锌钢丝 D2.8～4.0	kg	6.91	2.5	3.5	5.0	6.5
	镀锌精制带帽螺栓 M16×100以内	套	2.60	6.0	6.0	6.0	6.2
	镀锌精制带帽螺栓 M18×100以内	套	3.66	6.0	12.0	18.0	18.6
	电焊条 E4303 D4	kg	7.58	1.000	1.250	1.500	2.000
	调和漆	kg	14.11	0.5	1.0	1.0	1.0
机械	普通车床 400×1000	台班	205.13	0.13	0.13	0.13	0.13
	载货汽车 5t	台班	443.55	0.2	0.2	0.2	0.3
	汽车式起重机 8t	台班	767.15	0.2	0.3	—	—
	汽车式起重机 12t	台班	864.36	—	—	0.3	—
	汽车式起重机 16t	台班	971.12	—	—	—	0.3
	交流弧焊机 21kV·A	台班	60.37	0.500	0.600	0.700	1.000

注：不包括针体制作。

六、避雷引下线敷设

工作内容：平直、下料、测位、打眼、埋卡子、焊接、固定、刷漆。

编　号			2-878	2-879	2-880	2-881
项　目			利用金属构件引下 （处）	沿建筑物、构筑物引下 （10m）	利用建筑物主筋引下 （根）	断接卡子制作、安装 （10套）
预算基价	总　价（元）		**33.65**	**180.82**	**78.60**	**526.55**
	人　工　费（元）		24.30	152.55	55.35	486.00
	材　料　费（元）		4.52	13.18	7.55	40.46
	机　械　费（元）		4.83	15.09	15.70	0.09
组　成　内　容		单位	单价	数　　量		
人工	综合工	工日	135.00	0.18	1.13	0.41	3.60
材料	圆钢 D5.5～9.0	t	3896.14	—	—	0.00056	—
	镀锌扁钢 40×4	t	4511.48	0.00052	0.00052	—	—
	镀锌扁钢 60×6	t	4531.61	—	—	—	0.00470
	焊接钢管 DN25	t	3850.92	—	0.00103	—	—
	镀锌精制六角带帽螺栓 M10×（14～70）	套	0.91	—	—	—	20.6
	锯条	根	0.42	—	—	0.15	1.00
	电焊条 E4303 D4	kg	7.58	0.150	0.500	0.700	—
	铅油	kg	11.17	0.02	0.07	—	—
	清油	kg	15.06	0.01	0.03	—	—
	防锈漆 C53-1	kg	13.20	0.05	0.14	—	—
机械	台式钻床 D16	台班	4.27	—	—	—	0.02
	交流弧焊机 21kV·A	台班	60.37	0.080	0.250	0.260	—

注：主要材料为引下线。

七、避雷网安装

工作内容：平直、下料、测位、打眼、埋卡子、焊接、固定、刷漆。

编　号			2-882	2-883	2-884	2-885	2-886
项　目			沿混凝土块敷设 （10m）	沿墙板支架敷设 （10m）	混凝土块制作 （10块）	均压环敷设 利用圈梁钢筋 （10m）	柱主筋 与圈梁钢筋焊接 （10处）
预算基价	总　　价（元）		**146.54**	**410.88**	**79.56**	**67.02**	**425.52**
	人　工　费（元）		124.20	367.20	62.10	54.00	337.50
	材　料　费（元）		14.49	27.98	17.46	2.46	33.69
	机　械　费（元）		7.85	15.70	—	10.56	54.33
组 成 内 容	单位	单价	数　量				
人工 综合工	工日	135.00	0.92	2.72	0.46	0.40	2.50
材料 硅酸盐水泥	kg	0.39	0.78	—	18.00	—	—
木材　方木	m³	2716.33	—	—	0.001	—	—
圆钢　$D10\sim14$	t	3926.88	—	—	—	—	0.0045
镀锌扁钢支架　40×3	kg	4.48	—	2.8	—	—	—
扁钢卡子　25×4	kg	6.58	1.36	0.50	—	—	—
圆钉	kg	6.68	—	—	0.05	—	—
防锈漆　C53-1	kg	13.20	0.14	0.16	—	—	—
铅油	kg	11.17	0.07	0.09	—	—	—
清油	kg	15.06	0.03	0.04	—	—	—
砂子	t	87.03	0.003	—	0.043	—	—
碎石　0.5~3.2	t	82.73	—	—	0.039	—	—
锯条	根	0.42	—	2.00	1.00	—	2.00
电焊条　E4303　$D3.2$	kg	7.59	—	1	—	—	2
电焊条　E4303　$D4$	kg	7.58	0.250	—	—	0.325	—
机械 交流弧焊机　21kV·A	台班	60.37	0.130	0.260		0.175	0.900

注：圈梁钢筋焊接按两根钢筋考虑。

八、设备防雷装置安装

工作内容: 开箱、检查、画线、打孔、安装、固定、接线、检验。

单位:个

编 号				2-887	2-888	2-889	2-890
项 目				计算机信号避雷器	总电源避雷器	分电源避雷器	直流电源避雷器
预算基价	总 价(元)			**15.66**	**43.76**	**42.65**	**27.35**
	人 工 费(元)			14.85	40.50	40.50	25.65
	材 料 费(元)			0.81	3.26	2.15	1.70
组 成 内 容		单位	单价	数 量			
人工	综合工	工日	135.00	0.11	0.30	0.30	0.19
材料	棉纱	kg	16.11	0.050	0.050	0.050	0.050
	膨胀螺栓 M6	套	0.44	—	4.080	2.040	1.020
	热缩管 DN50	个	4.42	—	0.150	0.100	0.100

198

九、半导体少长针消雷装置安装

工作内容：组装、吊装、找正、固定、补漆。

单位：套

编　号			2-891	2-892	2-893
项　　目			半导体少长针消雷装置 高度(m以内)		
			60	100	150
预算基价	总　　价(元)		**1445.28**	**1679.51**	**1772.91**
	人　工　费(元)		1188.00	1306.80	1351.35
	材　料　费(元)		51.44	63.95	71.63
	机　械　费(元)		205.84	308.76	349.93
组 成 内 容	单位	单价	数　　量		
人工	综合工	工日	135.00	8.80	9.68	10.01
材料	镀锌精制带帽螺栓 M16×100以内	套	2.60	6.2	6.2	6.2
	棉纱	kg	16.11	1.5	2.0	2.2
	汽油 60#～70#	kg	6.67	1.0	1.5	2.0
	电力复合脂 一级	kg	22.43	0.20	0.25	0.30
机械	卷扬机 单筒慢速 30kN	台班	205.84	1.0	1.5	1.7

注：不包括消雷装置。

十、接地系统测试

工作内容：准备、接线、接地电阻测量。

编　　号				2-894	2-895
项　　目				独立接地装置 6根接地极以内 （组）	接地网 （系统）
预算基价	总　　价（元）			**334.09**	**835.90**
	人　工　费（元）			328.05	820.80
	机　械　费（元）			6.04	15.10
组　成　内　容		单位	单价	数　　量	
人工	综合工	工日	135.00	2.43	6.08
机械	接地电阻检测仪 ET6/3	台班	3.59	1.682	4.206

第十章　10kV以内架空配电线路

说　明

一、本章适用范围：10kV以内架空配电线路的电杆组立和导线架设。

二、本章子目按平原施工条件考虑，其他地形条件下施工，人工费和机械费按地形系数予以调整：丘陵的调整系数为1.20,一般山地、泥沼地带的调整系数为1.60。

三、地形划分的特征：

1.平原：地形比较平坦、地面比较干燥的地带。

2.丘陵：地形有起伏的矮岗、土丘等地带。

3.一般山地：一般山岭或沟谷地带、高原台地等。

4.泥沼地带：经常积水的田地或泥水淤积的地带。

四、全线地形分几种类型时,可按各种类型长度所占百分比求出综合系数进行计算。

五、如冻土厚度大于300mm,冻土层的挖方量按挖坚土子目乘以系数2.50。其他土层仍按土质性质执行基价。

六、线路一次施工工程量按5根以上电杆考虑,如5根以内,人工费和机械费乘以系数1.30。

七、导线跨越架设：

1.每个跨越间距均按50m以内考虑,大于50m且小于100m时按两处计算,依此类推。

2.在同跨越档内,有多种(或多次)跨越物时,应根据跨越物种类分别执行子目。

3.跨越子目仅考虑因跨越而多消耗的人工工日、机械台班和材料,在计算架线工程量时,其跨越档的长度不应扣除。

八、杆上变压器安装不包含变压器调试,抽芯,干燥,接地装置、检修平台、防护栏杆的安装。杆上配电箱安装未包含焊(压)接线端子。

九、双杆横担安装,按横担安装基价乘以系数2.00。

工程量计算规则

一、电杆组立依据材质、规格、类型、地形，按设计图示数量计算。木电杆根部防腐按设计图示数量计算。

二、导线架设：

1.依据型号（材质）、规格、地形，按设计图示尺寸以长度计算。

2.导线架设预留长度按下表规定计算。

导线预留长度表

单位：m/根

项 目 名 称		长 度
高压	转角	2.5
	分支、终端	2.0
低压	分支、终端	0.5
	交叉跳线转角	1.5
与设备连线		0.5
进户线		2.5

注：导线长度按线路总长度和预留长度之和计算。计算主材费时应另增加规定的损耗率。

三、工地运输，是指基价内未计价材料从集中材料堆放点或工地仓库运至杆位上的工程运输，分人力运输和汽车运输。运输量计算公式如下：

$$工程运输量 ＝ 施工图用量 \times (1＋损耗率)$$

$$预算运输质量 ＝ 工程运输量 ＋ 包装物质量（不需要包装的可不计算包装物质量）$$

运输质量可按下表规定计算。

运输质量表

材 料 名 称		单 位	运 输 质 量（kg）	附 注
混凝土制品	人工浇制	m³	2600	包括钢筋
	离心浇制	m³	2860	包括钢筋
线材	导线	kg	$W \times 1.15$	有线盘
	钢绞线	kg	$W \times 1.07$	无线盘
木杆材料		m³	500	包括木横担
金属、绝缘子		kg	$W \times 1.07$	
螺栓		kg	$W \times 1.01$	

注：W 为理论质量。未列入者均按净重计算。

四、电杆坑的土(石)方工程按体积计算。其中:

1. 无底盘、卡盘的电杆坑,其挖方体积按下式计算:

$$V=0.8\times0.8\times h$$

式中 h —— 坑深。

2. 电杆坑的马道土、石方量按每坑0.2m³计算。

3. 施工操作裕度按底拉盘宽度每边增加0.1m。

4. 各类土质的放坡系数按下表规定计算。

各类土质的放坡系数表

土　　　质	普 通 土、水 坑	坚　　　土	松 砂 石	泥水、流沙、岩石
放坡系数	1:0.30	1:0.25	1:0.20	不放坡

5. 杆坑土质按一个坑的主要土质而定,如一个坑大部分为普通土,少量为坚土,则该坑应全部按普通土计算。

6. 带卡盘的电杆坑,如原计算的尺寸不能满足卡盘安装时,因卡盘超长而增加的土(石)方量另计。

五、底盘、卡盘、拉线盘按设计图示数量计算。

六、横担安装按设计图示数量计算,分不同形式和截面。

七、拉线依据规格、形式按设计图示数量计算。基价按单根拉线考虑,若安装V形、Y形或双拼形拉线时,按2根计算。拉线长度按设计全根长度计算,设计无规定时可按下表规定计算。

拉线长度表

单位: m/根

项　　　目		普 通 拉 线	V(Y) 形 拉 线	弓 形 拉 线
杆高(m)	8	11.47	22.94	9.33
	9	12.61	25.22	10.10
	10	13.74	27.48	10.92
	11	15.10	30.20	11.82
	12	16.14	32.28	12.62
	13	18.69	37.38	13.42
	14	19.68	39.36	15.12
水平拉线		26.47		

八、导线跨越架设,包括越线架的搭、拆和越线架的运输以及因跨越(障碍)施工难度而增加的工作量。每个跨越间距按50m以内考虑,大于50m且小于100m时按2处计算,依此类推。在计算架线工程量时,不扣除跨越档的长度。

九、进户线架设依据导线截面,按设计图示长度计算。

十、杆上变配电设备安装,基价内包括杆和钢支架及设备的安装工作,但钢支架主材、连引线、线夹、金具等应按设计规定另行计算,设备的接地安装和调试应按本章相应基价另行计算。

一、电杆组立
1.单 杆

工作内容：立杆、找正、绑地横木、根部刷油、工器具转移。

单位：根

编　号			2-896	2-897	2-898	2-899	2-900	2-901	2-902
项　目			木杆（m以内）			混凝土杆（m以内）			
			9	11	13	9	11	13	15
预算基价	总　价（元）		**59.27**	**84.92**	**117.32**	**156.98**	**208.28**	**292.91**	**392.81**
	人工费（元）		49.95	75.60	108.00	128.25	179.55	256.50	356.40
	材料费（元）		9.32	9.32	9.32	5.72	5.72	5.72	5.72
	机械费（元）		—	—	—	23.01	23.01	30.69	30.69
组成内容	单位	单价	数　量						
人工	综合工	工日	135.00	0.37	0.56	0.80	0.95	1.33	1.90	2.64
材料	酚醛磁漆	kg	14.23	0.02	0.02	0.02	0.02	0.02	0.02	0.02
	镀锌钢丝 $D2.8\sim4.0$	kg	6.91	1.015	1.015	1.015	—	—	—	—
	石油沥青 10#	kg	4.04	0.5	0.5	0.5	—	—	—	—
	木材 方木	m³	2716.33	—	—	—	0.002	0.002	0.002	0.002
机械	汽车式起重机 8t	台班	767.15	—	—	—	0.03	0.03	0.04	0.04

注：主要材料为电杆、地横木。

2.接腿杆

工作内容：木杆加工、接腿、立杆、找正、绑地横木、根部刷油、工器具转移。

单位：根

编　号				2-903	2-904	2-905	2-906	2-907	2-908	2-909
项　目				单腿接杆 （m以内）			双腿接杆 （m以内）	混合接腿杆 （m以内）		
				9	11	13	15	9	11	13
预算基价	总　　价(元)			**215.98**	**242.98**	**275.38**	**512.13**	**163.90**	**190.90**	**224.65**
	人　工　费(元)			183.60	210.60	243.00	453.60	162.00	189.00	222.75
	材　料　费(元)			32.38	32.38	32.38	58.53	1.90	1.90	1.90
组 成 内 容		单位	单价	数　　量						
人工	综合工	工日	135.00	1.36	1.56	1.80	3.36	1.20	1.40	1.65
材料	酚醛磁漆	kg	14.23	0.02	0.02	0.02	0.02	0.02	0.02	0.02
	镀锌钢丝 $D2.8\sim4.0$	kg	6.91	4.060	4.060	4.060	7.610	—	—	—
	石油沥青 $10^{\#}$	kg	4.04	1.0	1.0	1.0	1.4	0.4	0.4	0.4

注：主要材料为木电杆、水泥接腿杆、地横木、圆木、连接铁件及螺栓。

3.撑杆及钢圈焊接

工作内容：木杆加工、根部刷油、立杆、装包箍、焊缝间隙轻微调整、挖焊接操作坑、焊接及焊口清理、钢圈防腐防锈处理、工器具转移。

	编　号			2-910	2-911	2-912	2-913	2-914	2-915	2-916
	项　目			木撑杆（m以内）			混凝土撑杆（m以内）			钢圈焊接（口）
				9（根）	11（根）	13（根）	9（根）	11（根）	13（根）	
预算基价	总　　　价（元）			**145.12**	**216.67**	**292.27**	**203.91**	**256.56**	**369.54**	**191.05**
	人　工　费（元）			125.55	197.10	272.70	180.90	233.55	338.85	166.05
	材　料　费（元）			19.57	19.57	19.57	—	—	—	25.00
	机　械　费（元）			—	—	—	23.01	23.01	30.69	—
	组 成 内 容	单位	单价	数　　　量						
人工	综合工	工日	135.00	0.93	1.46	2.02	1.34	1.73	2.51	1.23
材料	镀锌钢丝 D2.8~4.0	kg	6.91	2.54	2.54	2.54	—	—	—	—
	石油沥青 10#	kg	4.04	0.5	0.5	0.5	—	—	—	—
	调和漆	kg	14.11	—	—	—	—	—	—	0.1
	防锈漆 C53-1	kg	13.20	—	—	—	—	—	—	0.2
	氧气	m³	2.88	—	—	—	—	—	—	1.6
	乙炔气	kg	14.66	—	—	—	—	—	—	0.69
	气焊条 D<2	kg	7.96	—	—	—	—	—	—	0.71
	铁砂布 0#~2#	张	1.15	—	—	—	—	—	—	0.5
机械	汽车式起重机 8t	台班	767.15	—	—	—	0.03	0.03	0.04	—

注：主要材料为撑杆、圆木、连接铁件及螺栓。

209

二、导 线 架 设

工作内容： 线材外观检查、架线盘、放线、直线接头连接、紧线、弛度观测、耐张终端头制作、绑扎、跳线安装。

单位：km

编 号				2-917	2-918	2-919	2-920	2-921	2-922
项 目				裸铝绞线				钢芯铝绞线	
				截面（mm² 以内）					
				35	95	150	240	35	95
预算基价	总 价(元)			**746.94**	**1516.74**	**2282.31**	**3124.54**	**811.32**	**1687.62**
	人 工 费(元)			589.95	1150.20	1814.40	2570.40	650.70	1302.75
	材 料 费(元)			114.66	304.66	393.44	468.39	118.29	322.99
	机 械 费(元)			42.33	61.88	74.47	85.75	42.33	61.88
组 成 内 容		单位	单价	数 量					
人工	综合工	工日	135.00	4.37	8.52	13.44	19.04	4.82	9.65
材料	并沟线夹 JB-1	只	12.08	5.05	—	—	—	5.05	—
	并沟线夹 JB-2	只	23.93	—	5.05	—	—	—	5.05
	并沟线夹 JB-3	只	29.11	—	—	5.05	—	—	—
	并沟线夹 JB-4	只	37.80	—	—	—	5.05	—	—
	铝绑线 D2	m	0.27	80.23	—	—	—	80.23	—
	铝绑线 D3.2	m	1.19	—	100.29	106.97	120.34	—	100.29
	钳接管 JT-35	个	6.24	—	—	—	—	1.01	—
	钳接管 JT-95	个	12.82	—	—	—	—	—	2.02
	钳接管 JT-150～240L	个	28.57	—	—	2.02	2.02	—	—
	钳接管 QL-35	个	2.73	1.01	—	—	—	—	—
	钳接管 QL-95	个	3.79	—	2.02	—	—	—	—
	锯条	根	0.42	0.8	1.0	1.5	2.0	1.0	1.2
	铝包带 1×10	kg	20.99	1.27	2.54	2.71	3.39	1.27	2.54
	棉纱	kg	16.11	0.05	0.06	0.07	0.08	0.05	0.06
	汽油 60#～70#	kg	6.67	0.05	0.05	0.05	0.06	0.05	0.05
	防锈漆 C53-1	kg	13.20	0.05	0.05	0.05	0.05	0.05	0.05
	电力复合脂 一级	kg	22.43	0.02	0.05	0.08	0.10	0.02	0.05
机械	载货汽车 2.5t	台班	347.63	0.10	0.15	0.18	0.20	0.10	0.15
	液压压接机 100t	台班	108.14	0.07	0.09	0.11	0.15	0.07	0.09

注：主要材料为导线、金具、绝缘子。

工作内容：线材外观检查、架线盘、放线、直线接头连接、紧线、弛度观测、耐张终端头制作、绑扎、跳线安装。　　　　　　　　　　　　　　　　　　　　　　**单位**：km

编　　号			2-923	2-924	2-925	2-926	2-927	2-928
项　　目			钢芯铝绞线		绝缘铝绞线			
			截面（mm²以内）					
			150	240	35	95	150	240
预算基价	总　　　价（元）		**2415.29**	**3393.35**	**884.68**	**1719.11**	**2675.38**	**3685.72**
	人　工　费（元）		1965.60	2872.80	650.70	1301.40	1965.60	2872.80
	材　料　费（元）		375.22	434.80	191.65	355.83	635.31	727.17
	机　械　费（元）		74.47	85.75	42.33	61.88	74.47	85.75
组　成　内　容	单位	单价	数　　　量					
人工　综合工	工日	135.00	14.56	21.28	4.82	9.64	14.56	21.28
材料　防锈漆 C53-1	kg	13.20	0.05	0.05	0.05	0.05	0.05	0.05
并沟线夹 JB-1	只	12.08	—	—	5.05	—	—	—
并沟线夹 JB-2	只	23.93	—	—	—	5.05	—	—
并沟线夹 JB-3	只	29.11	5.05	—	—	—	5.05	—
并沟线夹 JB-4	只	37.80	—	5.05	—	—	—	5.05
钳接管 QL-35	个	2.73	—	—	4.04	—	—	—
钳接管 QL-95	个	3.79	—	—	—	6.06	—	—
钳接管 JT-150	个	19.51	2.02	—	—	—	—	—
钳接管 JT-150～240L	个	28.57	—	—	—	—	8.08	8.08
钳接管 JT-240	个	32.68	—	2.02	—	—	—	—
锯条	根	0.42	1.7	2.2	0.8	1.0	1.5	2.0
铁绑线 D2	m	0.42	—	—	79.2	99.0	105.6	118.8
铝绑线 D3.2	m	1.19	106.97	120.34	—	—	—	—
铝包带 1×10	kg	20.99	2.71	1.39	—	—	—	—
自粘性橡胶带 20mm×5m	卷	10.50	—	—	8	16	20	24
棉纱	kg	16.11	0.07	0.08	0.04	0.04	0.05	0.05
汽油 60#～70#	kg	6.67	0.05	0.06	0.04	0.04	0.05	0.05
电力复合脂 一级	kg	22.43	0.08	0.10	0.02	0.02	0.03	0.04
机械　载货汽车 2.5t	台班	347.63	0.18	0.20	0.10	0.15	0.18	0.20
液压压接机 100t	台班	108.14	0.11	0.15	0.07	0.09	0.11	0.15

三、工 地 运 输
1．人 力 运 输

工作内容：线路器材外观检查、绑扎及抬运、卸至指定地点、返回。　　　　　　　　　　　　　　　　　　单位：10t·km

编　　号			2-929	2-930
项　　目			人力运输	
			平均运距200m以内	平均运距200m以外
预算基价	总　　价(元)		**11584.76**	**9123.62**
	人　工　费(元)		11584.76	9123.62
组 成 内 容		单位	单价	数　　量
人工	综合工	工日	113.00	102.52	80.74

212

2.汽 车 运 输

工作内容：线路器材外观检查、装车、支垫、绑扎、运至指定地点、人力卸车、返回。

编　号			2-931	2-932
项　目			汽车运输	
			装卸 （10t）	运输 （10t·km）
预算基价	总　价(元)		**1165.56**	**49.42**
	人　工　费(元)		631.67	33.90
	材　料　费(元)		49.36	—
	机　械　费(元)		484.53	15:52
组 成 内 容	单位	单价	数　量	
人工 综合工	工日	113.00	5.59	0.30
材料 阻燃防火保温草袋片	个	6.00	0.5	—
钢丝绳 D4.5	m	0.70	1	—
型钢	t	3699.72	0.005	—
木材 方木	m³	2716.33	0.01	—
机械 汽车式起重机 8t	台班	767.15	0.25	—
载货汽车 5t	台班	443.55	0.660	0.035

四、土石方工程

工作内容：复测、分坑、挖方、修整、操平、排水、装拆挡土板、岩石打眼、爆破、回填。

单位：10m³

编　号			2-933	2-934	2-935	2-936	2-937	2-938
项　目			普通土	坚土	松砂石	泥水坑	流沙坑	岩石
预算基价	总　　价(元)		**649.49**	**779.44**	**1118.44**	**2682.92**	**3100.19**	**3852.63**
	人　工　费(元)		601.16	731.11	1070.11	1780.88	2151.52	3451.02
	材　料　费(元)		48.33	48.33	48.33	855.41	855.41	401.61
	机　械　费(元)		—	—	—	46.63	93.26	—
组 成 内 容	单位	单价	数　　量					
人工 综合工	工日	113.00	5.32	6.47	9.47	15.76	19.04	30.54
材料 酚醛磁漆	kg	14.23	0.06	0.06	0.06	0.06	0.06	0.06
圆钉	kg	6.68	0.02	0.02	0.02	0.02	0.02	0.02
木桩	个	2.84	16.67	16.67	16.67	16.67	16.67	16.67
木材　方木	m³	2716.33	—	—	—	0.29	0.29	—
镀锌钢丝 $D2.8 \sim 4.0$	kg	6.91	—	—	—	2.8	2.8	—
木炭	kg	4.76	—	—	—	—	—	37.2
炸药　硝铵	kg	4.76	—	—	—	—	—	12.4
雷管	个	1.89	—	—	—	—	—	31
导火索	m	1.89	—	—	—	—	—	31
机械 电动单级离心清水泵 $D100$	台班	34.80	—	—	—	1.34	2.68	—

五、底盘、卡盘、拉盘安装及电杆防腐

工作内容：基坑整理、材料移运、盘安装、操平、找正、卡盘螺栓紧固、工器具转移、木杆根部烧焦涂防腐油。

编　　号			2-939	2-940	2-941	2-942
项　　目			底盘 （块）	卡盘 （块）	拉盘 （块）	木杆根部防腐 （根）
预算基价	总　　　价(元)		**83.70**	**36.45**	**29.70**	**26.48**
	人　工　费(元)		83.70	36.45	29.70	17.55
	材　料　费(元)		—	—	—	8.93
组　成　内　容	单位	单价	数　　　　量			
人工	综合工	工日	135.00	0.62	0.27	0.22	0.13
材料	木柴	kg	1.03	—	—	—	2.00
	石油沥青 10#	kg	4.04	—	—	—	1.70

注：主要材料为混凝土底盘、拉盘、卡盘、拉棒、抱箍、连接螺栓及金具。

六、横 担 安 装

1．10kV 以内横担安装

工作内容：量尺寸、定位、上抱箍、安装横担、支撑及杆顶支座、安装绝缘子。

单位：组

编　号			2-943	2-944	2-945	2-946
项　目			铁、木横担		瓷横担	
			单根	双根	直线杆	承力杆
预算基价	总　价(元)		**49.09**	**76.27**	**30.51**	**60.21**
	人 工 费(元)		44.55	70.20	29.70	59.40
	材 料 费(元)		4.54	6.07	0.81	0.81
组 成 内 容		单位	单价	数　　量		
人工	综合工	工日	135.00	0.33	0.52	0.22	0.44
材料	调和漆	kg	14.11	0.02	0.03	—	—
	棉纱	kg	16.11	0.05	0.05	0.05	0.05
	镀锌钢丝 D2.8~4.0	kg	6.91	0.5	0.7	—	—

注：1.双杆横担安装,基价乘以系数2.00。
　　2.主要材料为横担、绝缘子、连接铁件及螺栓。

216

2．1kV以内横担安装

工作内容：定位、上抱箍、安装支架、横担、支撑及杆顶支座、装瓷瓶。

单位：组

编　号			2-947	2-948	2-949	2-950	2-951	2-952
项　目			二线	四线		六线		瓷横担
				单根	双根	单根	双根	
预算基价	总　　价(元)		**29.50**	**40.99**	**67.93**	**50.44**	**78.97**	**26.46**
	人 工 费(元)		25.65	36.45	58.05	45.90	72.90	25.65
	材 料 费(元)		3.85	4.54	9.88	4.54	6.07	0.81
组 成 内 容	单位	单价	数　　量					
人工 综合工	工日	135.00	0.19	0.27	0.43	0.34	0.54	0.19
材料 调和漆	kg	14.11	0.02	0.02	0.30	0.02	0.03	—
棉纱	kg	16.11	0.05	0.05	0.05	0.05	0.05	0.05
镀锌钢丝 $D2.8\sim4.0$	kg	6.91	0.4	0.5	0.7	0.5	0.7	—

注：主要材料为横担、绝缘子、连接件及螺栓。

3.进户线横担安装

工作内容：测位、画线、打眼、钻孔、横担安装、装瓷瓶及防水弯头。

单位：根

编　号				2-953	2-954	2-955	2-956	2-957	2-958
项　目				一端埋设式			两端埋设式		
				二线	四线	六线	二线	四线	六线
预算基价	总　价(元)			**33.32**	**59.94**	**77.49**	**45.94**	**115.34**	**152.67**
	人　工　费(元)			32.40	49.95	67.50	44.55	49.95	55.35
	材　料　费(元)			0.92	9.99	9.99	1.39	65.39	97.32
组　成　内　容		单位	单价	数　　量					
人工	综合工	工日	135.00	0.24	0.37	0.50	0.33	0.37	0.41
材料	调和漆	kg	14.11	0.02	0.03	0.03	0.02	0.03	0.03
	棉纱	kg	16.11	0.03	0.05	0.05	0.05	0.05	0.05
	合金钢钻头 D16	个	15.13	0.01	0.01	0.01	0.02	0.02	0.02
	镀锌圆钢 D16×1000	t	5093.81	—	0.00105	0.00105	—	—	—
	镀锌铁拉板 40×4×(200～350)	块	6.14	—	—	—	—	8.4	12.6
	镀锌精制六角带帽螺栓 M12×(14～75)	套	1.25	—	1.00	1.00	—	4.08	6.12
	镀锌精制带帽螺栓 M12×150以内	套	1.76	—	—	—	—	4.08	6.12
	地脚螺栓 M12×160	套	1.97	—	1.020	1.020	—	—	—

注：主要材料为横担、绝缘子、防水弯头、支撑铁件及螺栓。

七、拉线制作、安装

工作内容： 拉线长度实测、放线、丈量与截割、装金具、拉线安装、紧线、调节、工器具转移。

单位：根

编　号			2-959	2-960	2-961	2-962	2-963	2-964
项　目			普通拉线 截面(mm²以内)			水平及弓形拉线 截面(mm²以内)		
			35	70	120	35	70	120
预算基价	总　价(元)		**63.21**	**77.18**	**92.38**	**140.16**	**186.53**	**205.78**
	人 工 费(元)		60.75	74.25	89.10	137.70	183.60	202.50
	材 料 费(元)		2.46	2.93	3.28	2.46	2.93	3.28
组 成 内 容	单位	单价	数　量					
人工	综合工	工日	135.00	0.45	0.55	0.66	1.02	1.36	1.50
材料	防锈漆 C53-1	kg	13.20	0.05	0.07	0.08	0.05	0.07	0.08
	镀锌钢丝 D2.8~4.0	kg	6.91	0.23	0.23	0.23	0.23	0.23	0.23
	锯条	根	0.42	0.5	1.0	1.5	0.5	1.0	1.5

注：主要材料为拉线、金具、抱箍。

八、导线跨越及进户线架设

工作内容：导线跨越:跨越架搭拆、架线中的监护转移。进户线架设:放线、紧线、瓷瓶绑扎、压接包头。

编　号				2-965	2-966	2-967	2-968	2-969	2-970	2-971
项　目				导线跨越			进户线架设 截面(mm² 以内)			
				电力、公路、通信线 (处)	铁路 (处)	河流 (处)	35 (100m)	95 (100m)	150 (100m)	240 (100m)
预算基价	总　　　价(元)			**1638.82**	**2192.93**	**1189.85**	**183.98**	**350.11**	**606.18**	**793.88**
	人　工　费(元)			1190.70	1533.60	1116.45	117.45	229.50	363.15	514.35
	材　料　费(元)			403.76	579.49	58.53	66.53	120.61	243.03	279.53
	机　械　费(元)			44.36	79.84	14.87	—	—	—	—
组　成　内　容		单位	单价	数　　量						
人工	综合工	工日	135.00	8.82	11.36	8.27	0.87	1.70	2.69	3.81
材料	脚手杆 杉木 $D100\times6000$	根	135.61	1.94	3.00	0.40	—	—	—	—
	铁绑线 $D2$	m	0.42	—	—	—	9.6	12.0	12.8	14.0
	并沟线夹 JB-1	只	12.08	—	—	—	4.04	—	—	—
	并沟线夹 JB-2	只	23.93	—	—	—	—	4.04	—	—
	并沟线夹 JB-3	只	29.11	—	—	—	—	—	4.04	—
	并沟线夹 JB-4	只	37.80	—	—	—	—	—	—	4.04
	钳接管 QL-35	个	2.73	—	—	—	4.04	—	—	—
	钳接管 QL-95	个	3.79	—	—	—	—	4.04	—	—
	钳接管 JT-150~240L	个	28.57	—	—	—	—	—	4.04	4.04
	镀锌钢丝 $D2.8\sim4.0$	kg	6.91	8.85	10.45	0.62	—	—	—	—
	防护网	m²	24.62	3.23	4.08	—	—	—	—	—
	锯条	根	0.42	—	—	—	1.0	1.2	1.7	2.2
	棉纱	kg	16.11	—	—	—	0.05	0.06	0.07	0.08
	防锈漆 C53-1	kg	13.20	—	—	—	0.05	0.05	0.05	0.05
	汽油 60#~70#	kg	6.67	—	—	—	0.05	0.05	0.05	0.06
	电力复合脂 一级	kg	22.43	—	—	—	0.02	0.05	0.08	0.10
机械	载货汽车 5t	台班	443.55	0.10	0.18	—	—	—	—	—
	船舶 5t	台班	14.87	—	—	1	—	—	—	—

注：主要材料为导线、绝缘子。

九、杆上变配电设备安装

工作内容： 支架、横担、撑铁安装，设备安装固定、检查、调整，油开关注油、配线、接线、接地。

编　号				2-972	2-973	2-974	2-975	2-976	2-977	2-978	2-979	2-980
项　目				变压器容量(kV·A以内)				跌落式熔断器 （组）	避雷器 （组）	隔离开关 （组）	油开关 （台）	配电箱 （台）
				50 （台）	100 （台）	180 （台）	320 （台）					
预算基价	总　　　　价(元)			**1225.56**	**1383.54**	**1691.41**	**2019.55**	**209.83**	**239.78**	**401.60**	**715.64**	**474.79**
	人　工　费(元)			846.45	1001.70	1304.10	1628.10	166.05	180.90	348.30	363.15	425.25
	材　料　费(元)			72.25	74.98	80.45	84.59	43.78	58.88	53.30	45.63	47.73
	机　械　费(元)			306.86	306.86	306.86	306.86	—	—	—	306.86	1.81
组　成　内　容		单位	单价	数　　量								
人工	综合工	工日	135.00	6.27	7.42	9.66	12.06	1.23	1.34	2.58	2.69	3.15
材料	镀锌圆钢 D10～14	t	4798.48	0.00402	0.00402	0.00402	0.00402	0.00402	0.00402	0.00402	0.00402	0.00402
	钢板垫板	t	4954.18	0.00408	0.00408	0.00408	0.00408	—	—	—	—	—
	镀锌钢丝 D2.8～4.0	kg	6.91	1	1	1	1	—	—	—	—	—
	镀锌精制六角带帽螺栓 M12×（14～75）	套	1.25	—	—	—	—	6.1	2.0	—	—	6.1
	镀锌精制带帽螺栓 M16×100以内	套	2.60	4.1	4.1	4.1	4.1	3.1	9.2	8.1	4.1	—
	镀锌接地线板 40×5×120	个	2.10	—	—	—	—	—	2.08	—	—	—
	锯条	根	0.42	1.5	1.5	1.5	1.5	1.0	1.0	1.0	1.0	1.0
	铁绑线 D2	m	0.42	—	—	—	—	3.6	3.6	3.6	3.6	—
	塑料软管 D8	m	0.60	—	—	—	—	—	—	—	—	17.5
	调和漆	kg	14.11	0.5	0.6	0.8	1.0	0.2	0.2	0.4	0.5	0.4
	防锈漆 C53-1	kg	13.20	0.2	0.3	0.5	0.6	0.1	0.1	0.2	0.3	0.2
	汽油 60#～70#	kg	6.67	0.15	0.15	0.15	0.15	—	—	—	—	—
	棉纱	kg	16.11	0.1	0.1	0.1	0.1	0.1	0.1	0.1	0.1	0.1
	电力复合脂 一级	kg	22.43	0.10	0.10	0.10	0.10	0.05	0.05	0.05	0.05	—
机械	汽车式起重机 8t	台班	767.15	0.4	0.4	0.4	0.4	—	—	—	0.4	—
	交流弧焊机 21kV·A	台班	60.37	—	—	—	—	—	—	—	—	0.03

注：1.主要材料为台架铁件、连引线、瓷瓶、金具、接线端子、熔断器等。
　　2.未包括内容有变压器干燥、接地装置、检修平台、防护栏杆的安装。
　　3.配电箱未包括焊(压)接线端子。

第十一章　电气调整试验

说　　明

一、本章适用范围：电力变压器系统、送配电装置系统、特殊保护装置（距离保护、高频保护、失灵保护、失磁保护、交流器断线保护、小电流接地保护）、自动投入装置、电动机及普通桥式起重机电气系统等的电气设备的本体试验和主要设备分系统调试工程。

二、本章内容包含电气设备的本体试验和主要设备的分系统调试。成套设备的整套启动调试按专业子目另行计算。主要设备的分系统内所含的电气设备元件的本体试验已包含在该分系统调试子目之内。如变压器的系统调试中已包含该系统中的变压器、互感器、开关、仪表和继电器等一、二次设备的本体调试和回路试验。绝缘子和电缆等单体试验只在单独试验时使用，不得重复计算。

三、变压器系统调试，以每个电压侧有一台断路器为准。多于一个断路器按相应电压等级的送配电设备系统调试的相应基价，另行计算。

四、干式变压器、油浸电抗器调试，执行相应容量变压器调试基价乘以系数0.80。

五、供电桥回路的断路器、母线分段断路器，均按独立的送配电设备系统计算调试费。

六、送配电设备系统调试适用于各种供电回路（包括照明供电回路）的系统调试。凡供电回路中带有仪表、继电器、电磁开关等调试元件的（不包括闸刀开关、保险器），均按调试系统计算。移动式电器和以插座连接的家电设备业经厂家调试合格，不需要用户自调的设备均不应计算调试费用。

七、送配电设备调试中的1kV以内子目适用于所有低压供电回路，如从低压配电装置至分配电箱的供电回路；但从配电箱直接至电动机的供电回路已包含在电动机的系统调试子目内。送配电设备系统调试包含系统内的电缆试验、瓷瓶耐压等全套调试工作。供电桥回路中的断路器、母线分段断路器均作为独立供电系统计算。子目均按一个系统一侧配一台断路器考虑。若两侧均有断路器，按两个系统计算。如果分配电箱内只有刀开关、熔断器等不含调试元件的供电回路，则不再作为调试系统计算。

八、本章中子目系按新的合格设备考虑，不包含设备的烘干处理和设备本身缺陷造成的元件更换修理和修改，亦未考虑因设备元件质量低劣对调试工作造成的影响。如遇以上情况，应另行计算。经修配改或拆迁的旧设备调试，基价乘以系数1.10。

九、本章中只限电气设备自身系统的调整试验。未包含电气设备带动机械设备的试运工作，如发生，应按该专业有关基价另行计算。

十、调试基价中不包含试验设备、仪器仪表的场外转移费用。

十一、调试基价按现行施工技术验收规范编制，凡现行规范（指子目编制时的规范）未包含的新调试项目和调试内容均应另行计算。

十二、调试基价中已包含熟悉资料、核对设备、填写试验记录、保护整定值的整定和调试报告的整理工作。

十三、电力变压器如有"带负荷调压装置"，调试子目乘以系数1.12。三卷变压器、整流变压器、电炉变压器调试按同容量的电力变压器调试子目乘以系数1.20。3～10kV母线调试含一组电压互感器，1kV以内母线系统调试子目不含电压互感器，适用于低压配电装置的各种母线（包含软母线）的调试。

十四、电力变压器系统调试未包含避雷器、自动装置、特殊保护装置和接地装置的调试。

十五、送配电装置系统调试未包含特殊保护装置的调试。如断路器为六氟化硫或空气断路器，基价乘以系数1.30。

十六、一般住宅、学校、办公楼、旅馆、商店等民用电气工程供电调试应按下列规定：

1.配电室内带有调试元件的盘、箱、柜和带有调试元件的照明主配电箱，应按供电方式执行相应的"配电设备系统调试"。

2.每个用户房间的配电箱(板)上虽装有电磁开关等调试元件,但如果生产厂家已按固定的常规参数调整好,不需要安装单位进行调试就可直接投入使用的,不得计取调试费用。

3.民用电度表的调整校验属于供电部门的专业管理,一般皆由用户向供电局订购调试完毕的电度表,不得另外计算调试费用。

十七、高标准的高层建筑、高级宾馆、大会堂、体育馆等具有较高控制技术的电气工程(包括照明工程),应按控制方式执行相应的电气调试基价。

十八、特殊保护装置调试的所有保护装置均以构成一个保护回路为一套。故障录波器执行失灵保护子目。电机定子接地保护、负序反时限保护执行失磁保护子目。

十九、自动投入装置调试基价的双侧电源自动重合闸按同期考虑。

二十、事故照明切换装置调试为装置本体调试,不包含供电回路调试。

二十一、高压电气除尘系统调试,按一台升压变压器,一台机械整流器及附属设备为一个系统计算分别按除尘器平方米范围执行基价。

二十二、直流可控硅调速电机调试内容包括可控硅整流装置系统和电机控制回路系统两个部分的调试。

二十三、交流变频调速电动机调试内容包括变频装置系统和交流电动机控制回路系统两个部分的调试。

二十四、微型电机系指功率在0.75kW以内的电机,不分类别,一律执行微电机综合调试基价。电机功率在0.75kW以外的电机调试应按电机类别和功率分别执行相应调试基价。

二十五、直流电动机调试的直流电动机系指用普通开关直接控制的直流电动机,励磁机调试也适用本子目。

二十六、一般可控硅调速电机调试的可逆电机调速系统调试,基价乘以系数1.30。

二十七、全数字式控制可控硅调速电机调试的可逆电机调速系统调试,基价乘以系数1.30,不包含计算机系统的调试。

二十八、低压交流异步电动机调试,如为可调试控制的电机(带一般调速的电机、可逆式控制、带能耗制动的电机、多速电机、降压起动电机等),按相应基价乘以系数1.30。电动机调试子目的每一系统是按一台电动机考虑的,如一控制回路有两台以上电机时,每增加一台电机调试子目增加20%。

二十九、交流变频调速电动机调试如为微机控制的交流变频调速装置调试,相应基价乘以系数1.25,微机本身调试另计。

三十、电机连锁装置调试未包含电机及其起动控制设备的调试。

三十一、普通桥式起重机电气调试基价未包含电源滑触线、连锁开关、电源开关的调试工作,发生时应执行1kV以下供电系统调试。

工程量计算规则

一、特殊保护装置,均以构成一个保护回路为一套,其工程量计算规定如下(特殊保护装置未包括在各系统调试基价之内,应另行计算):

1.发电机转子接地保护,按全厂发电机共用一套考虑。

2.距离保护,按设计规定所保护的送电线路断路器台数计算。

3.高频保护,按设计规定所保护的送电线路断路器台数计算。

4.零序保护,按发电机、变压器、电动机的台数或送电线路断路器的台数计算。

5.故障录波器的调试,以一块屏为一套系统计算。

6.失灵保护,按设置该保护的断路器台数计算。

7.失磁保护,按所保护的电机台数计算。

8.变流器的断线保护,按变流器台数计算。

9.小电流接地保护,按装设该保护的供电回路断路器台数计算。

10.保护检查及打印机调试,按构成该系统的完整回路为一套计算。

二、自动装置及信号系统调试,均包括继电器、仪表等元件本身和二回路的调整试验,具体规定如下:

1.备用电源自动投入装置,按连锁机构的个数确定备用电源自投装置系统数。一个备用厂用变压器作为三段厂用工作母线备用的厂用电源,计算备用电源自投调试时,应为三个系统。装设自动投入装置的两条互为备用的线路或两台变压器,计算备用电源自动投入装置调试时,应为两个系统。备用电动机自动投入装置亦按此计算。

2.线路自动重合闸调试系统,按采用自动重合闸装置的线路自动断路器的台数计算系统数。

3.自动调频装置的调试,以一台发电机为一个系统。

4.同期装置调试,按设计构成一套能完成同期并车行为的装置为一个系统计算。

5.蓄电池及直流监视系统调试,一组蓄电池按一个系统计算。

6.事故照明切换装置调试,按设计凡能完成交直流切换的,一套装置为一个调试系统计算。

7.按周波减负荷装置调试,凡有一个周率继电器,不论带几个回路,均按一个调试系统计算。

8.变送器屏,以屏的个数计算。

9.中央信号装置调试,按每一个变电所或配电室为一个调试系统计算工程量。

三、避雷器、电容器的调试,按每三相为一组计算;单个装设的亦按一组计算,上述设备如设置在发电机,变压器,输、配电线路的系统或回路内,仍应按相应基价另外计算调试费用。

四、硅整流装置调试,按一套硅整流装置为一个系统计算。

五、电力变压器系统依据型号、容量(kV·A),按设计图示数量计算。

六、送配电装置系统依据型号、电压等级(kV)，按设计图示数量计算。

七、自动投入装置依据类型，按设计图示数量计算。

八、中央信号装置、事故照明切换装置、不间断电源依据类型，按设计图示数量计算。

九、母线依据电压等级，按设计图示数量计算。

十、避雷器、电容器依据电压等级，按设计图示数量计算。

十一、电抗器、消弧线圈、电除尘器依据名称、型号、规格，按设计图示数量计算。

十二、硅整流设备、可控硅整流装置依据名称、型号、电流(A)，按设计图示数量计算。

十三、普通小型直流电动机、可控硅调速直流电动机依据名称、型号、容量(kW)、类型，按设计图示数量计算。

十四、普通交流同步电动机依据名称、型号、容量(kW)、起动方式，按设计图示数量计算。

十五、低压交流异步电动机依据名称、型号、类别、控制保护方式，按设计图示数量计算。

十六、高压交流异步电动机依据名称、型号、容量(kW)、保护类别，按设计图示数量计算。

十七、交流变频调速电动机依据名称、型号、容量(kW)，按设计图示数量计算。

十八、微型电机、电磁阀、电加热器依据名称、型号、规格，按设计图示数量计算。

十九、电动机组、连锁装置依据名称、型号、电动机台数、连锁台数，按设计图示数量计算。

二十、备用励磁机组依据型号、规格，按设计图示数量计算。

二十一、绝缘子按设计图示数量计算。

二十二、穿墙套管按设计图示数量计算。

二十三、电力电缆按设计图示数量计算。

二十四、普通桥式起重机依据型号、起重量(t)，按设计图示数量计算。

一、电力变压器系统调试

工作内容： 变压器、断路器、互感器、隔离开关、风冷及油循环冷却系统电气装置、常规保护装置等一、二次回路的调试及空投试验。　　　　　　　　　**单位：** 系统

编　号			2-981	2-982	2-983	2-984	2-985	2-986
项　目			10kV以内变压器 容量（kV•A以内）					
			800	2000	4000	8000	20000	40000
预算基价	总　　价（元）		**1303.03**	**3293.47**	**3523.29**	**4021.92**	**4826.30**	**6588.98**
	人　工　费（元）		857.25	2166.75	2317.95	2646.00	3175.20	4334.85
	材　料　费（元）		17.15	43.34	46.36	52.92	63.50	86.70
	机　械　费（元）		428.63	1083.38	1158.98	1323.00	1587.60	2167.43
组　成　内　容		单位	单价	数　　量					
人工	综合工	工日	135.00	6.35	16.05	17.17	19.60	23.52	32.11
材料	调试材料费	元	—	17.15	43.34	46.36	52.92	63.50	86.70
机械	调试机械费	元	—	428.63	1083.38	1158.98	1323.00	1587.60	2167.43

注：不包括避雷器、自动装置、特殊保护装置和接地装置的调试。

二、送配电装置系统调试

工作内容： 自动开关或断路器、隔离开关、常规保护装置、电力电缆等一、二次回路系统的调试。

单位：系统

编　号			2-987	2-988	2-989	2-990	2-991	2-992
项　目			1kV以内交流供电	10kV以内交流供电			直流供电（V以内）	
				负荷隔离开关	断路器	带电抗器	500	1650
预算基价	总　价（元）		**379.63**	**656.64**	**923.40**	**1190.16**	**765.40**	**1313.28**
	人　工　费（元）		249.75	432.00	607.50	783.00	503.55	864.00
	材　料　费（元）		5.00	8.64	12.15	15.66	10.07	17.28
	机　械　费（元）		124.88	216.00	303.75	391.50	251.78	432.00
组　成　内　容	单位	单价	数　量					
人工　综合工	工日	135.00	1.85	3.20	4.50	5.80	3.73	6.40
材料　调试材料费	元	—	5.00	8.64	12.15	15.66	10.07	17.28
机械　调试机械费	元	—	124.88	216.00	303.75	391.50	251.78	432.00

注：1.不包括特殊保护装置的调试。

　　2.当断路器为六氟化硫断路器时，基价乘以系数1.30。

230

三、特殊保护装置调试

工作内容： 保护装置本体及二次回路的调整试验。

单位：套

编 号			2-993	2-994	2-995	2-996	2-997	2-998	2-999	2-1000
项 目			距离保护	高频保护	失灵保护	电机失磁保护	变流器断线保护	小电流接地保护	电机转子接地	保护检查及打印机
预算基价	总 价(元)		**7592.40**	**9028.80**	**5745.60**	**1026.00**	**2872.80**	**5335.20**	**1436.40**	**3898.80**
	人 工 费(元)		4995.00	5940.00	3780.00	675.00	1890.00	3510.00	945.00	2565.00
	材 料 费(元)		99.90	118.80	75.60	13.50	37.80	70.20	18.90	51.30
	机 械 费(元)		2497.50	2970.00	1890.00	337.50	945.00	1755.00	472.50	1282.50
组 成 内 容	单位	单价	数 量							
人工 综合工	工日	135.00	37.00	44.00	28.00	5.00	14.00	26.00	7.00	19.00
材料 调试材料费	元	—	99.90	118.80	75.60	13.50	37.80	70.20	18.90	51.30
机械 调试机械费	元	—	2497.50	2970.00	1890.00	337.50	945.00	1755.00	472.50	1282.50

注：1. 所有保护装置，均以构成一个保护回路为一套。
    2. 故障录波器套用失灵保护子目。
    3. 电机定子接地保护、负序反时保护套用失磁保护子目。

四、自动投入装置调试

工作内容： 自动装置、继电器及控制回路的调整试验。

单位：系统

编　号			2-1001	2-1002	2-1003	2-1004	2-1005	2-1006	2-1007	2-1008
项　目			备用电源自投装置	备用电机自投装置	线路自动重合闸		综合重合闸	自动调频	同期装置	
					单侧电源	双侧电源			自动	手动
预算基价	总　价(元)		**636.12**	**266.76**	**574.56**	**1149.12**	**1682.64**	**2585.52**	**2913.84**	**1395.36**
	人　工　费(元)		418.50	175.50	378.00	756.00	1107.00	1701.00	1917.00	918.00
	材　料　费(元)		8.37	3.51	7.56	15.12	22.14	34.02	38.34	18.36
	机　械　费(元)		209.25	87.75	189.00	378.00	553.50	850.50	958.50	459.00
组 成 内 容		单位	单价	数　量						
人工	综合工	工日	135.00	3.10	1.30	2.80	5.60	8.20	12.60	14.20	6.80
材料	调试材料费	元	—	8.37	3.51	7.56	15.12	22.14	34.02	38.34	18.36
机械	调试机械费	元	—	209.25	87.75	189.00	378.00	553.50	850.50	958.50	459.00

注：双侧电源自动重合闸是按同期考虑的。

232

五、中央信号装置、事故照明切换装置、不间断电源调试

工作内容：装置本体及控制回路系统的调整试验。

编　号			2-1009	2-1010	2-1011	2-1012	2-1013	2-1014	2-1015	2-1016	2-1017
项　目			中央信号装置		直流盘监视	变送器屏	事故照明切换	不间断电源 容量（kV·A以内）			按周波 减负荷装置
			变电所 （系统）	配电室 （系统）	（台）	（台）	（台）	100 （系统）	300 （系统）	600 （系统）	（系统）
预算基价	总　　价(元)		6156.00	4104.00	2667.60	10054.80	615.60	12312.00	15800.40	20314.80	3488.40
	人　工　费(元)		4050.00	2700.00	1755.00	6615.00	405.00	8100.00	10395.00	13365.00	2295.00
	材　料　费(元)		81.00	54.00	35.10	132.30	8.10	162.00	207.90	267.30	45.90
	机　械　费(元)		2025.00	1350.00	877.50	3307.50	202.50	4050.00	5197.50	6682.50	1147.50
组成内容	单位	单价	数　　量								
人工	综合工	工日	135.00	30.00	20.00	13.00	49.00	3.00	60.00	77.00	99.00	17.00
材料	调试材料费	元	—	81.00	54.00	35.10	132.30	8.10	162.00	207.90	267.30	45.90
机械	调试机械费	元	—	2025.00	1350.00	877.50	3307.50	202.50	4050.00	5197.50	6682.50	1147.50

注：事故照明切换装置调试为装置本体调试,不包括供电回路调试。

六、母线、避雷器、电容器调试

工作内容：母线耐压试验,接触电阻测量,避雷器、母线绝缘监视装置,电测量仪表及一、二次回路的调试。

	编　号			2-1018	2-1019	2-1020	2-1021	2-1022
				母线系统 （kV以内）		避雷器 （kV以内）	电容器 （kV以内）	
	项　目			1 （段）	10 （段）	10 （组）	1 （组）	10 （组）
预算基价	总　　价(元)			**615.60**	**2257.20**	**1231.20**	**615.60**	**1231.20**
	人　工　费(元)			405.00	1485.00	810.00	405.00	810.00
	材　料　费(元)			8.10	29.70	16.20	8.10	16.20
	机　械　费(元)			202.50	742.50	405.00	202.50	405.00
组　成　内　容		单位	单价	**数　　量**				
人工	综合工	工日	135.00	3.00	11.00	6.00	3.00	6.00
材料	调试材料费	元	—	8.10	29.70	16.20	8.10	16.20
机械	调试机械费	元	—	202.50	742.50	405.00	202.50	405.00

注：1.不包括特殊保护装置的调试。
　　2.避雷器每三相为一组。

234

七、电抗器、消弧线圈及电除尘器调试

工作内容：电抗器、消弧线圈的直流电阻测试,耐压试验,高压静电除尘装置本体及一、二次回路的调试。

编　号				2-1023	2-1024	2-1025	2-1026	2-1027
项　目				电抗器、消弧线圈		电除尘器(m²以内)		
				干式 (台)	油浸式 (台)	60 (组)	100 (组)	200 (组)
预算基价	总　　价(元)			**1231.20**	**1641.60**	**9849.60**	**16005.60**	**20930.40**
	人　工　费(元)			810.00	1080.00	6480.00	10530.00	13770.00
	材　料　费(元)			16.20	21.60	129.60	210.60	275.40
	机　械　费(元)			405.00	540.00	3240.00	5265.00	6885.00
组　成　内　容		单位	单价	数　　量				
人工	综合工	工日	135.00	6.00	8.00	48.00	78.00	102.00
材料	调试材料费	元	—	16.20	21.60	129.60	210.60	275.40
机械	调试机械费	元	—	405.00	540.00	3240.00	5265.00	6885.00

235

八、硅整流设备及可控硅整流装置调试

工作内容： 开关、调压设备、整流变压器、硅整流设备及一、二次回路的调试,可控硅控制系统调试。　　　　　　　　　　　　　　　　　　　　　　　　　　**单位：系统**

编　号			2-1028	2-1029	2-1030	2-1031	2-1032	2-1033	2-1034	2-1035
项　目			一般硅整流（A以内）		电解硅整流（A以内）		可控硅整流装置（A以内）			
			36	220	1000	6000	100	500	1000	2000
预算基价	总　　价（元）		**2257.20**	**3488.40**	**2667.60**	**6156.00**	**3898.80**	**4514.40**	**6156.00**	**6566.40**
	人　工　费（元）		1485.00	2295.00	1755.00	4050.00	2565.00	2970.00	4050.00	4320.00
	材　料　费（元）		29.70	45.90	35.10	81.00	51.30	59.40	81.00	86.40
	机　械　费（元）		742.50	1147.50	877.50	2025.00	1282.50	1485.00	2025.00	2160.00
组 成 内 容	单位	单价	数　　量							
人工　综合工	工日	135.00	11.00	17.00	13.00	30.00	19.00	22.00	30.00	32.00
材料　调试材料费	元	—	29.70	45.90	35.10	81.00	51.30	59.40	81.00	86.40
机械　调试机械费	元	—	742.50	1147.50	877.50	2025.00	1282.50	1485.00	2025.00	2160.00

注：整流设备及可控硅整流装置基价均按一台考虑。

九、普通小型直流电动机调试

工作内容：直流电动机或励磁机、控制开关、隔离开关、电缆、保护装置及一、二次回路的调试。　　　　　　　　　　　　　　　　　　　　　　　　　单位：台

编　号				2-1036	2-1037	2-1038	2-1039	2-1040
项　目				普通小型直流电动机（kW以内）				
				13	30	100	200	300
预算基价	总　　价（元）			**1436.40**	**2052.00**	**3078.00**	**3898.80**	**4719.60**
	人　工　费（元）			945.00	1350.00	2025.00	2565.00	3105.00
	材　料　费（元）			18.90	27.00	40.50	51.30	62.10
	机　械　费（元）			472.50	675.00	1012.50	1282.50	1552.50
组　成　内　容		单位	单价	数　　量				
人工	综合工	工日	135.00	7.00	10.00	15.00	19.00	23.00
材料	调试材料费	元	—	18.90	27.00	40.50	51.30	62.10
机械	调试机械费	元	—	472.50	675.00	1012.50	1282.50	1552.50

注：1.直流电动机系指用普通开关直接控制的直流电动机。
　　2.励磁机调试亦适用本子目。

237

十、可控硅调速电动机系统调试

1. 一般可控硅调速电动机调试

工作内容：控制调节器的开环、闭环调试,可控硅整流装置调试,直流电动机及整组试验,快速开关、电缆及一、二次回路的调试。

单位：系统

编　号			2-1041	2-1042	2-1043	2-1044	2-1045	2-1046	2-1047	2-1048
项　目			一般可控硅调速电动机(kW以内)							
			50	100	250	500	1000	2000	3500	5000
预算基价	总　　价(元)		**7387.20**	**10875.60**	**12517.20**	**15595.20**	**19083.60**	**24624.00**	**34884.00**	**41860.80**
	人　工　费(元)		4860.00	7155.00	8235.00	10260.00	12555.00	16200.00	22950.00	27540.00
	材　料　费(元)		97.20	143.10	164.70	205.20	251.10	324.00	459.00	550.80
	机　械　费(元)		2430.00	3577.50	4117.50	5130.00	6277.50	8100.00	11475.00	13770.00

组 成 内 容	单位	单价	数　　　量							
人工　综合工	工日	135.00	36.00	53.00	61.00	76.00	93.00	120.00	170.00	204.00
材料　调试材料费	元	—	97.20	143.10	164.70	205.20	251.10	324.00	459.00	550.80
机械　调试机械费	元	—	2430.00	3577.50	4117.50	5130.00	6277.50	8100.00	11475.00	13770.00

238

2.全数字式控制可控硅调速电动机调试

工作内容：微机配合电气系统调试,可控硅整流装置调试,直流电动机及整组试验,快速开关、电缆及一、二次回路的调试。　　　　　　　　　　　　　　　　**单位**：系统

	编　号			2-1049	2-1050	2-1051	2-1052	2-1053	2-1054	2-1055	2-1056
	项　目			全数字式控制可控硅调速电动机(kW以内)							
				50	100	250	500	1000	2000	3500	5000
预算基价	总　　价(元)			**8618.40**	**12517.20**	**14364.00**	**18057.60**	**21956.40**	**28317.60**	**37346.40**	**43502.40**
	人　工　费(元)			5670.00	8235.00	9450.00	11880.00	14445.00	18630.00	24570.00	28620.00
	材　料　费(元)			113.40	164.70	189.00	237.60	288.90	372.60	491.40	572.40
	机　械　费(元)			2835.00	4117.50	4725.00	5940.00	7222.50	9315.00	12285.00	14310.00
组　成　内　容		单位	单价	数　　量							
人工	综合工	工日	135.00	42.00	61.00	70.00	88.00	107.00	138.00	182.00	212.00
材料	调试材料费	元	—	113.40	164.70	189.00	237.60	288.90	372.60	491.40	572.40
机械	调试机械费	元	—	2835.00	4117.50	4725.00	5940.00	7222.50	9315.00	12285.00	14310.00

注：1.可逆电动机调速系统基价乘以系数1.30。
　　2.不包括计算机系统的调试。

十一、普通交流同步电动机调试

工作内容: 电动机、励磁机、断路器、保护装置、起动设备和一、二次回路的调试。

单位:台

编 号			2-1057	2-1058	2-1059	2-1060	2-1061	2-1062	2-1063	2-1064
项 目			10kV以内电动机直接起动(kW以内)			10kV以内电动机降压起动(kW以内)			380V同步电动机	
			500	1000	4000	1000	2000	4000	直接起动	降压起动
预算基价	总 价(元)		**6156.00**	**8413.20**	**13132.80**	**11080.80**	**14979.60**	**17031.60**	**2667.60**	**3898.80**
	人 工 费(元)		4050.00	5535.00	8640.00	7290.00	9855.00	11205.00	1755.00	2565.00
	材 料 费(元)		81.00	110.70	172.80	145.80	197.10	224.10	35.10	51.30
	机 械 费(元)		2025.00	2767.50	4320.00	3645.00	4927.50	5602.50	877.50	1282.50
组 成 内 容	单位	单价	数 量							
人工 综合工	工日	135.00	30.00	41.00	64.00	54.00	73.00	83.00	13.00	19.00
材料 调试材料费	元	—	81.00	110.70	172.80	145.80	197.10	224.10	35.10	51.30
机械 调试机械费	元	—	2025.00	2767.50	4320.00	3645.00	4927.50	5602.50	877.50	1282.50

240

十二、低压交流异步电动机调试

工作内容:电动机、开关、保护装置、电缆等及一、二次回路的调试。

单位:台

编 号				2-1065	2-1066	2-1067	2-1068	2-1069	2-1070	2-1071
项 目				低压笼型电动机(控制保护类型)				低压绕线型电动机(控制保护类型)		
				刀开关控制	电磁控制	非电量连锁	带过流保护	电磁控制	速断、过流保护	反时限过流保护
预算基价	总 价(元)			**410.40**	**820.80**	**1026.00**	**1641.60**	**2257.20**	**3283.20**	**3898.80**
	人 工 费(元)			270.00	540.00	675.00	1080.00	1485.00	2160.00	2565.00
	材 料 费(元)			5.40	10.80	13.50	21.60	29.70	43.20	51.30
	机 械 费(元)			135.00	270.00	337.50	540.00	742.50	1080.00	1282.50
组 成 内 容		单位	单价	数 量						
人工	综合工	工日	135.00	2.00	4.00	5.00	8.00	11.00	16.00	19.00
材料	调试材料费	元	—	5.40	10.80	13.50	21.60	29.70	43.20	51.30
机械	调试机械费	元	—	135.00	270.00	337.50	540.00	742.50	1080.00	1282.50

注:1.可调试控制的电动机(带一般调速的电动机,可逆式控制、带能耗制动的电动机、多速机、降压启动电动机等)按相应基价乘以系数1.30。
2.电动机调试基价的每一系统是按一台电动机考虑的。如一个控制回路有两台以上电动机时,每增加一台电动机调试基价乘以系数1.20。

十三、高压交流异步电动机调试

工作内容:电动机、断路器、互感器、保护装置、电缆等及一、二次回路的调试。

单位:台

编　号			2-1072	2-1073	2-1074	2-1075	2-1076	2-1077	2-1078	2-1079	2-1080
项　目			10kV以内电动机一次设备调试(kW以内)						电动机二次设备及回路调试		
			350	780	1600	4000	6300	8000	差动过流保护	反时限过流保护	速断过流常规保护
预算基价	总　　价(元)		**1641.60**	**1846.80**	**2257.20**	**2667.60**	**3283.20**	**3898.80**	**6361.20**	**5130.00**	**4104.00**
	人　工　费(元)		1080.00	1215.00	1485.00	1755.00	2160.00	2565.00	4185.00	3375.00	2700.00
	材　料　费(元)		21.60	24.30	29.70	35.10	43.20	51.30	83.70	67.50	54.00
	机　械　费(元)		540.00	607.50	742.50	877.50	1080.00	1282.50	2092.50	1687.50	1350.00
组　成　内　容		单位	单价	数　　量							
人工	综合工	工日	135.00	8.00	9.00	11.00	13.00	16.00	19.00	31.00	25.00	20.00
材料	调试材料费	元	—	21.60	24.30	29.70	35.10	43.20	51.30	83.70	67.50	54.00
机械	调试机械费	元	—	540.00	607.50	742.50	877.50	1080.00	1282.50	2092.50	1687.50	1350.00

十四、交流变频调速电动机（AC-AC、AC-DC-AC）调试

1.交流同步电动机变频调速

工作内容：变频装置本体、变频母线、电动机、励磁机、断路器、互感器、电力电缆、保护装置等一、二次设备回路的调试。 单位：系统

编 号				2-1081	2-1082	2-1083	2-1084	2-1085	2-1086	2-1087	2-1088
项 目				交流同步电动机（kW以内）							
				200	500	1000	3000	5000	10000	30000	50000
预算基价	总 价(元)			10670.40	14774.40	19699.20	28933.20	36730.80	43707.60	54583.20	59302.80
	人 工 费(元)			7020.00	9720.00	12960.00	19035.00	24165.00	28755.00	35910.00	39015.00
	材 料 费(元)			140.40	194.40	259.20	380.70	483.30	575.10	718.20	780.30
	机 械 费(元)			3510.00	4860.00	6480.00	9517.50	12082.50	14377.50	17955.00	19507.50
组 成 内 容		单位	单价	数 量							
人工	综合工	工日	135.00	52.00	72.00	96.00	141.00	179.00	213.00	266.00	289.00
材料	调试材料费	元	—	140.40	194.40	259.20	380.70	483.30	575.10	718.20	780.30
机械	调试机械费	元	—	3510.00	4860.00	6480.00	9517.50	12082.50	14377.50	17955.00	19507.50

注：微机控制的交流变频调速装置调试基价乘以系数1.25。微机本身调试另计。

2.交流异步电动机变频调速

工作内容:变频装置本体、变频母线、电动机、互感器、电力电缆、保护装置等一、二次设备回路的调试。

单位:系统

编　号			2-1089	2-1090	2-1091	2-1092	2-1093	2-1094
项　目			交流异步电动机(kW以内)					
			50	150	500	1000	2000	3000
预算基价	总　价(元)		**8413.20**	**10875.60**	**13338.00**	**17852.40**	**21340.80**	**26060.40**
	人　工　费(元)		5535.00	7155.00	8775.00	11745.00	14040.00	17145.00
	材　料　费(元)		110.70	143.10	175.50	234.90	280.80	342.90
	机　械　费(元)		2767.50	3577.50	4387.50	5872.50	7020.00	8572.50
组 成 内 容	单位	单价	数　　量					
人工 综合工	工日	135.00	41.00	53.00	65.00	87.00	104.00	127.00
材料 调试材料费	元	—	110.70	143.10	175.50	234.90	280.80	342.90
机械 调试机械费	元	—	2767.50	3577.50	4387.50	5872.50	7020.00	8572.50

244

十五、微型电机、电磁阀及电加热器调试

工作内容：微型电机、电磁阀、电加热器、开关、保护装置及一、二次回路的调试。

单位：台

编　号			2-1095	2-1096	2-1097	2-1098
项　目			微型电机 （综合）	电磁阀		电加热器
				单向	双向	
预算基价	总　　价(元)		**205.20**	**205.20**	**410.40**	**205.20**
	人　工　费(元)		135.00	135.00	270.00	135.00
	材　料　费(元)		2.70	2.70	5.40	2.70
	机　械　费(元)		67.50	67.50	135.00	67.50
组　成　内　容	单位	单价	数　　　　　量			
人工	综合工	工日	135.00	1.00	1.00	2.00	1.00
材料	调试材料费	元	—	2.70	2.70	5.40	2.70
机械	调试机械费	元	—	67.50	67.50	135.00	67.50

注：微型电机调试基价适用于各种类型的交、直流微型电机的调试。

十六、电动机组及连锁装置调试

工作内容： 电动机组、开关控制回路调试，电机连锁装置调试。

单位：组

编 号			2-1099	2-1100	2-1101	2-1102	2-1103	2-1104
项 目			电动机组 （50kW以内）		连锁装置 （连锁台数）			备用励磁机组
			2台机组	2台以外机组	3台以内	4～8台	9～12台	
预算基价	总 价（元）		**2257.20**	**6976.80**	**410.40**	**1026.00**	**1436.40**	**8002.80**
	人 工 费（元）		1485.00	4590.00	270.00	675.00	945.00	5265.00
	材 料 费（元）		29.70	91.80	5.40	13.50	18.90	105.30
	机 械 费（元）		742.50	2295.00	135.00	337.50	472.50	2632.50
组 成 内 容	单位	单价	数 量					
人工 综合工	工日	135.00	11.00	34.00	2.00	5.00	7.00	39.00
材料 调试材料费	元	—	29.70	91.80	5.40	13.50	18.90	105.30
机械 调试机械费	元	—	742.50	2295.00	135.00	337.50	472.50	2632.50

注：电机连锁装置调试不包括电机及其启动控制设备的调试。

十七、绝缘子、穿墙套管及电力电缆试验

工作内容： 准备,取样,耐压试验,电缆临时固定、试验,电缆故障测试。

编号			2-1105	2-1106	2-1107
项目			绝缘子 （10个）	穿墙套管 （组）	电力电缆 （根）
预算基价	总　价(元)		**43.10**	**43.10**	**260.61**
	人　工　费(元)		28.35	28.35	171.45
	材　料　费(元)		0.57	0.57	3.43
	机　械　费(元)		14.18	14.18	85.73
组成内容	单位	单价	数　　量		
人工　综合工	工日	135.00	0.21	0.21	1.27
材料　调试材料费	元	—	0.57	0.57	3.43
机械　调试机械费	元	—	14.18	14.18	85.73

247

十八、普通桥式起重机电气调试

工作内容： 电动机、控制器、控制盘、电阻、控制回路的调试。

单位：台

编 号			2-1108	2-1109	2-1110	2-1111	2-1112	2-1113	2-1114	2-1115	2-1116
项 目			交流桥式起重机(t以内)					抓斗式起重机(t以内)	电磁式起重机(t以内)	交流门式起重机(t以内)	单轨式起重机(t以内)
			10	30	75	200	350	15			
预算基价	总 价(元)		4104.00	6156.00	7387.20	8618.40	10670.40	7387.20	6566.40	20930.40	2052.00
	人 工 费(元)		2700.00	4050.00	4860.00	5670.00	7020.00	4860.00	4320.00	13770.00	1350.00
	材 料 费(元)		54.00	81.00	97.20	113.40	140.40	97.20	86.40	275.40	27.00
	机 械 费(元)		1350.00	2025.00	2430.00	2835.00	3510.00	2430.00	2160.00	6885.00	675.00
组 成 内 容	单位	单价	数 量								
人工 综合工	工日	135.00	20.00	30.00	36.00	42.00	52.00	36.00	32.00	102.00	10.00
材料 调试材料费	元	—	54.00	81.00	97.20	113.40	140.40	97.20	86.40	275.40	27.00
机械 调试机械费	元	—	1350.00	2025.00	2430.00	2835.00	3510.00	2430.00	2160.00	6885.00	675.00

第十二章　配管、配线

说　明

一、本章适用范围：电气工程的配管、配线工程。配管包括电线管敷设,镀锌钢管及防爆钢管敷设,可挠金属管敷设,塑料管(刚性阻燃管、半硬质塑料管、波纹电线管)敷设。配线包括管内穿线,瓷夹板配线,塑料夹板配线,鼓形、针式、蝶式绝缘子配线,木槽板、塑料槽板配线,塑料护套线敷设,线槽配线。

二、鼓形绝缘子沿钢支架及钢索配线未包含支架制作、钢索架设及拉紧装置制作、安装。

三、针式绝缘子、蝶式绝缘子配线未包含支架制作。

四、塑料护套线沿钢索明敷设未包含钢索架设及拉紧装置制作、安装。

五、钢索架设未包含拉紧装置制作、安装。

六、车间带形母线安装未包含支架制作及母线伸缩器制作、安装。

七、管内穿线的线路分支接头线的长度已综合考虑在基价中,不得另行计算。

八、照明线路中的导线截面大于或等于 $6mm^2$ 时,应执行动力线路穿线相应子目。

九、灯具、明暗开关、插座、按钮等的预留线已分别综合在有关子目内,不另行计算。

工程量计算规则

一、钢索架设工程量,应区别圆钢、钢索直径($D6$、$D9$),按图示墙(柱)内缘距离计算,不扣除拉紧装置所占长度。

二、母线拉紧装置及钢索拉紧装置制作、安装工程量,应区别母线截面、花篮螺栓直径(12、16、18),按设计图示数量计算。

三、动力配管混凝土地面刨沟工程量应区别管子直径,按延长米计算。

四、配管砖墙刨沟工程量应区别管子直径,按设计图示尺寸以延长米计算。

五、接线箱安装工程量应区别安装形式(明装、暗装)、接线箱半周长,按设计图示数量计算。

六、接线盒安装工程量应区别安装形式(明装、暗装、钢索上)及接线盒类型,按设计图示数量计算。

七、配线进入开关箱、柜、板的预留线按下表规定的长度,分别计入相应的工程量。

配线进入开关箱、柜、板预留长度表(每一根线)

序　号	项　　　　　目	预留长度	说　明
1	各种开关、柜、板	高＋宽	盘面尺寸
2	单独安装(无箱、盘)铁壳开关、闸刀开关、启动器、线槽进出线盒等	0.3m	从安装对象中心算起
3	由地面管子出口引至动力接线箱	1.0m	从管口计算
4	电源与管内导线连接(管内穿线与软、硬母线接点)	1.5m	从管口计算
5	出户线	1.5m	从管口计算

八、电气配管依据名称、材质、规格、配置形式及部位,按设计图示尺寸以延长米计算。不扣除管路中间的接线箱(盒)、灯头盒、开关盒所占长度。

九、线槽依据材质、规格,按设计图示尺寸以延长米计算。

十、电气配线依据配线形式,导线型号、材质、规格和敷设部位或线制,按设计图示尺寸以单线延长米计算。

一、电线管敷设
1.砖、混凝土结构明配管

工作内容:测位、画线、打眼、埋螺栓、锯管、配管、接地、穿引线。

单位:100m

编 号			2-1117	2-1118	2-1119	2-1120	2-1121	2-1122
项 目			公称直径(mm以内)					
			15	20	25	32	40	50
预算基价	总 价(元)		**1305.09**	**1353.67**	**1308.33**	**1393.82**	**1484.04**	**1604.83**
	人 工 费(元)		962.55	984.15	1016.55	1061.10	1115.10	1181.25
	材 料 费(元)		342.54	369.52	291.78	332.72	368.94	423.58
组 成 内 容	单位	单价	数 量					
人工 综合工	工日	135.00	7.13	7.29	7.53	7.86	8.26	8.75
材　　　　　　　　　　料 电线管	m	—	(103.000)	(103.000)	(103.000)	(103.000)	(103.000)	(103.000)
镀锌钢丝 D1.2~2.2	kg	7.13	0.400	0.400	0.400	0.400	0.400	0.400
钢丝 D1.6	kg	7.09	0.403	0.403	0.403	0.403	0.403	0.403
木螺钉 M4×65以内	个	0.09	291.300	291.300	173.200	173.200	69.100	69.100
膨胀螺栓 M6	套	0.44	—	—	—	—	67.100	67.100
塑料胀管 M6~8	个	0.31	308.310	308.310	182.780	182.780	72.670	72.670
冲击钻头 D6~12	个	6.33	2.000	2.000	1.200	1.200	0.900	0.900
锯条	根	0.42	2.600	2.600	1.800	1.800	2.000	2.000
醇酸清漆 C01-1	kg	13.45	0.300	0.300	0.400	0.500	0.600	0.800
溶剂汽油 200#	kg	6.90	0.300	0.300	0.400	0.500	0.600	0.800
铅油	kg	11.17	0.600	0.700	1.000	1.300	1.400	1.900
铜芯塑料绝缘软电线 BVR-4mm²	m	2.90	18.420	22.220	26.130	31.430	37.640	45.350
镀锌地线夹 15	套	0.13	82.480	—	—	—	—	—
镀锌地线夹 20	套	0.18	—	82.480	—	—	—	—
镀锌地线夹 25	套	0.23	—	—	82.480	—	—	—
镀锌地线夹 32	套	0.27	—	—	—	82.480	—	—
镀锌地线夹 40	套	0.37	—	—	—	—	82.480	—
镀锌地线夹 50	套	0.46	—	—	—	—	—	82.480
镀锌管卡子 15	个	0.81	144.340	—	—	—	—	—
镀锌管卡子 20	个	0.87	—	144.340	—	—	—	—
镀锌管卡子 25	个	1.01	—	—	85.590	—	—	—
镀锌管卡子 32	个	1.20	—	—	—	85.590	—	—
镀锌管卡子 40	个	1.83	—	—	—	—	67.970	—
镀锌管卡子 50	个	2.04	—	—	—	—	—	67.970
塑料护口	个	—	41.240×0.18	41.240×0.23	15.520×0.32	15.520×0.36	15.520×0.42	15.520×0.48

2．砖、混凝土结构暗配管

工作内容：测位、画线、打眼、沟槽修整、锯管、配管、接地、穿引线。

单位：100m

	编　号			2-1123	2-1124	2-1125	2-1126	2-1127	2-1128
	项　目			公称直径（mm以内）					
				15	20	25	32	40	50
预算基价	总　　　价（元）			**632.28**	**671.09**	**846.77**	**911.22**	**1155.32**	**1248.46**
	人　工　费（元）			437.40	459.00	656.10	699.30	907.20	962.55
	材　料　费（元）			194.88	212.09	190.67	211.92	248.12	285.91
组　成　内　容		单位	单价	数　　　　量					
人工	综合工	工日	135.00	3.24	3.40	4.86	5.18	6.72	7.13
材料	电线管	m	—	（103.000）	（103.000）	（103.000）	（103.000）	（103.000）	（103.000）
	镀锌钢丝 D1.2～2.2	kg	7.13	0.600	0.600	0.500	0.500	0.500	0.600
	钢丝 D1.6	kg	7.09	0.403	0.403	0.403	0.403	0.403	0.403
	锯条	根	0.42	260.000	260.000	180.000	180.000	200.000	200.000
	醇酸清漆 C01-1	kg	13.45	0.300	0.300	0.400	0.500	0.500	0.800
	溶剂油	kg	6.10	0.300	0.300	0.400	0.500	0.600	0.800
	铅油	kg	11.17	0.100	0.100	0.100	0.100	0.100	0.200
	铜芯塑料绝缘软电线 BVR-4mm²	m	2.90	18.420	22.220	26.130	31.430	37.640	45.350
	镀锌地线夹 15	套	0.13	82.480	—	—	—	—	—
	镀锌地线夹 20	套	0.18	—	82.480	—	—	—	—
	镀锌地线夹 25	套	0.23	—	—	82.480	—	—	—
	镀锌地线夹 32	套	0.27	—	—	—	82.480	—	—
	镀锌地线夹 40	套	0.37	—	—	—	—	82.480	—
	镀锌地线夹 50	套	0.46	—	—	—	—	—	82.480
	塑料护口	个	—	41.240×0.18	41.240×0.23	15.520×0.32	15.520×0.36	15.520×0.42	15.520×0.48

3.钢结构支架配管

工作内容：测位、画线、上卡子、安装支架、锯管、配管、接地、穿引线、固定。　　　　　　　　　　　　　　　　　　　　单位：100m

编　号				2-1129	2-1130	2-1131	2-1132	2-1133	2-1134
项　目				公称直径(mm以内)					
				15	20	25	32	40	50
预算基价	总　　　价(元)			**974.45**	**1021.79**	**1230.24**	**1311.28**	**1486.50**	**1634.50**
	人　工　费(元)			656.10	677.70	940.95	984.15	1125.90	1224.45
	材　料　费(元)			318.35	344.09	289.29	327.13	360.60	410.05
组　成　内　容		单位	单价	数　　　量					
人工	综合工	工日	135.00	4.86	5.02	6.97	7.29	8.34	9.07
材料	电线管	m	—	(103.000)	(103.000)	(103.000)	(103.000)	(103.000)	(103.000)
	镀锌钢丝 D1.2~2.2	kg	7.13	0.400	0.400	0.400	0.400	0.400	0.400
	钢丝 D1.6	kg	7.09	0.403	0.403	0.403	0.403	0.403	0.403
	半圆头螺钉 M(6~8)×(12~30)	10套	5.19	24.520	24.520	16.920	16.920	13.510	13.510
	锯条	根	0.42	2.600	2.600	1.800	1.800	2.000	2.000
	醇酸清漆 C01-1	kg	13.45	0.300	0.300	0.400	0.500	0.600	0.800
	溶剂油	kg	6.10	0.300	0.300	0.400	0.500	0.600	0.800
	铅油	kg	11.17	0.600	0.700	0.100	0.130	0.140	0.190
	铜芯塑料绝缘软电线 BVR-4mm²	m	2.90	18.400	22.200	26.100	31.400	37.600	45.300
	镀锌管卡子 15	个	0.81	123.720	—	—	—	—	—
	镀锌管卡子 20	个	0.87	—	123.720	—	—	—	—
	镀锌管卡子 25	个	1.01	—	—	85.590	—	—	—
	镀锌管卡子 32	个	1.20	—	—	—	85.590	—	—
	镀锌管卡子 40	个	1.83	—	—	—	—	68.070	—
	镀锌管卡子 50	个	2.04	—	—	—	—	—	68.070
	塑料护口	个	—	41.240×0.18	41.240×0.23	15.520×0.32	15.520×0.36	15.520×0.42	15.520×0.48
	镀锌地线夹 15	套	0.13	82.480	—	—	—	—	—
	镀锌地线夹 20	套	0.18	—	82.480	—	—	—	—
	镀锌地线夹 25	套	0.23	—	—	82.480	—	—	—
	镀锌地线夹 32	套	0.27	—	—	—	82.480	—	—
	镀锌地线夹 40	套	0.37	—	—	—	—	82.480	—
	镀锌地线夹 50	套	0.46	—	—	—	—	—	82.480

4.钢 索 配 管

工作内容:测位、画线、上卡子、锯管、配管、接地、穿引线、固定。

单位:100m

编 号				2-1135	2-1136	2-1137	2-1138
项 目				公称直径(mm以内)			
				15	20	25	32
预算基价	总 价(元)			**1382.68**	**1516.11**	**1666.61**	**1818.79**
	人 工 费(元)			1107.00	1215.00	1377.00	1485.00
	材 料 费(元)			275.68	301.11	289.61	333.79
	组 成 内 容	单位	单价	数 量			
人工	综合工	工日	135.00	8.20	9.00	10.20	11.00
材料	电线管	m	—	(103.000)	(103.000)	(103.000)	(103.000)
	镀锌钢丝 $D1.2\sim2.2$	kg	7.13	0.400	0.400	0.400	0.400
	钢丝 $D0.1\sim0.5$	kg	8.13	0.403	0.403	0.403	0.403
	半圆头螺钉 $M(6\sim8)\times(12\sim30)$	10套	5.19	13.300	13.300	10.200	10.200
	钢锯条	条	4.33	2.600	2.600	1.800	1.800
	醇酸清漆 C01-1	kg	13.45	0.300	0.300	0.400	0.500
	溶剂油	kg	6.10	0.300	0.300	0.400	0.500
	铅油	kg	11.17	0.600	0.700	1.000	1.300
	铜芯塑料绝缘软电线 BVR-4mm^2	m	2.90	18.400	22.200	26.100	31.400
	镀锌管卡子 15	个	0.81	134.030	—	—	—
	镀锌管卡子 20	个	0.87	—	134.030	—	—
	镀锌管卡子 25	个	1.01	—	—	103.100	—
	镀锌管卡子 32	个	1.20	—	—	—	103.100
	塑料护口	个	—	22.520×0.18	22.520×0.23	15.520×0.32	15.520×0.36
	镀锌地线夹 15	套	0.13	82.480	—	—	—
	镀锌地线夹 20	套	0.18	—	82.480	—	—
	镀锌地线夹 25	套	0.23	—	—	82.480	—
	镀锌地线夹 32	套	0.27	—	—	—	82.480

二、镀锌钢管敷设
1.砖、混凝土结构明配

工作内容：测位、画线、打眼、埋螺栓、锯管、套丝、撼弯、配管、接地、穿引线、补漆。　　　　　　　　　　　　　　　　　　　**单位：100m**

编　号			2-1139	2-1140	2-1141	2-1142	2-1143	2-1144
项　目			公称直径(mm以内)					
			15	20	25	32	40	50
预算基价	总　　价(元)		**1600.34**	**1669.92**	**1730.02**	**1940.77**	**2365.52**	**2508.33**
	人　工　费(元)		1178.55	1215.00	1336.50	1470.15	1846.80	1871.10
	材　料　费(元)		421.79	454.92	393.52	470.62	518.72	627.88
	机　械　费(元)		—	—	—	—	—	9.35
组　成　内　容	单位	单价	数　　量					
人工　综合工	工日	135.00	8.73	9.00	9.90	10.89	13.68	13.86
材　料　镀锌钢管	m	—	(103.000)	(103.000)	(103.000)	(103.000)	(103.000)	(103.000)
镀锌钢丝 D1.2～2.2	kg	7.13	0.800	0.800	0.800	0.800	0.800	1.000
钢丝 D1.6	kg	7.09	0.403	0.403	0.403	0.403	0.403	0.403
木螺钉 M4×65以内	个	0.09	25.000	25.000	17.300	17.300	6.910	7.010
膨胀螺栓 M6	套	0.44	—	—	—	—	6.710	7.010
塑料胀管 M6～8	个	0.31	264.260	264.260	182.780	182.780	72.670	73.070
锁紧螺母 15×1.5	个	0.22	41.240	—	—	—	—	—
锁紧螺母 20×1.5	个	0.22	—	41.240	—	—	—	—
锁紧螺母 25×3	个	0.67	—	—	16.020	—	—	—
锁紧螺母 32×3	个	0.67	—	—	—	16.020	—	—
锁紧螺母 40×3	个	1.25	—	—	—	—	16.020	—
锁紧螺母 50×3	个	1.25	—	—	—	—	—	20.020
冲击钻头 D6～8	个	5.48	1.700	1.700	1.200	1.200	0.900	1.000
钢锯条	条	4.33	3.000	3.000	2.000	2.000	3.000	3.000
醇酸清漆 C01-1	kg	13.45	0.300	0.300	0.400	0.500	0.600	1.000
溶剂油	kg	6.10	0.500	0.600	0.700	0.900	1.100	1.000
铅油	kg	11.17	0.600	0.700	0.100	1.300	1.500	2.000
镀锌钢管接头 15×2.75	个	1.82	16.520	—	—	—	—	—

续前

单位：100m

编　号			2-1139	2-1140	2-1141	2-1142	2-1143	2-1144
项　目			公称直径(mm以内)					
			15	20	25	32	40	50
组　成　内　容	单位	单价	数　量					
镀锌钢管接头 20×2.75	个	2.10	—	16.520	—	—	—	—
镀锌钢管接头 25×3.25	个	3.22	—	—	16.520	—	—	—
镀锌钢管接头 32×3.25	个	4.90	—	—	—	16.520	—	—
镀锌钢管接头 40×3.5	个	6.72	—	—	—	—	16.520	—
镀锌钢管接头 50×3.5	个	10.08	—	—	—	—	—	16.020
材 镀锌管卡子 15	个	1.58	123.720	—	—	—	—	—
镀锌管卡子 20	个	1.70	—	123.720	—	—	—	—
镀锌管卡子 25	个	1.83	—	—	85.590	—	—	—
镀锌管卡子 32	个	2.04	—	—	—	85.590	—	—
镀锌管卡子 40	个	2.74	—	—	—	—	68.070	—
镀锌管卡子 50	个	2.97	—	—	—	—	—	68.070
铜芯塑料绝缘软电线 BVR-4mm²	m	2.90	14.410	17.420	20.420	24.520	29.330	35.040
塑料护口 15～20	个	0.20	41.240	41.240	—	—	—	—
塑料护口 25	个	0.39	—	—	16.020	—	—	—
塑料护口 32	个	0.45	—	—	—	16.020	—	—
塑料护口 40	个	0.52	—	—	—	—	16.020	—
塑料护口 50	个	0.57	—	—	—	—	—	20.020
料 镀锌地线夹 15	套	0.13	63.960	—	—	—	—	—
镀锌地线夹 20	套	0.18	—	63.960	—	—	—	—
镀锌地线夹 25	套	0.23	—	—	63.960	—	—	—
镀锌地线夹 32	套	0.27	—	—	—	63.960	—	—
镀锌地线夹 40	套	0.37	—	—	—	—	63.960	—
镀锌地线夹 50	套	0.46	—	—	—	—	—	64.060
机 管子切断机 D150	台班	33.97	—	—	—	—	—	0.110
械 钢材电动揻弯机 500mm以内	台班	51.03	—	—	—	—	—	0.110

工作内容：测位、画线、打眼、埋螺栓、锯管、套丝、搣弯、配管、接地、穿引线、补漆。

单位：100m

编　号					2-1145	2-1146	2-1147	2-1148	2-1149
项　目					公称直径(mm以内)				
					65	80	100	125	150
预算基价	总　　价(元)				**3738.91**	**5041.86**	**5570.80**	**6694.98**	**8771.24**
	人　工　费(元)				2988.90	4106.70	4240.35	5929.20	7776.00
	材　料　费(元)				741.51	916.45	1311.74	747.07	927.22
	机　械　费(元)				8.50	18.71	18.71	18.71	68.02
组　成　内　容		单位	单价		数　　量				
人工	综合工	工日	135.00		22.14	30.42	31.41	43.92	57.60
材料	镀锌钢管	m	—		(103.000)	(103.000)	(103.000)	(103.000)	(103.000)
	镀锌钢丝 $D1.2\sim2.2$	kg	7.13		1.000	1.000	1.000	1.000	1.000
	钢丝 $D1.6$	kg	7.09		0.403	0.403	0.403	0.403	0.403
	膨胀螺栓 M6	套	0.44		10.010	10.010	10.010	6.010	5.710
	锁紧螺母 65×3	个	1.56		20.020	—	—	—	—
	锁紧螺母 80×3	个	2.06		—	20.020	—	—	—
	锁紧螺母 100×3	个	2.08		—	—	20.020	—	—
	冲击钻头 $D6\sim8$	个	5.48		1.000	1.000	1.000	1.000	1.000
	钢锯条	条	4.33		3.000	5.000	5.000	—	—
	醇酸清漆 C01-1	kg	13.45		1.000	1.000	1.000	2.000	2.000
	溶剂油	kg	6.10		2.000	2.000	3.000	3.000	3.800
	铅油	kg	11.17		2.000	2.000	3.000	4.000	4.400
	塑料护口 65	个	0.64		15.000	—	—	—	—
	塑料护口 80	个	0.87		—	15.000	—	—	—

续前

编　号			2-1145	2-1146	2-1147	2-1148	2-1149
项　目			公称直径(mm以内)				
			65	80	100	125	150
组　成　内　容	单位	单价	数　量				
塑料护口 100	个	1.03	—	—	15.000	—	—
镀锌钢管接头 65×3.75	个	18.36	15.000	—	—	—	—
镀锌钢管接头 80×4	个	25.57	—	15.000	—	—	—
镀锌钢管接头 100×4	个	44.08	—	—	15.000	—	—
镀锌钢管接头 125×4.5	个	55.28	—	—	—	8.000	—
镀锌钢管接头 150×4.5	个	59.76	—	—	—	—	8.200
镀锌管卡子 65	个	3.34	52.050	—	—	—	—
镀锌管卡子 80	个	3.55	—	52.050	—	—	—
镀锌管卡子 100	个	3.66	—	—	52.050	—	—
镀锌管卡子 125	个	5.12	—	—	—	29.030	—
镀锌管卡子 150	个	6.72	—	—	—	—	28.830
铜芯塑料绝缘软电线 BVR-4mm²	m	2.90	43.000	51.000	63.000	2.000	24.300
镀锌地线夹 65	套	0.74	62.000	—	—	—	—
镀锌地线夹 80	套	0.91	—	62.000	—	—	—
镀锌地线夹 100	套	1.83	—	—	62.000	—	—
镀锌地线夹 125	套	2.65	—	—	—	16.000	—
镀锌地线夹 150	套	3.38	—	—	—	—	16.500
管子切断机 D150	台班	33.97	0.100	0.100	0.100	0.100	0.500
钢材电动撮弯机 500mm以内	台班	51.03	0.100	0.300	0.300	0.300	1.000

2.砖、混凝土结构暗配

工作内容：测位、画线、锯管、套丝、揻弯、沟坑修整、配管、接地、穿引线、补漆。

单位：100m

编　号			2-1150	2-1151	2-1152	2-1153	2-1154
项　目			公称直径(mm以内)				
			15	20	25	32	40
预算基价	总　　价(元)		**761.38**	**777.80**	**926.76**	**985.12**	**1541.38**
	人　工　费(元)		631.80	631.80	753.30	753.30	1239.30
	材　料　费(元)		129.58	146.00	173.46	231.82	302.08
组　成　内　容	单位	单价	数　　　量				
人工　综合工	工日	135.00	4.68	4.68	5.58	5.58	9.18
材料　镀锌钢管	m	—	(103.000)	(103.000)	(103.000)	(103.000)	(103.000)
镀锌钢丝 $D1.2\sim2.2$	kg	7.13	1.000	1.000	1.000	1.000	1.000
钢丝 $D1.6$	kg	7.09	0.403	0.403	0.403	0.403	0.403
钢锯条	条	4.33	3.000	3.000	2.000	2.000	3.000
醇酸清漆 C01-1	kg	13.45	—	—	—	1.000	1.000
溶剂油	kg	6.10	—	—	—	—	1.000
铅油	kg	11.17	1.000	1.000	1.000	1.000	1.000
镀锌钢管接头 15×2.75	个	1.82	16.020	—	—	—	—
镀锌钢管接头 20×2.75	个	2.10	—	16.020	—	—	—
镀锌钢管接头 25×3.25	个	3.22	—	—	16.020	—	—
镀锌钢管接头 32×3.25	个	4.90	—	—	—	16.020	—
镀锌钢管接头 40×3.5	个	6.72	—	—	—	—	16.020
铜芯塑料绝缘软电线 BVR-4mm²	m	2.90	14.010	17.020	20.020	25.030	29.030
塑料护口 15~20	个	0.20	41.240	41.240	—	—	—
塑料护口 25	个	0.39	—	—	15.020	—	—
塑料护口 32	个	0.45	—	—	—	15.020	—
塑料护口 40	个	0.52	—	—	—	—	15.020
镀锌地线夹 15	套	0.13	64.060	—	—	—	—
镀锌地线夹 20	套	0.18	—	64.060	—	—	—
镀锌地线夹 25	套	0.23	—	—	64.060	—	—
镀锌地线夹 32	套	0.27	—	—	—	64.060	—
镀锌地线夹 40	套	0.37	—	—	—	—	64.060
锁紧螺母 15×1.5	个	0.22	41.240	—	—	—	—
锁紧螺母 20×1.5	个	0.22	—	41.240	—	—	—
锁紧螺母 25×3	个	0.67	—	—	20.020	—	—
锁紧螺母 32×3	个	0.67	—	—	—	20.020	—
锁紧螺母 40×3	个	1.25	—	—	—	—	20.020

工作内容：测位、画线、锯管、套丝、掫弯、沟坑修整、配管、接地、穿引线、补漆。

单位：100m

编　　号			2-1155	2-1156	2-1157	2-1158	2-1159	2-1160
项　　目			公称直径(mm以内)					
			50	65	80	100	125	150
预算基价	总　　　价（元）		**1773.57**	**2636.66**	**3734.99**	**4299.15**	**4698.69**	**6448.21**
	人　工　费（元）		1381.05	2016.90	2988.90	3159.00	3985.20	5661.90
	材　料　费（元）		383.17	599.69	726.02	1120.08	641.90	714.72
	机　械　费（元）		9.35	20.07	20.07	20.07	71.59	71.59
组　成　内　容	单位	单价	数　　　量					
人工　综合工	工日	135.00	10.23	14.94	22.14	23.40	29.52	41.94
材料　镀锌钢管	m	—	(103.000)	(103.000)	(103.000)	(103.000)	(103.000)	(103.000)
镀锌钢丝 D1.2～2.2	kg	7.13	1.000	1.000	1.000	1.000	1.000	1.100
钢丝 D1.6	kg	7.09	0.403	0.403	0.403	0.403	0.403	0.403
锁紧螺母 50×3	个	1.25	16.020	—	—	—	—	—
锁紧螺母 65×3	个	1.56	—	16.020	—	—	—	—
锁紧螺母 80×3	个	2.06	—	—	16.020	—	—	—
锁紧螺母 100×3	个	2.08	—	—	—	16.020	—	—
钢锯条	条	4.33	3.000	3.000	4.500	4.500	—	—
醇酸清漆 C01-1	kg	13.45	0.700	0.900	1.100	1.400	1.700	2.000
溶剂油	kg	6.10	0.600	0.900	1.000	1.300	1.600	1.800
铅油	kg	11.17	1.800	2.100	2.400	3.100	3.800	4.400
塑料护口 50	个	0.57	15.520	—	—	—	—	—
塑料护口 65	个	0.64	—	15.520	—	—	—	—
塑料护口 80	个	0.87	—	—	15.520	—	—	—
塑料护口 100	个	1.03	—	—	—	15.520	—	—
镀锌钢管接头 50×3.5	个	10.08	16.520	—	—	—	—	—
镀锌钢管接头 65×3.75	个	18.36	—	15.520	—	—	—	—
镀锌钢管接头 80×4	个	25.57	—	—	15.520	—	—	—
镀锌钢管接头 100×4	个	44.08	—	—	—	15.520	—	—
镀锌钢管接头 125×4.5	个	55.28	—	—	—	—	8.210	—
镀锌钢管接头 150×4.5	个	59.76	—	—	—	—	—	8.210
铜芯塑料绝缘软电线 BVR-4mm²	m	2.90	35.240	42.840	51.450	62.960	20.420	24.320
镀锌地线夹 50	套	0.46	63.960	—	—	—	—	—
镀锌地线夹 65	套	0.74	—	123.720	—	—	—	—
镀锌地线夹 80	套	0.91	—	—	61.860	—	—	—
镀锌地线夹 100	套	1.83	—	—	—	61.860	—	—
镀锌地线夹 125	套	2.65	—	—	—	—	16.520	—
镀锌地线夹 150	套	3.38	—	—	—	—	—	16.520
机械　管子切断机 D150	台班	33.97	0.110	0.110	0.110	0.110	0.530	0.530
钢材电动掫弯机 500mm以内	台班	51.03	0.110	0.320	0.320	0.320	1.050	1.050

3.钢模板暗配

工作内容：测位、画线、锯管、套丝、撤弯、配管、接地、穿引线、补漆。

单位：100m

	编　号			2-1161	2-1162	2-1163	2-1164	2-1165	2-1166
	项　目			公称直径(mm以内)					
				15	20	25	32	40	50
预算基价	总　　价(元)			**758.36**	**837.88**	**1061.29**	**1134.03**	**1737.91**	**1841.78**
	人　工　费(元)			631.80	692.55	874.80	899.10	1433.70	1555.20
	材　料　费(元)			126.56	145.33	180.88	229.32	298.60	280.97
	机　械　费(元)			—	—	5.61	5.61	5.61	5.61
组　成　内　容		单位	单价	数　　量					
人工	综合工	工日	135.00	4.68	5.13	6.48	6.66	10.62	11.52
材料	镀锌钢管	m	—	(103.000)	(103.000)	(103.000)	(103.000)	(103.000)	(103.000)
	镀锌钢丝 $D1.2\sim2.2$	kg	7.13	1.000	1.000	1.000	1.000	1.000	1.000
	钢丝 $D1.6$	kg	7.09	0.403	0.403	0.403	0.403	0.403	0.403
	锁紧螺母 15×3	个	0.33	22.520	—	—	—	—	—
	锁紧螺母 20×3	个	0.33	—	22.520	—	—	—	—
	锁紧螺母 25×3	个	0.67	—	—	16.020	—	—	—
	锁紧螺母 32×3	个	0.67	—	—	—	16.020	—	—
	锁紧螺母 40×3	个	1.25	—	—	—	—	16.020	—
	锁紧螺母 50×3	个	1.25	—	—	—	—	—	16.020
	钢锯条	条	4.33	3.000	3.000	2.000	2.000	3.000	3.000
	醇酸清漆 C01-1	kg	13.45	0.300	0.300	0.400	0.500	0.600	0.700
	溶剂油	kg	6.10	0.200	0.200	0.300	0.400	0.500	0.600
	铅油	kg	11.17	0.600	0.700	1.000	1.300	1.500	1.800
	镀锌钢管接头 15×2.75	个	1.82	16.520	—	—	—	—	—

续前

编　号			2-1161	2-1162	2-1163	2-1164	2-1165	2-1166
项　目			公称直径(mm以内)					
			15	20	25	32	40	50
组　成　内　容	单位	单价	数　量					
材 料	镀锌钢管接头 20×2.75	个	2.10	—	16.520	—	—	—	—
	镀锌钢管接头 25×3.25	个	3.22	—	—	16.520	—	—	—
	镀锌钢管接头 32×3.25	个	4.90	—	—	—	16.520	—	—
	镀锌钢管接头 40×3.5	个	6.72	—	—	—	—	16.520	—
	镀锌钢管接头 50×3.5	个	10.08	—	—	—	—	—	16.520
	铜芯塑料绝缘软电线 BVR-4mm²	m	2.90	14.400	17.400	20.400	24.500	29.300	—
	塑料护口 15	个	0.18	22.520	—	—	—	—	—
	塑料护口 20	个	0.23	—	22.520	—	—	—	—
	塑料护口 25	个	0.39	—	—	15.520	—	—	—
	塑料护口 32	个	0.45	—	—	—	15.520	—	—
	塑料护口 40	个	0.52	—	—	—	—	15.520	—
	塑料护口 50	个	0.57	—	—	—	—	—	15.520
	镀锌地线夹 15	套	0.13	63.960	—	—	—	—	—
	镀锌地线夹 20	套	0.18	—	63.960	—	—	—	—
	镀锌地线夹 25	套	0.23	—	—	63.960	—	—	—
	镀锌地线夹 32	套	0.27	—	—	—	63.960	—	—
	镀锌地线夹 40	套	0.37	—	—	—	—	63.960	—
	镀锌地线夹 50	套	0.46	—	—	—	—	—	63.960
机械	钢材电动搣弯机 500mm以内	台班	51.03	—	—	0.110	0.110	0.110	0.110

4.钢结构支架配管

工作内容：测位、画线、打眼、上卡子、安装支架、锯管、套丝、掀弯、配管、接地、穿引线、补漆。

单位：100m

编 号			2-1167	2-1168	2-1169	2-1170	2-1171
项 目			公称直径(mm以内)				
			15	20	25	32	40
预算基价	总 价(元)		**1273.76**	**1367.59**	**1475.97**	**1591.54**	**2171.32**
	人 工 费(元)		814.05	874.80	1044.90	1093.50	1609.20
	材 料 费(元)		459.71	492.79	425.97	492.94	557.02
	机 械 费(元)		—	—	5.10	5.10	5.10
组 成 内 容	单位	单价	数 量				
人工 综合工	工日	135.00	6.03	6.48	7.74	8.10	11.92
材料 镀锌钢管	m	—	(103.000)	(103.000)	(103.000)	(103.000)	(103.000)
镀锌钢丝 $D1.2\sim2.2$	kg	7.13	0.800	0.800	0.800	0.800	0.800
钢丝 $D1.6$	kg	7.09	0.403	0.403	0.403	0.403	0.403
半圆头螺钉 M$(6\sim8)\times(12\sim30)$	10套	5.19	24.500	24.500	16.900	16.900	13.500
锁紧螺母 15×3	个	0.33	41.200	—	—	—	—
锁紧螺母 20×3	个	0.33	—	41.200	—	—	—
锁紧螺母 25×3	个	0.67	—	—	16.000	—	—
锁紧螺母 32×3	个	0.67	—	—	—	16.000	—
锁紧螺母 40×3	个	1.25	—	—	—	—	16.000
钢锯条	条	4.33	3.000	3.000	2.000	2.000	3.000
醇酸清漆 C01-1	kg	13.45	0.300	0.300	0.400	0.500	0.600
溶剂油	kg	6.10	0.500	0.600	0.700	0.900	1.100
铅油	kg	11.17	0.600	0.700	1.000	1.300	1.500
塑料护口 25	个	0.39	—	—	15.500	—	—

续前

编　号			2-1167	2-1168	2-1169	2-1170	2-1171
项　目			公称直径(mm以内)				
			15	20	25	32	40
组成内容	单位	单价	数　量				
镀锌钢管接头 15×2.75	个	1.82	16.500	—	—	—	—
镀锌钢管接头 20×2.75	个	2.10	—	16.500	—	—	—
镀锌钢管接头 25×3.25	个	3.22	—	—	16.500	—	—
镀锌钢管接头 32×3.25	个	4.90	—	—	—	16.500	—
镀锌钢管接头 40×3.5	个	6.72	—	—	—	—	16.500
镀锌管卡子 15	个	1.58	123.600	—	—	—	—
镀锌管卡子 20	个	1.70	—	123.600	—	—	—
镀锌管卡子 25	个	1.83	—	—	85.500	—	—
镀锌管卡子 32	个	2.04	—	—	—	85.500	—
镀锌管卡子 40	个	2.74	—	—	—	—	68.000
铜芯塑料绝缘软电线 BVR-4mm²	m	2.90	14.400	17.400	20.400	24.500	29.300
塑料护口 15~20	个	0.20	41.200	41.200	—	—	—
塑料护口 32	个	0.45	—	—	—	15.500	—
塑料护口 40	个	0.52	—	—	—	—	15.500
镀锌地线夹 15	套	0.13	63.900	—	—	—	—
镀锌地线夹 20	套	0.18	—	63.900	—	—	—
镀锌地线夹 25	套	0.23	—	—	63.900	—	—
镀锌地线夹 32	套	0.27	—	—	—	63.900	—
镀锌地线夹 40	套	0.37	—	—	—	—	63.900
钢材电动揻弯机 500mm以内	台班	51.03	—	—	0.100	0.100	0.100

工作内容：测位、画线、打眼、上卡子、安装支架、锯管、套丝、撤弯、配管、接地、穿引线、补漆。

单位：100m

编　号				2-1172	2-1173	2-1174	2-1175	2-1176	2-1177
项　目				公称直径（mm以内）					
				50	65	80	100	125	150
预算基价	总　　　　价（元）			**2399.48**	**3522.66**	**4666.46**	**5371.30**	**6725.19**	**8521.21**
	人　工　费（元）			1749.60	2721.60	3681.45	3985.20	5832.00	7508.70
	材　料　费（元）			641.38	782.35	966.30	1367.39	825.17	944.49
	机　械　费（元）			8.50	18.71	18.71	18.71	68.02	68.02
组　成　内　容		单位	单价	数　　　　量					
人工	综合工	工日	135.00	12.96	20.16	27.27	29.52	43.20	55.62
材料	镀锌钢管	m	—	（103.000）	（103.000）	（103.000）	（103.000）	（103.000）	（103.000）
	镀锌钢丝 D1.2～2.2	kg	7.13	0.800	0.800	0.800	0.800	0.800	0.800
	钢丝 D1.6	kg	7.09	0.403	0.403	0.403	0.403	0.403	0.403
	半圆头螺钉 M（6～8）×（12～30）	10套	5.19	13.500	10.200	10.200	10.200	5.700	5.700
	锁紧螺母 50×3	个	1.25	1.600	—	—	—	—	—
	锁紧螺母 65×3	个	1.56	—	16.000	—	—	—	—
	锁紧螺母 80×3	个	2.06	—	—	16.000	—	—	—
	锁紧螺母 100×3	个	2.08	—	—	—	16.000	—	—
	钢锯条	条	4.33	3.000	3.000	4.500	4.500	—	—
	醇酸清漆 C01-1	kg	13.45	0.700	0.900	1.100	1.400	1.700	2.000
	溶剂油	kg	6.10	1.400	1.800	2.100	2.700	3.300	3.800
	铅油	kg	11.17	1.900	2.100	2.400	3.100	3.800	4.400
	塑料护口 50	个	0.57	15.500	—	—	—	—	—
	塑料护口 65	个	0.64	—	15.500	—	—	—	—
	塑料护口 80	个	0.87	—	—	15.500	—	—	—
	塑料护口 100	个	1.03	—	—	—	15.500	—	—

单位：100m

编　号			2-1172	2-1173	2-1174	2-1175	2-1176	2-1177
项　目			公称直径(mm以内)					
			50	65	80	100	125	150
组 成 内 容	单位	单价	数 量					
镀锌钢管接头 50×3.5	个	10.08	16.500	—	—	—	—	—
镀锌钢管接头 65×3.75	个	18.36	—	15.500	—	—	—	—
镀锌钢管接头 80×4	个	25.57	—	—	15.500	—	—	—
镀锌钢管接头 100×4	个	44.08	—	—	—	15.500	—	—
镀锌钢管接头 125×4.5	个	55.28	—	—	—	—	8.200	—
镀锌钢管接头 150×4.5	个	59.76	—	—	—	—	—	8.200
镀锌管卡子 50	个	2.97	68.000	—	—	—	—	—
镀锌管卡子 65	个	3.34	—	51.500	—	—	—	—
镀锌管卡子 80	个	3.55	—	—	51.500	—	—	—
镀锌管卡子 100	个	3.66	—	—	—	51.500	—	—
镀锌管卡子 125	个	5.12	—	—	—	—	28.400	—
镀锌管卡子 150	个	6.72	—	—	—	—	—	28.400
铜芯塑料绝缘软电线 BVR-4mm²	m	2.90	35.200	42.800	51.400	62.900	20.400	24.300
镀锌地线夹 50	套	0.46	63.900	—	—	—	—	—
镀锌地线夹 65	套	0.74	—	61.800	—	—	—	—
镀锌地线夹 80	套	0.91	—	—	61.800	—	—	—
镀锌地线夹 100	套	1.83	—	—	—	61.800	—	—
镀锌地线夹 125	套	2.65	—	—	—	—	16.500	—
镀锌地线夹 150	套	3.38	—	—	—	—	—	16.500
机械 管子切断机 D150	台班	33.97	0.100	0.100	0.100	0.100	0.500	0.500
钢材电动揻弯机 500mm以内	台班	51.03	0.100	0.300	0.300	0.300	1.000	1.000

5.钢 索 配 管

工作内容：测位、画线、锯管、套丝、掀弯、上卡子、配管、接地、穿引线、补漆。

单位：100m

编　　　号				2-1178	2-1179	2-1180	2-1181
项　　目				公称直径(mm以内)			
				15	20	25	32
预算基价	总　　　价(元)			**1489.65**	**1607.82**	**1813.75**	**2004.60**
	人　工　费(元)			1093.50	1178.55	1385.10	1506.60
	材　料　费(元)			396.15	429.27	423.55	492.90
	机　械　费(元)			—	—	5.10	5.10
组 成 内 容		单位	单价	数　　　量			
人工	综合工	工日	135.00	8.10	8.73	10.26	11.16
材料	镀锌钢管	m	—	(103.000)	(103.000)	(103.000)	(103.000)
	镀锌钢丝 *D*1.2~2.2	kg	7.13	0.800	0.800	0.800	0.800
	钢丝 *D*1.6	kg	7.09	0.403	0.403	0.403	0.403
	半圆头螺钉 M(6~8)×(12~30)	10套	5.19	12.200	12.200	10.200	10.200
	锁紧螺母 15×3	个	0.33	41.200	—	—	—
	锁紧螺母 20×3	个	0.33	—	41.200	—	—
	锁紧螺母 25×3	个	0.67	—	—	16.000	—
	锁紧螺母 32×3	个	0.67	—	—	—	16.000
	钢锯条	条	4.33	3.000	3.000	2.000	2.000
	醇酸清漆 C01-1	kg	13.45	0.300	0.300	0.400	0.400
	溶剂油	kg	6.10	0.500	0.600	0.700	0.900
	铅油	kg	11.17	0.600	0.700	1.000	1.300

续前

编　号			2-1178	2-1179	2-1180	2-1181
项　目			公称直径(mm以内)			
			15	20	25	32
组　成　内　容	单位	单价	数　量			
镀锌钢管接头 15×2.75	个	1.82	16.520	—	—	—
镀锌钢管接头 20×2.75	个	2.10	—	16.520	—	—
镀锌钢管接头 25×3.25	个	3.22	—	—	16.520	—
镀锌钢管接头 32×3.25	个	4.90	—	—	—	16.520
镀锌管卡子 15	个	1.58	123.720	—	—	—
镀锌管卡子 20	个	1.70	—	123.720	—	—
镀锌管卡子 25	个	1.83	—	—	103.100	—
镀锌管卡子 32	个	2.04	—	—	—	103.100
铜芯塑料绝缘软电线 BVR-4mm²	m	2.90	14.410	17.420	20.420	24.520
塑料护口 15~20	个	0.20	41.240	41.240	—	—
塑料护口 25	个	0.39	—	—	15.520	—
塑料护口 32	个	0.45	—	—	—	15.520
镀锌地线夹 15	套	0.13	63.960	—	—	—
镀锌地线夹 20	套	0.18	—	63.960	—	—
镀锌地线夹 25	套	0.23	—	—	63.960	—
镀锌地线夹 32	套	0.27	—	—	—	63.960
机械　钢材电动揻弯机 500mm以内	台班	51.03	—	—	0.100	0.100

270

6．埋 地 敷 设

工作内容： 测位、锯管、套丝、搣弯、配管、接地、穿引线、补漆。

单位：100m

编 号				2-1182	2-1183	2-1184	2-1185	2-1186
项 目				公称直径(mm以内)				
				15	20	25	32	40
预算基价	总 价(元)			**609.80**	**663.45**	**810.26**	**904.50**	**1368.03**
	人 工 费(元)			498.15	534.60	643.95	692.55	1093.50
	材 料 费(元)			111.65	128.85	161.21	206.85	269.43
	机 械 费(元)			—	—	5.10	5.10	5.10
组 成 内 容		单位	单价	数 量				
人工	综合工	工日	135.00	3.69	3.96	4.77	5.13	8.10
材料	镀锌钢管	m	—	(103.000)	(103.000)	(103.000)	(103.000)	(103.000)
	镀锌钢丝 $D1.2\sim2.2$	kg	7.13	0.400	0.400	0.400	0.400	0.400
	钢丝 $D1.6$	kg	7.09	0.403	0.403	0.403	0.403	0.403
	锁紧螺母 15×3	个	0.33	10.200	—	—	—	—
	锁紧螺母 20×3	个	0.33	—	10.200	—	—	—
	锁紧螺母 25×3	个	0.67	—	—	8.000	—	—
	锁紧螺母 32×3	个	0.67	—	—	—	8.000	—
	锁紧螺母 40×3	个	1.25	—	—	—	—	8.000
	钢锯条	条	4.33	3.000	3.000	2.000	2.000	3.000
	醇酸清漆 C01-1	kg	13.45	0.200	0.200	0.300	0.400	0.500
	溶剂油	kg	6.10	0.200	0.200	0.300	0.300	0.400
	铅油	kg	11.17	0.500	0.600	0.800	1.000	1.200

续前

编 号			2-1182	2-1183	2-1184	2-1185	2-1186
项 目			公称直径(mm以内)				
			15	20	25	32	40
组 成 内 容	单位	单价	数 量				
材	塑料护口 15	个	0.19	10.210	—	—	—	—
	塑料护口 20	个	0.22	—	10.210	—	—	—
	塑料护口 25	个	0.39	—	—	8.010	—	—
	塑料护口 32	个	0.45	—	—	—	8.010	—
	塑料护口 40	个	0.52	—	—	—	—	8.010
	镀锌钢管接头 15×2.75	个	1.82	16.520	—	—	—	—
	镀锌钢管接头 20×2.75	个	2.10	—	16.520	—	—	—
	镀锌钢管接头 25×3.25	个	3.22	—	—	16.520	—	—
	镀锌钢管接头 32×3.25	个	4.90	—	—	—	16.520	—
	镀锌钢管接头 40×3.5	个	6.72	—	—	—	—	16.520
	铜芯塑料绝缘软电线 BVR-4mm^2	m	2.90	14.410	17.420	20.420	24.520	29.330
料	镀锌地线夹 15	套	0.13	48.450	—	—	—	—
	镀锌地线夹 20	套	0.18	—	48.450	—	—	—
	镀锌地线夹 25	套	0.23	—	—	48.450	—	—
	镀锌地线夹 32	套	0.27	—	—	—	48.450	—
	镀锌地线夹 40	套	0.37	—	—	—	—	48.450
机械	钢材电动搣弯机 500mm以内	台班	51.03	—	—	0.100	0.100	0.100

工作内容： 测位、锯管、套丝、掫弯、配管、接地、穿引线、补漆。

单位：100m

编　号				2-1187	2-1188	2-1189	2-1190	2-1191	2-1192
项　目				公称直径(mm以内)					
				50	65	80	100	125	150
预算基价	总　　价(元)			**1546.09**	**2245.13**	**3258.37**	**3793.85**	**4511.11**	**6488.80**
	人　工　费(元)			1178.55	1701.00	2551.50	2697.30	3790.80	5710.50
	材　料　费(元)			359.04	525.42	688.16	1077.84	622.16	680.15
	机　械　费(元)			8.50	18.71	18.71	18.71	98.15	98.15
组　成　内　容		单位	单价	数　　量					
人工	综合工	工日	135.00	8.73	12.60	18.90	19.98	28.08	42.30
材料	镀锌钢管	m	—	(103.000)	(103.000)	(103.000)	(103.000)	(103.000)	(103.000)
	镀锌钢丝 D1.2~2.2	kg	7.13	0.400	0.400	0.400	0.400	0.400	0.400
	钢丝 D1.6	kg	7.09	0.403	0.403	0.403	0.403	0.403	0.403
	锁紧螺母 50×3	个	1.25	8.000	—	—	—	—	—
	锁紧螺母 65×3	个	1.56	—	8.000	—	—	—	—
	锁紧螺母 80×3	个	2.06	—	—	8.000	—	—	—
	锁紧螺母 100×3	个	2.08	—	—	—	8.000	—	—
	钢锯条	条	4.33	3.000	3.000	4.500	4.500	—	—
	醇酸清漆 C01-1	kg	13.45	0.600	0.700	0.900	1.100	1.400	1.600
	溶剂油	kg	6.10	0.500	0.700	0.800	1.000	1.300	1.500
	铅油	kg	11.17	1.500	1.700	1.900	2.500	3.000	3.500
	塑料护口 50	个	0.57	8.200	—	—	—	—	—
	塑料护口 80	个	0.87	—	8.200	—	—	—	—

273

续前

编　号			2-1187	2-1188	2-1189	2-1190	2-1191	2-1192
项　目			公称直径(mm以内)					
			50	65	80	100	125	150
组 成 内 容	单位	单价	数　量					
塑料护口 70	个	0.81	—	—	8.200	—	—	—
塑料护口 100	个	1.03	—	—	—	8.200	—	—
镀锌钢管接头 50×3.5	个	10.08	16.500	—	—	—	—	—
镀锌钢管接头 65×3.75	个	18.36	—	15.500	—	—	—	—
镀锌钢管接头 100×4	个	44.08	—	—	—	15.500	—	—
镀锌钢管接头 80×4	个	25.57	—	—	15.500	—	—	—
镀锌钢管接头 125×4.5	个	55.28	—	—	—	—	8.200	—
镀锌钢管接头 150×4.5	个	59.76	—	—	—	—	—	8.200
铜芯塑料绝缘软电线 BVR-4mm²	m	2.90	35.200	42.800	51.400	62.900	20.400	20.300
镀锌地线夹 50	套	0.46	63.900	—	—	—	—	—
镀锌地线夹 65	套	0.74	—	61.800	—	—	—	—
镀锌地线夹 80	套	0.91	—	—	61.800	—	—	—
镀锌地线夹 100	套	1.83	—	—	—	61.800	—	—
镀锌地线夹 125	套	2.65	—	—	—	—	16.500	—
镀锌地线夹 150	套	3.38	—	—	—	—	—	16.500
管子切断机 D150	台班	33.97	0.100	0.100	0.100	0.100	0.500	0.500
钢材电动揻弯机 500mm以内	台班	51.03	0.100	0.300	0.300	0.300	—	—
钢材电动揻弯机 500~1800mm	台班	81.16	—	—	—	—	1.000	1.000

材料 / 机械

三、防爆钢管敷设
1.砖、混凝土结构明配

工作内容：测位、画线、打眼、埋螺栓、锯管、套丝、撤弯、配管、接地、气密性试验、刷漆、穿引线。

单位：100m

编　号			2-1193	2-1194	2-1195	2-1196	2-1197	2-1198	2-1199	2-1200	2-1201
项　目			公称直径(mm以内)								
			15	20	25	32	40	50	70	80	100
预算基价	总　　价(元)		**2690.66**	**2859.77**	**3067.04**	**3301.46**	**3701.14**	**3961.85**	**5385.87**	**6592.26**	**7055.65**
	人　工　费(元)		2185.65	2320.65	2542.05	2698.65	3129.30	3323.70	4630.50	5740.20	6093.90
	材　料　费(元)		391.46	425.57	402.25	480.07	400.76	467.07	482.36	578.08	687.77
	机　械　费(元)		113.55	113.55	122.74	122.74	171.08	171.08	273.01	273.98	273.98
组　成　内　容	单位	单价	数　　　量								
人工 综合工	工日	135.00	16.19	17.19	18.83	19.99	23.18	24.62	34.30	42.52	45.14
材料 镀锌钢管	m	—	(103)	(103)	(103)	(103)	(103)	(103)	(103)	(103)	(103)
圆钢 $D5.5\sim9.0$	t	3896.14	0.00091	0.00091	0.00115	0.00115	0.00348	0.00348	0.00539	0.00539	0.00539
镀锌钢丝 $D1.2\sim2.2$	kg	7.13	0.66	0.66	0.66	0.66	0.66	0.66	0.66	0.66	0.66
钢丝 $D1.6$	kg	7.09	0.403	0.403	0.403	0.403	0.403	0.403	0.403	0.403	0.403
电焊条 E4303 $D3.2$	kg	7.59	0.69	0.69	0.90	0.90	1.13	1.13	1.36	1.36	1.36
膨胀螺栓 M6	套	0.44	—	—	—	—	68.64	68.64	104.00	104.00	104.00
木螺钉 M4×65以内	个	0.09	249.60	249.60	172.64	172.64	68.64	68.64	—	—	—
塑料胀管 M6~8	个	0.31	252.0	252.0	174.3	174.3	69.3	69.3	—	—	—
冲击钻头 $D6\sim12$	个	6.33	1.66	1.66	1.15	1.15	0.92	0.92	0.69	0.69	0.69
锯条	根	0.42	3.0	3.0	2.0	2.0	3.0	3.0	3.0	4.5	4.5
沥青清漆	kg	6.89	—	—	0.48	0.61	0.66	0.70	0.88	1.00	1.28
清油	kg	15.06	0.26	0.33	0.42	0.53	0.60	0.74	0.93	1.09	1.41
防锈漆 C53-1	kg	13.20	1.86	2.33	2.97	3.76	4.44	5.56	7.38	8.44	10.88
铅油	kg	11.17	0.66	0.83	1.07	1.36	1.58	1.98	2.26	2.54	3.26
溶剂汽油 200#	kg	6.90	0.46	0.59	0.74	0.93	1.14	1.43	1.79	2.06	2.66
活接头 15	个	3.42	25.75	—	—	—	—	—	—	—	—
活接头 20	个	4.17	—	25.75	—	—	—	—	—	—	—
活接头 25	个	5.94	—	—	15.45	—	—	—	—	—	—
活接头 32	个	8.27	—	—	—	15.45	—	—	—	—	—
管接头 8×70	个	7.13	—	—	—	—	—	—	15.45	—	—
管接头 8×80	个	8.02	—	—	—	—	—	—	—	15.45	—

续前

编　号			2-1193	2-1194	2-1195	2-1196	2-1197	2-1198	2-1199	2-1200	2-1201
项　目			公称直径(mm以内)								
			15	20	25	32	40	50	70	80	100
组　成　内　容	单位	单价	数　　量								
管接头 10×100	个	9.05	—	—	—	—	—	—	—	—	15.45
镀锌管接头 5×15	个	1.08	16.48	—	—	—	—	—	—	—	—
镀锌管接头 5×20	个	1.34	—	16.48	—	—	—	—	—	—	—
镀锌管接头 6×25	个	2.08	—	—	16.48	—	—	—	—	—	—
镀锌管接头 6×32	个	3.29	—	—	—	16.48	—	—	—	—	—
镀锌管接头 7×40	个	3.95	—	—	—	—	16.48	—	—	—	—
镀锌管接头 7×50	个	5.75	—	—	—	—	—	16.48	—	—	—
塑料护口 15	个	0.19	15.45	—	—	—	—	—	—	—	—
塑料护口 20	个	0.22	—	15.45	—	—	—	—	—	—	—
塑料护口 25	个	0.39	—	—	15.45	—	—	—	—	—	—
塑料护口 32	个	0.45	—	—	—	15.45	—	—	—	—	—
塑料护口 40	个	0.52	—	—	—	—	15.45	—	—	—	—
塑料护口 50	个	0.57	—	—	—	—	—	15.45	—	—	—
塑料护口 70	个	0.81	—	—	—	—	—	—	15.45	—	—
塑料护口 80	个	0.87	—	—	—	—	—	—	—	15.45	—
塑料护口 100	个	1.03	—	—	—	—	—	—	—	—	15.45
管卡子 15	个	0.93	123.60	—	—	—	—	—	—	—	—
管卡子 20	个	0.93	—	123.60	—	—	—	—	—	—	—
管卡子 25	个	1.26	—	—	85.49	—	—	—	—	—	—
管卡子 32	个	1.30	—	—	—	85.49	—	—	—	—	—
管卡子 40	个	1.99	—	—	—	—	67.98	—	—	—	—
管卡子 50	个	2.17	—	—	—	—	—	67.98	—	—	—
管卡子 70	个	2.22	—	—	—	—	—	—	51.50	—	—
管卡子 80	个	3.35	—	—	—	—	—	—	—	51.50	—
管卡子 100	个	4.13	—	—	—	—	—	—	—	—	51.50
电动弯管机 100mm	台班	32.32	—	—	0.06	0.06	0.14	0.14	0.21	0.24	0.24
交流弧焊机 21kV·A	台班	60.37	0.35	0.35	0.47	0.47	0.59	0.59	0.71	0.71	0.71
电动空气压缩机 0.6m³	台班	38.51	2.4	2.4	2.4	2.4	3.4	3.4	5.8	5.8	5.8

2.砖、混凝土结构暗配

工作内容： 测位、画线、锯管、套丝、搣弯、配管、接地、气密性试验、刷漆、穿引线。

单位：100m

编　号			2-1202	2-1203	2-1204	2-1205	2-1206	2-1207	2-1208	2-1209	2-1210
项　目			公称直径（mm以内）								
			15	20	25	32	40	50	70	80	100
预算基价	总　　价(元)		**1489.79**	**1591.36**	**1902.38**	**2065.59**	**2714.23**	**2901.54**	**3976.96**	**5490.27**	**5836.48**
	人　工　费(元)		1236.60	1310.85	1603.80	1703.70	2401.65	2550.15	3474.90	4965.30	5273.10
	材　料　费(元)		139.64	166.96	175.84	239.15	141.50	180.31	226.14	247.76	286.17
	机　械　费(元)		113.55	113.55	122.74	122.74	171.08	171.08	275.92	277.21	277.21
组　成　内　容	单位	单价	数　　量								
人工 综合工	工日	135.00	9.16	9.71	11.88	12.62	17.79	18.89	25.74	36.78	39.06
材料 镀锌钢管	m	—	(103)	(103)	(103)	(103)	(103)	(103)	(103)	(103)	(103)
圆钢 $D5.5\sim9.0$	t	3896.14	0.00091	0.00091	0.00115	0.00115	0.00348	0.00348	0.00539	0.00539	0.00539
镀锌钢丝 $D1.2\sim2.2$	kg	7.13	0.66	0.66	0.66	0.66	0.66	0.66	0.66	0.66	0.66
钢丝 $D1.6$	kg	7.09	0.403	0.403	0.403	0.403	0.403	0.403	0.403	0.403	0.403
电焊条 E4303 $D3.2$	kg	7.59	0.69	0.69	0.90	0.90	1.13	1.13	1.36	1.36	1.36
锯条	根	0.42	3.0	3.0	2.0	2.0	3.0	3.0	3.0	4.5	4.5
沥青清漆	kg	6.89	—	—	0.49	0.62	0.66	0.70	0.88	1.00	1.28
防锈漆 C53-1	kg	13.20	0.78	0.98	1.28	1.62	2.00	2.50	3.55	3.95	5.09
铅油	kg	11.17	0.14	0.17	0.14	0.18	0.27	0.33	0.40	0.35	0.45
溶剂汽油 200#	kg	6.90	0.20	0.24	0.32	0.41	0.50	0.62	0.86	0.97	1.25
活接头 15	个	3.42	25.75	—	—	—	—	—	—	—	—
活接头 20	个	4.17	—	25.75	—	—	—	—	—	—	—
活接头 25	个	5.94	—	—	15.45	—	—	—	—	—	—
活接头 32	个	8.27	—	—	—	15.45	—	—	—	—	—
管接头 8×70	个	7.13	—	—	—	—	—	—	15.45	—	—

续前

编　号			2-1202	2-1203	2-1204	2-1205	2-1206	2-1207	2-1208	2-1209	2-1210
项　目			公称直径(mm以内)								
			15	20	25	32	40	50	70	80	100
组　成　内　容	单位	单价	数　　量								
管接头 8×80	个	8.02	—	—	—	—	—	—	—	15.45	—
管接头 10×100	个	9.05	—	—	—	—	—	—	—	—	15.45
镀锌管接头 5×15	个	1.08	16.48	—	—	—	—	—	—	—	—
镀锌管接头 5×20	个	1.34	—	16.48	—	—	—	—	—	—	—
镀锌管接头 6×25	个	2.08	—	—	16.48	—	—	—	—	—	—
镀锌管接头 6×32	个	3.29	—	—	—	16.48	—	—	—	—	—
镀锌管接头 7×40	个	3.95	—	—	—	—	16.48	—	—	—	—
镀锌管接头 7×50	个	5.75	—	—	—	—	—	16.48	—	—	—
塑料护口 15	个	0.19	15.45	—	—	—	—	—	—	—	—
塑料护口 20	个	0.22	—	15.45	—	—	—	—	—	—	—
塑料护口 25	个	0.39	—	—	15.45	—	—	—	—	—	—
塑料护口 32	个	0.45	—	—	—	15.45	—	—	—	—	—
塑料护口 40	个	0.52	—	—	—	—	15.45	—	—	—	—
塑料护口 50	个	0.57	—	—	—	—	—	15.45	—	—	—
塑料护口 70	个	0.81	—	—	—	—	—	—	15.45	—	—
塑料护口 80	个	0.87	—	—	—	—	—	—	—	15.45	—
塑料护口 100	个	1.03	—	—	—	—	—	—	—	—	15.45
电动弯管机 100mm	台班	32.32	—	—	0.06	0.06	0.14	0.14	0.30	0.34	0.34
交流弧焊机 21kV·A	台班	60.37	0.35	0.35	0.47	0.47	0.59	0.59	0.71	0.71	0.71
电动空气压缩机 0.6m³	台班	38.51	2.4	2.4	2.4	2.4	3.4	3.4	5.8	5.8	5.8

278

3.钢结构支架配管

工作内容: 测位、画线、打眼、安装支架、锯管、套丝、搣弯、配管、接地、试压、补焊口漆、穿引线。

单位:100m

编 号				2-1211	2-1212	2-1213	2-1214	2-1215	2-1216	2-1217	2-1218	2-1219
项 目				公称直径(mm以内)								
				15	20	25	32	40	50	70	80	100
预算基价		总 价(元)		**2273.51**	**2414.14**	**2560.77**	**2760.00**	**3423.67**	**3797.99**	**5094.69**	**6627.48**	**7068.16**
		人 工 费(元)		1752.30	1858.95	2025.00	2147.85	2847.15	3154.95	4333.50	5890.05	6249.15
		材 料 费(元)		407.66	441.64	413.52	489.90	406.74	473.26	485.27	460.22	541.80
		机 械 费(元)		113.55	113.55	122.25	122.25	169.78	169.78	275.92	277.21	277.21
组 成 内 容		单位	单价	数 量								
人工	综合工	工日	135.00	12.98	13.77	15.00	15.91	21.09	23.37	32.10	43.63	46.29
材料	镀锌钢管	m	—	(103)	(103)	(103)	(103)	(103)	(103)	(103)	(103)	(103)
	圆钢 $D5.5\sim9.0$	t	3896.14	0.00091	0.00091	0.00115	0.00115	0.00348	0.00348	0.00539	0.00539	0.00539
	镀锌钢丝 $D1.2\sim2.2$	kg	7.13	0.66	0.66	0.66	0.66	0.66	0.66	0.66	0.66	0.66
	钢丝 $D1.6$	kg	7.09	0.403	0.403	0.403	0.403	0.403	0.403	0.403	0.403	0.403
	电焊条 E4303 $D3.2$	kg	7.59	0.69	0.69	0.90	0.90	1.13	1.13	1.36	1.36	1.36
	半圆头螺钉 $M(6\sim12)\times(12\sim50)$	套	0.51	249.60	249.60	172.64	172.64	137.28	137.28	104.00	104.00	104.00
	锯条	根	0.42	3.0	3.0	2.0	2.0	3.0	3.0	3.0	4.5	4.5
	沥青清漆	kg	6.89	—	—	0.49	0.62	0.66	0.74	0.88	1.00	1.28
	清油	kg	15.06	0.26	0.33	0.42	0.43	0.60	0.74	0.93	1.09	1.41
	防锈漆 C53-1	kg	13.20	1.86	2.33	2.97	3.76	4.44	5.56	7.38	8.44	10.88
	铅油	kg	11.17	0.66	0.83	1.07	1.36	1.58	1.98	2.26	2.54	3.26
	溶剂汽油 200#	kg	6.90	0.46	0.57	0.74	0.94	1.09	1.37	1.79	2.06	2.66
	活接头 15	个	3.42	25.75	—	—	—	—	—	—	—	—
	活接头 20	个	4.17	—	25.75	—	—	—	—	—	—	—
	活接头 25	个	5.94	—	—	15.45	—	—	—	—	—	—
	活接头 32	个	8.27	—	—	—	15.45	—	—	—	—	—
	管接头 8×70	个	7.13	—	—	—	—	—	—	15.45	—	—
	管接头 8×80	个	8.02	—	—	—	—	—	—	—	15.45	—
	管接头 10×100	个	9.05	—	—	—	—	—	—	—	—	15.45
	镀锌管接头 5×15	个	1.08	16.48	—	—	—	—	—	—	—	—

续前

编　号			2-1211	2-1212	2-1213	2-1214	2-1215	2-1216	2-1217	2-1218	2-1219
项　目			公称直径(mm以内)								
			15	20	25	32	40	50	70	80	100
组 成 内 容	单位	单价	数　量								
镀锌管接头 5×20	个	1.34	—	16.48	—	—	—	—	—	—	—
镀锌管接头 6×25	个	2.08	—	—	16.48	—	—	—	—	—	—
镀锌管接头 6×32	个	3.29	—	—	—	16.48	—	—	—	—	—
镀锌管接头 7×40	个	3.95	—	—	—	—	16.48	—	—	—	—
镀锌管接头 7×50	个	5.75	—	—	—	—	—	16.48	—	—	—
塑料护口 15	个	0.19	15.45	—	—	—	—	—	—	—	—
塑料护口 20	个	0.22	—	15.45	—	—	—	—	—	—	—
塑料护口 25	个	0.39	—	—	15.45	—	—	—	—	—	—
塑料护口 32	个	0.45	—	—	—	15.45	—	—	—	—	—
塑料护口 40	个	0.52	—	—	—	—	15.45	—	—	—	—
塑料护口 50	个	0.57	—	—	—	—	—	15.45	—	—	—
塑料护口 70	个	0.81	—	—	—	—	—	—	15.45	—	—
塑料护口 80	个	0.87	—	—	—	—	—	—	—	15.45	—
塑料护口 100	个	1.03	—	—	—	—	—	—	—	—	15.45
管卡子 15	个	0.93	123.60	—	—	—	—	—	—	—	—
管卡子 20	个	0.93	—	123.60	—	—	—	—	—	—	—
管卡子 25	个	1.26	—	—	85.49	—	—	—	—	—	—
管卡子 32	个	1.30	—	—	—	85.49	—	—	—	—	—
管卡子 40	个	1.99	—	—	—	—	67.98	—	—	—	—
管卡子 50	个	2.17	—	—	—	—	—	67.98	—	—	—
管卡子 70	个	2.22	—	—	—	—	—	—	51.50	—	—
管卡子 80	个	3.35	—	—	—	—	—	—	—	15.45	—
管卡子 100	个	4.13	—	—	—	—	—	—	—	—	15.45
电动弯管机 100mm	台班	32.32	—	—	0.045	0.045	0.100	0.100	0.300	0.340	0.340
交流弧焊机 21kV·A	台班	60.37	0.35	0.35	0.47	0.47	0.59	0.59	0.71	0.71	0.71
电动空气压缩机 0.6m³	台班	38.51	2.40	2.40	2.40	2.40	3.40	3.40	5.80	5.80	5.80

（材料；机械）

280

4.塔器照明配管

工作内容：测位,画线,锯管,套丝,搣弯,配管,支架制作、安装,试压,补焊口漆,穿引线。

单位：100m

编　号			2-1220	2-1221	2-1222
项　目			公称直径(mm以内)		
			15	20	25
预算基价	总　　价(元)		**2832.20**	**3058.29**	**3355.83**
	人　工　费(元)		2452.95	2602.80	2835.00
	材　料　费(元)		330.94	403.50	460.84
	机　械　费(元)		48.31	51.99	59.99
组 成 内 容		单位	单价	数　量	
人工	综合工	工日	135.00	18.17	19.28	21.00
材料	镀锌钢管	m	—	(103)	(103)	(103)
	镀锌管接头 3×15	个	—	(8.24)	—	—
	镀锌管接头 3×20	个	—	—	(8.24)	—
	镀锌管接头 3×25	个	—	—	—	(8.24)
	镀锌角钢 ＜60	t	4593.04	0.02250	0.02725	0.03166
	镀锌钢丝 D1.2～2.2	kg	7.13	0.66	0.66	0.66
	钢丝 D1.6	kg	7.09	0.403	0.403	0.403
	电焊条 E4303 D3.2	kg	7.59	1.04	1.09	1.56
	调和漆	kg	14.11	1.10	1.32	1.58
	防锈漆 C53-1	kg	13.20	1.00	1.20	1.44
	密封胶 XY02	kg	13.33	0.72	0.86	1.12
	溶剂汽油 200#	kg	6.90	0.49	0.54	0.59
	尼龙砂轮片 D150	片	6.65	0.64	0.80	1.00
	镀锌活接头 DN15	个	2.83	25.75	—	—
	镀锌活接头 DN20	个	3.37	—	25.75	—
	镀锌活接头 DN25	个	4.71	—	—	25.75
	塑料护口 15	个	0.19	15.75	—	—
	塑料护口 20	个	0.22	—	15.75	—
	塑料护口 25	个	0.39	—	—	15.75
	镀锌管卡子 3×15	个	0.64	123.60	—	—
	镀锌管卡子 3×20	个	0.84	—	123.60	—
	镀锌管卡子 3×25	个	1.00	—	—	85.49
	电力复合脂 一级	kg	22.43	0.50	0.60	0.72
机械	电动弯管机 100mm	台班	32.32	0.040	0.040	0.050
	台式砂轮机 D200	台班	19.99	0.16	0.18	0.21
	扳边机	台班	17.39	0.53	0.58	0.64
	交流弧焊机 21kV·A	台班	60.37	0.42	0.46	0.56
	电动空气压缩机 0.6m³	台班	38.51	0.24	0.24	0.24

四、可挠金属套管敷设
1.砖、混凝土结构暗配管

工作内容：测位、画线、刨沟、断管、配管、固定、接地、清理、填补、穿引线。　　　　　　　　　　　　单位：100m

编　号			2-1223	2-1224	2-1225	2-1226	2-1227	2-1228
项　　目			可挠金属套管					
			10#	12#	15#	17#	24#	30#
预算基价	总　　价(元)		**995.10**	**1035.60**	**1065.30**	**1109.85**	**1170.19**	**1218.79**
	人　工　费(元)		808.65	849.15	878.85	923.40	969.30	1017.90
	材　料　费(元)		186.45	186.45	186.45	186.45	200.89	200.89
组　成　内　容	单位	单价	数　　量					
人工 综合工	工日	135.00	5.99	6.29	6.51	6.84	7.18	7.54
材料 可挠性金属套管	m	—	(106)	(106)	(106)	(106)	(106)	(106)
可挠金属套管护口	个	—	(15.75)	(15.75)	(15.75)	(15.75)	(15.75)	(15.75)
可挠金属套管接头	个	—	(16.80)	(16.80)	(16.80)	(16.80)	(16.80)	(16.80)
湿拌砌筑砂浆 M10	m³	352.38	0.10	0.10	0.10	0.10	0.12	0.12
水泥钉 2.5×350	个	0.20	3.70	3.70	3.70	3.70	3.70	3.70
镀锌钢丝 $D1.2\sim2.2$	kg	7.13	0.66	0.66	0.66	0.66	0.66	0.66
钢丝 $D1.6$	kg	7.09	0.403	0.403	0.403	0.403	0.403	0.403
焊锡膏 50g瓶装	kg	49.90	0.03	0.03	0.03	0.03	0.04	0.04
焊锡	kg	59.85	0.16	0.16	0.16	0.16	0.24	0.24
锯条	根	0.42	1.05	1.05	1.05	1.05	1.05	1.05
汽油 60#～70#	kg	6.67	0.65	0.65	0.65	0.65	0.80	0.80
塑料软铜绝缘导线 BVR-2.5mm²	m	1.95	3.97	3.97	3.97	3.97	4.54	4.54
接地卡子	个	3.62	32.96	32.96	32.96	32.96	32.96	32.96

工作内容：测位、画线、刨沟、断管、配管、固定、接地、清理、填补、穿引线。

单位：100m

编　号				2-1229	2-1230	2-1231	2-1232	2-1233	2-1234
项　目				可挠金属套管					
				38#	50#	63#	76#	83#	101#
预算基价	总　　　价(元)			**1280.32**	**1345.26**	**1404.13**	**1480.23**	**1545.86**	**1641.93**
	人　工　费(元)			1067.85	1121.85	1177.20	1235.25	1297.35	1375.65
	材　料　费(元)			212.47	223.41	226.93	244.98	248.51	266.28
组　成　内　容		单位	单价	数　　量					
人工	综合工	工日	135.00	7.91	8.31	8.72	9.15	9.61	10.19
材料	可挠性金属套管	m	—	(106)	(106)	(106)	(106)	(106)	(106)
	可挠金属套管护口	个	—	(15.75)	(15.75)	(15.75)	(15.75)	(15.75)	—
	可挠金属套管接头	个	—	(16.80)	(16.80)	(15.75)	(15.75)	—	—
	湿拌砌筑砂浆 M10	m³	352.38	0.14	0.15	0.16	0.17	0.18	0.21
	水泥钉 2.5×350	个	0.20	4.10	4.10	4.10	4.10	4.10	4.10
	镀锌钢丝 D1.2~2.2	kg	7.13	0.66	0.66	0.66	0.66	0.66	0.66
	钢丝 D1.6	kg	7.09	0.403	0.403	0.403	0.403	0.403	0.403
	焊锡膏 50g瓶装	kg	49.90	0.04	0.05	0.05	0.07	0.07	0.09
	焊锡	kg	59.85	0.24	0.25	0.25	0.27	0.27	0.30
	锯条	根	0.42	1.05	1.05	1.05	1.05	1.05	1.05
	汽油 60#~70#	kg	6.67	0.80	1.00	1.00	1.20	1.20	1.50
	塑料软铜绝缘导线 BVR-4mm²	m	2.93	4.54	6.24	6.24	—	—	—
	塑料软铜绝缘导线 BVR-6mm²	m	4.30	—	—	—	6.81	6.81	7.37
	接地卡子	个	3.62	32.96	32.96	32.96	32.96	32.96	32.96

2．天棚内暗敷设

工作内容：测位、画线、断管、配管、固定、接地、穿引线。

单位：100m

	编　号			2-1235	2-1236	2-1237	2-1238	2-1239	2-1240
	项　目			可挠金属套管					
				10#	12#	15#	17#	24#	30#
预算基价	总　　价(元)			**1006.77**	**1045.92**	**1072.92**	**1116.12**	**1140.82**	**1186.72**
	人　工　费(元)			768.15	807.30	834.30	877.50	920.70	966.60
	材　料　费(元)			238.62	238.62	238.62	238.62	220.12	220.12
	组　成　内　容	单位	单价	数　　量					
人工	综合工	工日	135.00	5.69	5.98	6.18	6.50	6.82	7.16
材料	可挠性金属套管	m	—	(108)	(108)	(108)	(108)	(108)	(108)
	可挠金属套管护口	个	—	(15.75)	(15.75)	(15.75)	(15.75)	(15.75)	(15.75)
	可挠金属套管接头	个	—	(16.8)	(16.8)	(16.8)	(16.8)	(16.8)	(16.8)
	可挠金属套管卡子	个	—	(226.60)	(226.60)	(226.60)	(226.60)	(142.14)	(142.14)
	焊锡膏 50g瓶装	kg	49.90	0.03	0.03	0.03	0.03	0.04	0.04
	焊锡	kg	59.85	0.16	0.16	0.16	0.16	0.24	0.24
	木螺钉 M4×65以内	个	0.09	114.40	114.40	114.40	114.40	58.20	58.20
	半圆头螺钉 M(6～12)×(12～50)	套	0.51	80.08	80.08	80.08	80.08	85.28	85.28
	镀锌自攻螺钉 M(4～6)×(20～35)	个	0.17	34.8	34.8	34.8	34.8	—	—
	塑料胀管 M6～8	个	0.31	115.5	115.5	115.5	115.5	58.8	58.8
	锯条	根	0.42	1.05	1.05	1.05	1.05	1.05	1.05
	汽油 60#～70#	kg	6.67	0.65	0.65	0.65	0.65	0.80	0.80
	塑料软铜绝缘导线 BVR-2.5mm²	m	1.95	3.97	3.97	3.97	3.97	4.54	4.54
	接地卡子	个	3.62	32.96	32.96	32.96	32.96	32.96	32.96
	钢丝 D1.6	kg	7.09	0.403	0.403	0.403	0.403	0.403	0.403

五、塑料管敷设
1.刚性阻燃管敷设
(1)砖、混凝土结构明配

工作内容：测位、画线、打眼、下胀管、连接管件、配管、上螺钉、穿引线。

单位：100m

编 号			2-1241	2-1242	2-1243	2-1244	2-1245	2-1246	2-1247
项 目			外径(mm以内)						
			16	20	25	32	40	50	65
预算基价	总 价(元)		**1188.38**	**1275.90**	**1279.91**	**1375.01**	**1321.53**	**1389.81**	**1569.94**
	人 工 费(元)		899.10	972.00	996.30	1069.20	1069.20	1117.80	1190.70
	材 料 费(元)		289.28	303.90	283.61	305.81	252.33	272.01	379.24
组成内容	单位	单价	数 量						
人工 综合工	工日	135.00	6.66	7.20	7.38	7.92	7.92	8.28	8.82
刚性阻燃管	m	—	(106.000)	(106.000)	(106.000)	(106.000)	(106.000)	(106.000)	(106.000)
镀锌钢丝 D1.2~2.2	kg	7.13	0.230	0.230	0.240	0.240	0.240	0.240	0.250
钢丝 D1.6	kg	7.09	0.403	0.403	0.403	0.403	0.403	0.403	0.403
木螺钉 M4×65以内	个	0.09	333.300	333.300	241.200	241.200	169.200	169.200	127.100
塑料胀管 M6~8	个	0.31	325.330	325.330	255.460	255.460	178.380	178.380	134.330
冲击钻头 D6~8	个	5.48	2.300	2.300	1.600	1.600	—	—	—
冲击钻头 D6~12	个	6.33	—	—	—	—	1.100	1.100	0.400
锯条	根	0.42	1.000	1.000	1.000	1.000	1.000	1.000	1.000
胶粘剂	kg	24.23	0.100	0.100	0.100	0.100	0.200	0.200	0.200
管接头	个	—	21.020×0.51	21.020×0.58	21.020×0.67	21.020×0.80	21.020×0.94	21.020×1.16	21.020×1.42
难燃塑料管三通	个	—	3.200×0.90	3.200×1.34	3.200×1.74	3.200×2.22	3.200×2.94	3.200×3.82	3.200×4.62
伸缩接头	个	—	2.100×1.29	2.100×1.48	2.100×1.61	2.100×1.72	2.100×2.41	2.100×2.54	2.100×2.74
直角弯头	个	—	2.100×1.38	2.100×1.98	2.100×3.37	2.100×3.68	2.100×3.92	2.100×4.35	2.100×4.83
管码	个	—	168.0×0.71	168.0×0.77	121.8×1.12	121.8×1.26	85.1×1.44	85.1×1.57	64.1×3.95

285

(2) 砖、混凝土结构暗配

工作内容: 测位、画线、接管、配管、固定、穿引线。

单位:100m

编　号				2-1248	2-1249	2-1250	2-1251	2-1252	2-1253	2-1254
项　目				外径(mm以内)						
				16	20	25	32	40	50	65
预算基价	总　　价(元)			**701.06**	**751.46**	**790.24**	**854.35**	**906.56**	**936.55**	**994.49**
	人　工　费(元)			680.40	729.00	765.45	826.20	874.80	899.10	947.70
	材　料　费(元)			20.66	22.46	24.79	28.15	31.76	37.45	46.79
组　成　内　容		单位	单价	数　　量						
人工	综合工	工日	135.00	5.04	5.40	5.67	6.12	6.48	6.66	7.02
材料	刚性阻燃管	m	—	(106.000)	(106.000)	(106.000)	(106.000)	(106.000)	(106.000)	(106.000)
	镀锌钢丝 $D1.2\sim2.2$	kg	7.13	0.250	0.250	0.250	0.250	0.250	0.250	0.250
	钢丝 $D1.6$	kg	7.09	0.403	0.403	0.403	0.403	0.403	0.403	0.403
	锯条	根	0.42	1.000	1.000	1.000	1.000	1.000	1.000	1.500
	胶粘剂	kg	24.23	0.100	0.100	0.100	0.100	0.100	0.100	0.200
	管接头	个	—	25.830×0.51	25.830×0.58	25.830×0.67	25.830×0.80	25.830×0.94	25.830×1.16	25.830×1.42

286

(3) 埋 地 敷 设

工作内容：测位、锯管、接管、配管、穿引线。

单位：100m

编 号				2-1255	2-1256	2-1257	2-1258	2-1259	2-1260	2-1261	2-1262
项 目				外径(mm以内)							
				16	20	25	32	40	50	65	80
预算基价	总 价(元)			**552.60**	**602.64**	**653.10**	**680.08**	**731.57**	**760.40**	**792.70**	**1132.66**
	人 工 费(元)			534.60	583.20	631.80	656.10	704.70	729.00	753.30	801.90
	材 料 费(元)			18.00	19.44	21.30	23.98	26.87	31.40	39.40	330.76
组 成 内 容		单位	单价	数 量							
人工	综合工	工日	135.00	3.96	4.32	4.68	4.86	5.22	5.40	5.58	5.94
材料	刚性阻燃管	m	—	(106.000)	(106.000)	(106.000)	(106.000)	(106.000)	(106.000)	(106.000)	(106.000)
	镀锌钢丝 $D1.2\sim2.2$	kg	7.13	0.250	0.250	0.250	0.250	0.250	0.250	0.250	0.250
	钢丝 $D1.6$	kg	7.09	0.403	0.403	0.403	0.403	0.403	0.403	0.403	0.403
	锯条	根	0.42	1.000	1.000	1.000	1.000	1.000	1.000	1.500	1.500
	胶粘剂	kg	24.23	0.100	0.100	0.100	0.100	0.100	0.100	0.200	0.200
	管接头	个	—	20.620×0.51	20.620×0.58	20.620×0.67	20.620×0.80	20.620×0.94	20.620×1.16	20.620×1.42	20.620×15.55

287

2.半硬质塑料管敷设
(1)砖、混凝土结构暗配

工作内容：测位、画线、打眼、敷设、固定、穿引线。

单位：100m

编　号			2-1263	2-1264	2-1265	2-1266	2-1267	2-1268
项　目			外径(mm以内)					
			16	20	25	32	40	50
预算基价	总　　　价(元)		**592.97**	**690.42**	**861.03**	**1006.83**	**1130.36**	**1300.72**
	人　工　费(元)		583.20	680.40	850.50	996.30	1117.80	1287.90
	材　料　费(元)		9.77	10.02	10.53	10.53	12.56	12.82
组　成　内　容		单位	单价	数　　量				
人工	综合工	工日	135.00	4.32	5.04	6.30	7.38	8.28	9.54
材料	半硬塑料管	m	—	(106.000)	(106.000)	(106.000)	(106.000)	(106.000)	(106.000)
	镀锌钢丝 $D1.2\sim2.2$	kg	7.13	0.250	0.250	0.250	0.250	0.250	0.250
	钢丝 $D1.6$	kg	7.09	0.403	0.403	0.403	0.403	0.403	0.403
	锯条	根	0.42	1.000	1.000	1.000	1.000	1.000	1.000
	胶粘剂	kg	24.23	0.100	0.100	0.100	0.100	0.100	0.100
	套接管	m	2.54	0.900	1.000	1.200	1.200	2.000	2.100

(2) 钢模板暗配

工作内容： 测位、画线、钻孔、敷设、固定、穿引线。

单位：100m

编　号			2-1269	2-1270	2-1271	2-1272	2-1273	2-1274
项　目			外径(mm以内)					
			16	20	25	32	40	50
预算基价	总　　价(元)		**398.57**	**471.72**	**593.73**	**703.08**	**778.01**	**911.92**
	人　工　费(元)		388.80	461.70	583.20	692.55	765.45	899.10
	材　料　费(元)		9.77	10.02	10.53	10.53	12.56	12.82
组　成　内　容		单位	单价	数　　量				
人工	综合工	工日	135.00	2.88	3.42	4.32	5.13	5.67	6.66
材料	半硬塑料管	m	—	(106.000)	(106.000)	(106.000)	(106.000)	(106.000)	(106.000)
	镀锌钢丝 $D1.2\sim2.2$	kg	7.13	0.250	0.250	0.250	0.250	0.250	0.250
	钢丝 $D1.6$	kg	7.09	0.403	0.403	0.403	0.403	0.403	0.403
	锯条	根	0.42	1.000	1.000	1.000	1.000	1.000	1.000
	胶粘剂	kg	24.23	0.100	0.100	0.100	0.100	0.100	0.100
	套接管	m	2.54	0.900	1.000	1.200	1.200	2.000	2.100

(3)埋地敷设

工作内容：测位、敷设、穿引线。

单位：100m

编 号			2-1275	2-1276	2-1277	2-1278	2-1279	2-1280	2-1281	2-1282
项 目			外径(mm以内)							
			16	20	25	32	40	50	65	80
预算基价	总 价(元)		**369.56**	**442.46**	**563.96**	**649.01**	**734.06**	**831.26**	**964.91**	**1122.86**
	人 工 费(元)		364.50	437.40	558.90	643.95	729.00	826.20	959.85	1117.80
	材 料 费(元)		5.06	5.06	5.06	5.06	5.06	5.06	5.06	5.06
组 成 内 容	单位	单价	数 量							
人工 综合工	工日	135.00	2.70	3.24	4.14	4.77	5.40	6.12	7.11	8.28
材料 半硬塑料管	m	—	(106.000)	(106.000)	(106.000)	(106.000)	(106.000)	(106.000)	(106.000)	(106.000)
镀锌钢丝 $D1.2\sim2.2$	kg	7.13	0.250	0.250	0.250	0.250	0.250	0.250	0.250	0.250
钢丝 $D1.6$	kg	7.09	0.403	0.403	0.403	0.403	0.403	0.403	0.403	0.403
锯条	根	0.42	1.000	1.000	1.000	1.000	1.000	1.000	1.000	1.000

290

六、波纹电线管敷设

工作内容：测位、画线、量尺寸、断管、连接接头、钻孔、敷设、固定、穿引线。

单位：100m

编　号			2-1283	2-1284	2-1285	2-1286	2-1287	2-1288
项　目			公称直径(mm以内)					
			15	20	25	32	40	50
预算基价	总　　价(元)		2518.72	3001.16	3350.07	3642.76	4135.23	4759.05
	人　工　费(元)		2296.35	2745.90	2940.30	3159.00	3608.55	4131.00
	材　料　费(元)		222.37	255.26	409.77	483.76	526.68	628.05
组 成 内 容		单位	单价	数　　　量				
人工	综合工	工日	135.00	17.01	20.34	21.78	23.40	26.73	30.60
材料	难燃波纹管	m	—	(103.000)	(103.000)	(103.000)	(103.000)	(103.000)	(103.000)
	镀锌钢丝 D1.2~2.2	kg	7.13	4.000	4.000	4.000	4.000	4.000	4.000
	钢丝 D1.6	kg	7.09	0.403	0.403	0.403	0.403	0.403	0.403
	半圆头螺钉 M(6~12)×(12~50)	套	0.51	56.200	56.200	56.200	56.200	56.200	56.200
	钢锯条	条	4.33	10.000	10.000	10.000	10.000	10.000	10.000
	难燃波纹管接头 DN15	个	0.81	136.640	—	—	—	—	—
	难燃波纹管接头 DN20	个	1.01	—	136.640	—	—	—	—
	难燃波纹管接头 DN25	个	2.10	—	—	136.640	—	—	—
	难燃波纹管接头 DN32	个	2.56	—	—	—	136.640	—	—
	难燃波纹管接头 DN40	个	2.65	—	—	—	—	136.640	—
	难燃波纹管接头 DN50	个	3.29	—	—	—	—	—	136.640
	难燃波纹管卡子 DN15	个	0.03	278.380	—	—	—	—	—
	难燃波纹管卡子 DN20	个	0.05	—	278.380	—	—	—	—
	难燃波纹管卡子 DN25	个	0.07	—	—	278.380	—	—	—
	难燃波纹管卡子 DN32	个	0.11	—	—	—	278.380	—	—
	难燃波纹管卡子 DN40	个	0.22	—	—	—	—	278.380	—
	难燃波纹管卡子 DN50	个	0.27	—	—	—	—	—	278.380

七、金属软管敷设

工作内容： 量尺寸、断管、连接接头、钻眼、攻丝、固定。

单位：100m

编　号				2-1289	2-1290	2-1291	2-1292	2-1293	2-1294	2-1295	2-1296	2-1297
项　目				公称直径(mm以内)								
				15	20	25	32	40	50	15	20	25
				每根管长(mm以内)								
				500						1000		
预算基价	总　　　价(元)			3775.35	4424.18	4725.34	5134.25	6161.69	6994.95	2597.21	3180.29	3403.62
	人　工　费(元)			3191.40	3798.90	4028.40	4359.15	4966.65	5620.05	2124.90	2663.55	2810.70
	材　料　费(元)			583.95	625.28	696.94	775.10	1195.04	1374.90	472.31	516.74	592.92
组成内容		单位	单价	数　　量								
人工	综合工	工日	135.00	23.64	28.14	29.84	32.29	36.79	41.63	15.74	19.73	20.82
材料	金属软管	m	—	(103.0)	(103.0)	(103.0)	(103.0)	(103.0)	(103.0)	(103.0)	(103.0)	(103.0)
	金属软管尼龙接头 15	个	0.55	103.10	—	—	—	—	—	103.10	—	—
	金属软管尼龙接头 20	个	0.63	—	103.10	—	—	—	—	—	103.10	—
	金属软管尼龙接头 25	个	0.94	—	—	103.10	—	—	—	—	—	103.10
	金属软管尼龙接头 32	个	1.45	—	—	—	103.100	—	—	—	—	—
	金属软管尼龙接头 40	个	2.19	—	—	—	—	103.100	—	—	—	—
	金属软管尼龙接头 50	个	3.28	—	—	—	—	—	103.100	—	—	—
	管卡子 15	个	0.32	220.22	—	—	—	—	—	268.07	—	—
	管卡子 20	个	0.40	—	220.22	—	—	—	—	—	268.07	—
	管卡子 25	个	0.51	—	—	220.22	—	—	—	—	—	268.07
	管卡子 32	个	0.57	—	—	—	220.220	—	—	—	—	—
	管卡子 40	个	1.99	—	—	—	—	220.220	—	—	—	—
	管卡子 50	个	2.17	—	—	—	—	—	220.220	—	—	—
	镀锌地线夹 15	套	0.13	309.310	—	—	—	—	—	294.690	—	—
	镀锌地线夹 20	套	0.18	—	309.310	—	—	—	—	—	294.690	—
	镀锌地线夹 25	套	0.23	—	—	309.310	—	—	—	—	—	294.690
	镀锌地线夹 32	套	0.27	—	—	—	309.310	—	—	—	—	—
	镀锌地线夹 40	套	0.37	—	—	—	—	309.310	—	—	—	—
	镀锌地线夹 50	套	0.46	—	—	—	—	—	309.310	—	—	—
	半圆头螺钉 M(6～12)×(12～50)	套	0.51	816.80	816.80	816.80	816.80	816.80	816.80	571.60	571.60	571.60

工作内容：量尺寸、断管、连接接头、钻眼、攻丝、固定。

单位：100m

编　号			2-1298	2-1299	2-1300	2-1301	2-1302	2-1303	2-1304	2-1305	2-1306
项　目			公称直径(mm以内)								
			32	40	50	15	20	25	32	40	50
			每根管长(mm)								
			1000以内			1000以外					
预算基价	总　　　价(元)		**3712.98**	**4397.59**	**5180.06**	**1688.89**	**1863.40**	**2084.30**	**2383.95**	**2874.99**	**3507.64**
	人　工　费(元)		2995.65	3468.15	3946.05	1409.40	1555.20	1701.00	1895.40	2065.50	2466.45
	材　料　费(元)		717.33	929.44	1234.01	279.49	308.20	383.30	488.55	809.49	1041.19
组　成　内　容	单位	单价	数　　　量								
人工　综合工	工日	135.00	22.19	25.69	29.23	10.44	11.52	12.60	14.04	15.30	18.27
金属软管	m	—	(103.0)	(103.0)	(103.0)	(103.0)	(103.0)	(103.0)	(103.0)	(103.0)	(103.0)
半圆头螺钉 M(6~12)×(12~50)	套	0.51	571.60	571.60	571.60	250.03	250.03	250.03	250.03	250.03	250.03
金属软管尼龙接头 15	个	0.55	—	—	—	185.59	—	—	—	—	—
金属软管尼龙接头 20	个	0.63	—	—	—	—	185.59	—	—	—	—
金属软管尼龙接头 25	个	0.94	—	—	—	—	—	185.59	—	—	—
金属软管尼龙接头 32	个	1.45	268.070	—	—	—	—	—	185.590	—	—
金属软管尼龙接头 40	个	2.19	—	268.070	—	—	—	—	—	185.590	—
金属软管尼龙接头 50	个	3.28	—	—	268.070	—	—	—	—	—	185.590
管卡子 15	个	0.32	—	—	—	123.72	—	—	—	—	—
管卡子 20	个	0.40	—	—	—	—	123.72	—	—	—	—
管卡子 25	个	0.51	—	—	—	—	—	123.72	—	—	—
管卡子 32	个	0.57	—	—	—	—	—	—	123.720	—	—
管卡子 40	个	1.99	—	—	—	—	—	—	—	123.720	—
管卡子 50	个	2.17	—	—	—	—	—	—	—	—	123.720
镀锌地线夹 15	套	0.13	—	—	—	79.280	—	—	—	—	—
镀锌地线夹 20	套	0.18	—	—	—	—	79.280	—	—	—	—
镀锌地线夹 25	套	0.23	—	—	—	—	—	79.280	—	—	—
镀锌地线夹 32	套	0.27	137.440	—	—	—	—	—	79.280	—	—
镀锌地线夹 40	套	0.37	—	137.440	—	—	—	—	—	79.280	—
镀锌地线夹 50	套	0.46	—	—	137.440	—	—	—	—	—	79.280

八、塑料线槽及防火线槽安装

工作内容：1.塑料线槽安装:定位、打眼、支架安装、本体固定。2.防火线槽安装:定位、打眼、支架安装、本体固定、接地跨接、补漆。 单位：100m

	编 号			2-1307	2-1308	2-1309	2-1310	2-1311	2-1312	2-1313	2-1314	2-1315
	项 目			塑料线槽 宽×高（mm以内）				防火线槽 （宽+高）×2（mm以内）				
				20×10	35×10	50×15	100×20	200	300	700	1000	1500
预算基价	总 价(元)			**1050.46**	**1117.96**	**1274.24**	**2135.19**	**2648.56**	**3355.74**	**4104.47**	**7023.64**	**9067.11**
	人 工 费(元)			918.00	985.50	1120.50	1998.00	2430.00	3051.00	3766.50	6628.50	8599.50
	材 料 费(元)			132.46	132.46	153.74	137.19	121.97	184.00	187.04	207.99	214.06
	机 械 费(元)			—	—	—	—	96.59	120.74	150.93	187.15	253.55
组 成 内 容		单位	单价	数 量								
人工	综合工	工日	135.00	6.80	7.30	8.30	14.80	18.00	22.60	27.90	49.10	63.70
材料	电焊条 E4303 D3.2	kg	7.59	—	—	—	—	1.50	1.80	2.20	3.50	4.30
	镀锌精制带帽螺栓 M8×100以内	套	0.67	—	—	—	—	105.0	105.0	105.0	105.0	105.0
	膨胀螺栓 M6	套	0.44	—	—	—	102.00	—	—	—	—	—
	膨胀螺栓 M8	套	0.55	—	—	—	—	61.20	—	—	—	—
	膨胀螺栓 M10	套	1.53	—	—	—	—	—	61.20	61.20	—	—
	膨胀螺栓 M12	套	1.75	—	—	—	—	—	—	—	61.20	61.20
	木螺钉 M4×65以内	个	0.09	312.0	312.0	364.0	208.0	—	—	—	—	—
	塑料胀管 M6~8	个	0.31	300.00	300.00	350.00	200.00	—	—	—	—	—
	冲击钻头 D6~8	个	5.48	2.00	2.00	2.20	2.00	1.20	—	—	—	—
	冲击钻头 D10~20	个	7.94	—	—	—	—	—	0.80	0.80	0.50	0.50
	锯条	根	0.42	1.00	1.00	1.00	1.50	—	—	—	—	—
机械	交流弧焊机 21kV·A	台班	60.37	—	—	—	—	1.60	2.00	2.50	3.10	4.20

九、管 内 穿 线

工作内容：扫管、涂滑石粉、穿线、编号、焊接包头。

单位：100m

编 号				2-1316	2-1317	2-1318	2-1319	2-1320	2-1321	2-1322	2-1323	2-1324	2-1325
项 目				照明线路					动力线路				
				铝芯		铜芯			铝芯				
				导线截面（mm²以内）									
				2.5	4	1.5	2.5	4	2.5	4	6	10	16
预算基价	总 价（元）			**113.11**	**76.56**	**113.78**	**128.92**	**92.36**	**76.47**	**78.08**	**90.25**	**104.08**	**116.27**
	人 工 费（元）			109.35	72.90	97.20	109.35	72.90	72.90	72.90	85.05	97.20	109.35
	材 料 费（元）			3.76	3.66	16.58	19.57	19.46	3.57	5.18	5.20	6.88	6.92
组 成 内 容		单位	单价	数 量									
人工	综合工	工日	135.00	0.81	0.54	0.72	0.81	0.54	0.54	0.54	0.63	0.72	0.81
材料	绝缘导线	m	—	(116)	(110)	(116)	(116)	(110)	(105)	(105)	(105)	(105)	(105)
	焊锡膏 50g瓶装	kg	49.90	—	—	0.01	0.01	0.01	—	—	—	—	—
	焊锡	kg	59.85	—	—	0.15	0.20	0.20	—	—	—	—	—
	汽油 60#～70#	kg	6.67	—	—	0.5	0.5	0.5	—	—	—	—	—
	棉纱	kg	16.11	0.2	0.2	0.2	0.2	0.2	0.2	0.3	0.3	0.4	0.4
	塑料胶布带 25mm×10m	卷	2.17	0.25	0.20	0.25	0.25	0.20	0.16	0.16	0.17	0.20	0.22

工作内容：扫管、涂滑石粉、穿线、编号、焊接包头。

单位：100m

编　号			2-1326	2-1327	2-1328	2-1329	2-1330	2-1331	2-1332	2-1333	2-1334
项　目			动力线路（铝芯）								
			导线截面（mm²以内）								
			25	35	50	70	95	120	150	185	240
预算基价	总　　　价（元）		**142.25**	**142.29**	**217.30**	**290.64**	**328.91**	**365.80**	**501.49**	**673.42**	**1136.95**
	人　工　费（元）		133.65	133.65	206.55	279.45	315.90	352.35	486.00	656.10	1117.80
	材　料　费（元）		8.60	8.64	10.75	11.19	13.01	13.45	15.49	17.32	19.15
组　成　内　容		单位	单价	数　　　量								
人工	综合工	工日	135.00	0.99	0.99	1.53	2.07	2.34	2.61	3.60	4.86	8.28
材料	绝缘导线	m	—	(105)	(105)	(105)	(105)	(104)	(104)	(104)	(104)	(104)
	钳接管	个	—	—	—	—	(2.03)	(2.03)	(1.02)	(1.02)	(1.02)	(1.02)
	棉纱	kg	16.11	0.50	0.50	0.60	0.60	0.70	0.70	0.80	0.90	1.00
	塑料胶布带 25mm×10m	卷	2.17	0.25	0.27	0.50	0.70	0.80	1.00	1.20	1.30	1.40

工作内容：扫管、涂滑石粉、穿线、编号、焊接包头。

单位：100m

编　　号			2-1335	2-1336	2-1337	2-1338	2-1339	2-1340	2-1341	2-1342	2-1343
项　　目			动力线路（铜芯）								
			导线截面（mm²以内）								
			0.2	0.3	0.4	0.5	0.6	0.7	0.8	0.9	1
预算基价	总　　价(元)		**82.13**	**82.21**	**84.99**	**88.50**	**89.93**	**91.36**	**91.45**	**94.95**	**96.38**
	人 工 费(元)		72.90	72.90	75.60	76.95	78.30	79.65	79.65	81.00	82.35
	材 料 费(元)		9.23	9.31	9.39	11.55	11.63	11.71	11.80	13.95	14.03
组 成 内 容	单位	单价	数　　量								
人工　综合工	工日	135.00	0.54	0.54	0.56	0.57	0.58	0.59	0.59	0.60	0.61
材料　铜芯绝缘导线	m	—	(105)	(105)	(105)	(105)	(105)	(105)	(105)	(105)	(105)
焊锡膏 50g瓶装	kg	49.90	0.01	0.01	0.01	0.01	0.01	0.01	0.01	0.01	0.01
焊锡	kg	59.85	0.08	0.08	0.08	0.09	0.09	0.09	0.09	0.10	0.10
汽油 60#～70#	kg	6.67	0.30	0.30	0.30	0.40	0.40	0.40	0.40	0.50	0.50
棉纱	kg	16.11	0.10	0.10	0.10	0.15	0.15	0.15	0.15	0.20	0.20
塑料胶布带 20mm×10m	卷	1.65	0.20	0.25	0.30	0.35	0.40	0.45	0.50	0.55	0.60

工作内容：扫管、涂滑石粉、穿线、编号、焊接包头。

单位：100m

编　号			2-1344	2-1345	2-1346	2-1347	2-1348	2-1349	2-1350	2-1351	2-1352	2-1353
项　目			动力线路（铜芯）									
			导线截面（mm²以内）									
			1.5	2.5	4	6	10	16	25	35	50	70
预算基价	总　价（元）		**97.81**	**99.84**	**115.04**	**115.20**	**130.89**	**131.06**	**158.90**	**159.66**	**296.85**	**439.11**
	人工费（元）		83.70	85.05	97.20	97.20	109.35	109.35	133.65	133.65	267.30	407.70
	材料费（元）		14.11	14.79	17.84	18.00	21.54	21.71	25.25	26.01	29.55	31.41
组成内容	单位	单价	数　量									
人工	综合工	工日	135.00	0.62	0.63	0.72	0.72	0.81	0.81	0.99	0.99	1.98	3.02
材料	铜芯绝缘导线	m	—	(105)	(105)	(105)	(105)	(105)	(105)	(105)	(105)	(105)	(105)
	焊锡膏 50g瓶装	kg	49.90	0.01	0.01	0.01	0.01	0.02	0.02	0.03	0.03	0.04	0.05
	焊锡	kg	59.85	0.10	0.11	0.12	0.12	0.13	0.13	0.14	0.15	0.16	0.18
	汽油 60#～70#	kg	6.67	0.50	0.50	0.60	0.60	0.70	0.70	0.80	0.80	0.90	0.90
	棉纱	kg	16.11	0.20	0.20	0.30	0.30	0.40	0.40	0.50	0.50	0.60	0.60
	塑料胶布带 20mm×10m	卷	1.65	0.65	0.70	0.80	0.90	1.00	1.10	1.20	1.30	1.40	1.50

工作内容：扫管、涂滑石粉、穿线、编号、焊接包头。

单位：100m

编　　　号				2-1354	2-1355	2-1356	2-1357	2-1358	2-1359	2-1360	2-1361	2-1362	2-1363
项　　目				动力线路					多芯软导线				
				铜芯					二芯				四芯
				导线截面（mm²以内）									
				95	120	150	185	240	0.75	1.0	1.5	2.5	0.75
预算基价	总　　　价（元）			**350.85**	**389.16**	**526.95**	**699.93**	**1167.63**	**87.30**	**113.87**	**114.14**	**127.02**	**126.94**
	人　工　费（元）			315.90	352.35	486.00	656.10	1117.80	72.90	97.20	97.20	109.35	109.35
	材　料　费（元）			34.95	36.81	40.95	43.83	49.83	14.40	16.67	16.94	17.67	17.59
组　成　内　容		单位	单价	数　　　量									
人工	综合工	工日	135.00	2.34	2.61	3.60	4.86	8.28	0.54	0.72	0.72	0.81	0.81
材料	铜芯绝缘导线	m	—	(105)	(105)	(105)	(105)	(105)	—	—	—	—	—
	铜芯多股绝缘导线	m	—	—	—	—	—	—	(108)	(108)	(108)	(108)	(108)
	焊锡膏 50g瓶装	kg	49.90	0.06	0.07	0.08	0.09	0.10	0.01	0.01	0.01	0.01	0.01
	焊锡	kg	59.85	0.19	0.21	0.23	0.24	0.28	0.10	0.11	0.11	0.12	0.12
	塑料粘胶带	盘	2.64	—	—	—	—	—	0.75	0.90	1.00	1.05	1.13
	汽油 60#～70#	kg	6.67	1.00	1.00	1.10	1.10	1.30	0.48	0.55	0.55	0.55	0.58
	棉纱	kg	16.11	0.70	0.70	0.80	0.90	1.00	0.17	0.22	0.22	0.22	0.19
	塑料胶布带 20mm×10m	卷	1.65	1.60	1.70	1.80	1.90	2.00	—	—	—	—	—

工作内容：扫管、涂滑石粉、穿线、编号、焊接包头。

单位：100m

编　号				2-1364	2-1365	2-1366	2-1367	2-1368	2-1369	2-1370	2-1371	2-1372	2-1373
项　目				多芯软导线									
				四芯			八芯				十六芯		
				导线截面（mm²以内）									
				1.0	1.5	2.5	0.75	1.0	1.5	2.5	0.75	1.0	1.5
预算基价	总　　价(元)			**129.96**	**154.66**	**155.97**	**167.82**	**171.71**	**184.52**	**185.93**	**197.88**	**202.39**	**227.70**
	人　工　费(元)			109.35	133.65	133.65	145.80	145.80	157.95	157.95	170.10	170.10	194.40
	材　料　费(元)			20.61	21.01	22.32	22.02	25.91	26.57	27.98	27.78	32.29	33.30
组　成　内　容		单位	单价	数　　量									
人工	综合工	工日	135.00	0.81	0.99	0.99	1.08	1.08	1.17	1.17	1.26	1.26	1.44
材料	铜芯多股绝缘导线	m	—	(108)	(108)	(108)	(108)	(108)	(108)	(108)	(108)	(108)	(108)
	焊锡膏 50g瓶装	kg	49.90	0.02	0.02	0.03	0.03	0.04	0.04	0.05	0.05	0.06	0.06
	焊锡	kg	59.85	0.13	0.13	0.14	0.14	0.16	0.16	0.17	0.17	0.19	0.19
	塑料粘胶带	盘	2.64	1.35	1.50	1.58	1.70	2.00	2.25	2.37	2.55	3.00	3.38
	汽油 60#～70#	kg	6.67	0.66	0.66	0.66	0.64	0.73	0.73	0.73	0.70	0.80	0.80
	棉纱	kg	16.11	0.24	0.24	0.24	0.21	0.26	0.26	0.26	0.23	0.29	0.29

十、瓷夹板配线
1．木 结 构

工作内容：测位、画线、打眼、下过墙管、上瓷夹、配线、焊接包头。

单位：100m

编 号				2-1374	2-1375	2-1376	2-1377	2-1378	2-1379
项 目				二线 导线截面（mm²以内）			三线 导线截面（mm²以内）		
				2.5	6	16	2.5	6	16
预算基价	总　　　价(元)			**489.64**	**687.70**	**1028.61**	**737.41**	**1034.32**	**1498.00**
	人　工　费(元)			430.65	619.65	923.40	634.50	926.10	1381.05
	材　料　费(元)			58.99	68.05	105.21	102.91	108.22	116.95
组 成 内 容		单位	单价	数　　　量					
人工	综合工	工日	135.00	3.19	4.59	6.84	4.70	6.86	10.23
材料	绝缘导线	m	—	(219.89)	(206.65)	(205.64)	(325.76)	(309.47)	(308.45)
	塑料软管 D6	m	0.47	0.84	—	—	1.30	—	—
	塑料软管 D10	m	0.78	—	0.34	0.20	—	0.70	—
	瓷夹板 40	副	0.09	237.93	—	—	475.86	—	—
	瓷夹板 50	副	0.12	—	185.40	—	—	—	—
	瓷夹板 64	副	0.18	—	—	185.40	—	185.40	—
	瓷夹板 76	副	0.23	—	—	—	—	—	185.40
	直瓷管 D(9～15)×305	个	0.85	26.78	22.66	22.66	36.05	25.75	25.75
	木螺钉 M(2～4)×(6～65)	个	0.06	240.24	—	—	480.48	—	—
	木螺钉 M(4.5～6)×(15～100)	个	0.14	—	187.70	374.40	—	374.40	374.40

2.砖、混凝土结构

工作内容：测位、画线、打眼、埋螺栓、下过墙管、上瓷夹、配线、焊接包头。

单位：100m

编　号				2-1380	2-1381	2-1382	2-1383	2-1384	2-1385
项　目				二线			三线		
				导线截面（mm²以内）			导线截面（mm²以内）		
				2.5	6	16	2.5	6	16
预算基价	总　价(元)			**1684.65**	**1737.00**	**2005.36**	**2553.67**	**2638.83**	**2894.87**
	人　工　费(元)			1540.35	1602.45	1767.15	2280.15	2397.60	2644.65
	材　料　费(元)			144.30	134.55	238.21	273.52	241.23	250.22
组　成　内　容		单位	单价	数　量					
人工	综合工	工日	135.00	11.41	11.87	13.09	16.89	17.76	19.59
材料	绝缘导线	m	—	(219.89)	(206.65)	(205.64)	(325.76)	(309.47)	(308.45)
	瓷夹板 40	副	0.09	237.93	—	—	475.86	—	—
	直瓷管 D(9~15)×305	个	0.85	26.78	22.66	22.66	36.05	25.75	25.75
	塑料软管 D6	m	0.47	0.84	—	—	1.30	—	—
	塑料软管 D10	m	0.78	—	0.34	0.20	—	0.70	0.34
	瓷夹板 50	副	0.12	—	185.40	—	—	—	—
	瓷夹板 64	副	0.18	—	—	185.40	—	185.40	—
	瓷夹板 76	副	0.23	—	—	—	—	—	185.40
	木螺钉 M(2~4)×(6~65)	个	0.06	240.24	—	—	480.48	—	—
	木螺钉 M(4.5~6)×(15~100)	个	0.14	—	187.70	374.40	—	374.40	374.40
	塑料胀管 M6~8	个	0.31	242.55	189.00	378.00	485.00	378.00	378.00
	冲击钻头 D6~12	个	6.33	1.60	1.25	2.50	3.20	2.50	2.50

3.砖、混凝土结构粘接

工作内容: 测位、画线、打眼、下过墙管、配料、粘接瓷夹、配线、焊接包头。

单位:100m

编 号					2-1386	2-1387	2-1388	2-1389
项 目					二线		三线	
					导线截面(mm²以内)		导线截面(mm²以内)	
					2.5	6	2.5	6
预算基价	总 价(元)				**1306.78**	**1269.98**	**2014.36**	**1850.09**
	人 工 费(元)				1094.85	1102.95	1618.65	1647.00
	材 料 费(元)				211.93	167.03	395.71	203.09
组 成 内 容		单位	单价		数 量			
人工	综合工	工日	135.00		8.11	8.17	11.99	12.20
材料	绝缘导线	m	—		(219.89)	(206.65)	(325.76)	(309.47)
	沉头螺钉 M(4~5)×(35~50)	套	0.12		235.62	183.60	471.24	367.20
	胶粘剂	kg	24.23		5.74	4.26	10.94	4.26
	塑料软管 D6	m	0.47		0.84	—	1.30	—
	塑料软管 D10	m	0.78		—	0.34	—	0.70
	瓷夹板 40	副	0.09		237.93	—	475.86	—
	瓷夹板 50	副	0.12		—	185.40	—	—
	瓷夹板 64	副	0.18		—	—	—	185.40
	直瓷管 D(9~15)×305	个	0.85		26.78	22.66	36.05	25.75

十一、塑料夹板配线

工作内容：测位、画线、打眼、下过墙管、配料、固定线夹、配线、焊接包头。

单位：100m

编　号			2-1390	2-1391	2-1392	2-1393	2-1394	2-1395	2-1396	2-1397
项　目			木结构 导线截面（mm² 以内）				砖、混凝土结构粘接 导线截面（mm² 以内）			
			二线		三线		二线		三线	
			2.5	4	2.5	4	2.5	4	2.5	4
预算基价	总　　价（元）		**553.11**	**716.45**	**765.04**	**1025.68**	**1319.07**	**1280.11**	**1852.29**	**1829.64**
	人　工　费（元）		430.65	619.65	634.50	926.10	1093.50	1102.95	1618.65	1649.70
	材　料　费（元）		122.46	96.80	130.54	99.58	225.57	177.16	233.64	179.94
组 成 内 容	单位	单价	数　　量							
人工 综合工	工日	135.00	3.19	4.59	4.70	6.86	8.10	8.17	11.99	12.22
材料 绝缘导线	m	—	(219.89)	(206.65)	(325.76)	(309.47)	(219.89)	(206.65)	(325.76)	(309.47)
木螺钉 M(2～4)×(6～65)	个	0.06	240.24	187.20	240.24	187.20	—	—	—	—
胶粘剂	kg	24.23	—	—	—	—	4.85	3.78	4.85	3.78
塑料软管 D6	m	0.47	0.84	0.34	1.26	0.67	0.84	0.34	1.26	0.67
塑料圆形线夹	个	0.35	242.55	189.00	242.55	189.00	242.55	189.00	242.55	189.00
直瓷管 D(9～15)×305	个	0.85	26.78	22.66	36.05	25.75	26.78	22.66	36.05	25.75

十二、鼓形绝缘子配线
1.木结构、天棚内及砖、混凝土结构

工作内容：测位、画线、打眼、埋螺钉、钉木楞、下过墙管、上绝缘子、配线、焊接包头。

单位：100m

编　号				2-1398	2-1399	2-1400	2-1401	2-1402	2-1403
项　目				木结构 导线截面（mm²以内）		天棚内 导线截面（mm²以内）		砖、混凝土结构 导线截面（mm²以内）	
				2.5	6	2.5	6	2.5	6
预算基价	总　　　价（元）			**308.30**	**395.25**	**349.05**	**424.68**	**865.78**	**899.86**
	人　工　费（元）			237.60	279.45	253.80	279.45	753.30	762.75
	材　料　费（元）			70.70	115.80	95.25	145.23	112.48	137.11
组　成　内　容		单位	单价	数　　　量					
人工	综合工	工日	135.00	1.76	2.07	1.88	2.07	5.58	5.65
材料	绝缘导线	m	—	（110.82）	（107.50）	（110.58）	（107.78）	（109.77）	（105.54）
	木螺钉 M（4.5～6）×（15～100）	个	0.14	108.57	90.69	141.44	108.16	110.24	89.30
	塑料胀管 M6～8	个	0.31	—	—	—	—	111.32	81.90
	冲击钻头 D6～12	个	6.33	—	—	—	—	0.73	0.70
	铁绑线 D1	m	0.20	38.00	35.42	48.46	42.35	37.77	31.76
	塑料软管 D10	m	0.78	—	—	1	1	—	—
	直瓷管 D（9～15）×305	个	0.85	4.48	4.12	9.28	12.36	6.49	6.59
	鼓形绝缘子 G38	个	0.41	107.53	—	139.25	—	109.39	—
	鼓形绝缘子 G50	个	1.03	—	89.82	—	107.12	—	80.42

2.沿钢支架及钢索

工作内容：测位、画线、打眼、下过墙管、安装支架、上绝缘子、配线、焊接包头。

单位：100m

	编　　号			2-1404	2-1405	2-1406	2-1407
	项　　目			沿钢支架 导线截面(mm²以内)		沿钢索 导线截面(mm²以内)	
				2.5	6	2.5	6
预算基价	总　　价(元)			**297.95**	**302.58**	**376.76**	**411.57**
	人　工　费(元)			244.35	257.85	229.50	271.35
	材　料　费(元)			53.60	44.73	147.26	140.22
	组 成 内 容	单位	单价	数　　量			
人工	综合工	工日	135.00	1.81	1.91	1.70	2.01
材料	绝缘导线	m	—	(106.58)	(106.18)	(104.75)	(104.16)
	角钢吊架 36×3×135	kg	5.25	—	—	6.1	4.0
	半圆头镀锌螺栓 M(2~5)×(15~50)	套	0.24	—	—	53.04	34.68
	六角螺栓 M6×120	套	0.98	—	—	53.04	34.68
	沉头螺钉 M6×(55~65)	套	0.15	79.04	32.24	—	—
	铁绑线 D1	m	0.20	27.08	12.62	36.64	27.69
	鼓形绝缘子 G38	个	0.41	78.44	—	105.37	—
	直瓷管 D(9~15)×305	个	0.85	4.90	5.27	—	—
	鼓形绝缘子 G50	个	1.03	—	31.93	—	69.29

注：未包括支架制作,钢索架设及拉紧装置制作、安装。

十三、针式绝缘子配线
1. 沿屋架、梁、柱、墙

工作内容： 测位、画线、打眼、安装支架、下过墙管、上绝缘子、配线、焊接包头。

单位：100m

编 号			2-1408	2-1409	2-1410	2-1411	2-1412	2-1413	2-1414
项 目			导线截面（mm²以内）						
			6	16	35	70	120	185	240
预算基价 总　　价（元）			**575.69**	**656.29**	**756.22**	**1130.49**	**1343.79**	**1612.37**	**1812.96**
人　工　费（元）			437.40	533.25	637.20	909.90	1123.20	1371.60	1578.15
材　料　费（元）			138.29	123.04	119.02	220.59	220.59	240.77	234.81
组 成 内 容	单位	单价	数　　量						
人工 综合工	工日	135.00	3.24	3.95	4.72	6.74	8.32	10.16	11.69
绝缘导线	m	—	(108)	(108)	(108)	(108)	(108)	(108)	(108)
铁绑线 D1	m	0.20	35	—	—	—	—	—	—
铁绑线 D1.6	m	0.36	—	30	20	23	23	23	29
直瓷管 D（9~15）×305	个	0.85	5.15	3.09	2.06	—	—	—	—
直瓷管 D（19~25）×300	个	0.98	—	—	—	2.06	2.06	—	—
直瓷管 D32×305	个	1.16	—	—	—	—	—	1.03	1.03
蝶式绝缘子 大号	个	4.30	—	—	—	—	—	—	2.63
蝶式绝缘子 ED-1	个	3.27	—	—	—	2.63	2.63	2.63	—
蝶式绝缘子 ED-2	个	2.92	—	—	2.63	—	—	—	—
针式绝缘子 大号	个	5.16	—	—	—	—	—	—	21.66
针式绝缘子 PD-1T	个	5.66	—	—	—	21.66	21.66	21.66	—
针式绝缘子 PD-2T	个	3.00	—	—	21.66	—	—	—	—
针式绝缘子 PD-3T	个	2.85	44.53	38.46	—	—	—	—	—
钢线卡子 D10~20	个	4.33	—	—	—	2.61	2.61	—	—
钢线卡子 D25	个	7.44	—	—	—	—	—	2.61	2.61
镀锌铁拉板 50×6×650	块	9.68	—	—	—	5.23	5.23	5.23	5.23
镀锌铁拉板 40×4×（200~350）	块	6.14	—	—	5.23	—	—	—	—
镀锌精制六角带帽螺栓 M16×（85~140）	套	3.24	—	—	—	5.3	5.3	—	—
镀锌精制六角带帽螺栓 M20×（160~250）	套	5.67	—	—	—	—	—	5.3	5.3
镀锌六角螺栓 M12×120	套	1.00	—	—	5.3	—	—	—	—

注：未包括支架制作。

2.跨屋架、梁、柱

工作内容：测位、画线、打眼、安装支架、下过墙管、上绝缘子、配线、焊接包头。

单位：100m

编　号			2-1415	2-1416	2-1417	2-1418	2-1419	2-1420	2-1421
项　目			导线截面(mm²以内)						
			6	16	35	70	120	185	240
预算基价	总　价(元)		**336.69**	**420.82**	**480.44**	**767.95**	**967.75**	**1249.82**	**1492.91**
	人　工　费(元)		263.25	310.50	364.50	556.20	756.00	1017.90	1266.30
	材　料　费(元)		73.44	110.32	115.94	211.75	211.75	231.92	226.61
组　成　内　容	单位	单价	数　　量						
人工 综合工	工日	135.00	1.95	2.30	2.70	4.12	5.60	7.54	9.38
绝缘导线	m	—	(108)	(108)	(108)	(108)	(108)	(108)	(108)
铁绑线 D1	m	0.20	18	—	—	—	—	—	—
铁绑线 D1.6	m	0.36	—	18	19	21	21	21	26
针式绝缘子 PD-3T	个	2.85	22.26	19.63	—	—	—	—	—
直瓷管 D(9～15)×305	个	0.85	5.15	3.09	2.06	—	—	—	—
直瓷管 D(19～25)×300	个	0.98	—	—	—	2.06	2.06	—	—
直瓷管 D32×305	个	1.16	—	—	—	—	—	1.03	1.03
蝶式绝缘子 大号	个	4.30	—	—	—	—	—	—	2.63
蝶式绝缘子 ED-1	个	3.27	—	—	—	2.63	2.63	2.63	—
蝶式绝缘子 ED-2	个	2.92	—	—	2.63	—	—	—	—
蝶式绝缘子 ED-3	个	2.31	—	2.63	—	—	—	—	—
针式绝缘子 大号	个	5.16	—	—	—	—	—	—	19.63
针式绝缘子 PD-1T	个	5.66	—	—	—	19.63	19.63	19.63	—
针式绝缘子 PD-2T	个	3.00	—	—	19.63	—	—	—	—
钢线卡子 D10～20	个	4.33	—	—	—	2.61	2.61	—	—
钢线卡子 D25	个	7.44	—	—	—	—	—	2.61	2.61
镀锌铁拉板 50×6×650	块	9.68	—	—	—	5.23	5.23	5.23	5.23
镀锌铁拉板 40×4×(200～350)	块	6.14	—	5.23	5.23	—	—	—	—
镀锌精制六角带帽螺栓 M16×(85～140)	套	3.24	—	—	—	5.3	5.3	—	—
镀锌精制六角带帽螺栓 M20×(160～250)	套	5.67	—	—	—	—	—	5.3	5.3
镀锌六角螺栓 M12×120	套	1.00	—	5.3	5.3	—	—	—	—
镀锌垫圈 M2～12	个	0.09	22.44	19.79	—	—	—	—	—
镀锌垫圈 M14～20	个	0.17	—	—	19.79	19.79	19.79	19.79	19.79

十四、蝶式绝缘子配线
1.沿屋架、梁、柱

工作内容:测位、画线、打眼、安装支架、下过墙管、上绝缘子、配线、焊接包头。

单位:100m

编　号			2-1422	2-1423	2-1424	2-1425	2-1426	2-1427	2-1428
项　目			导线截面(mm²以内)						
			6	16	35	70	120	185	240
预算基价	总　　价(元)		**596.52**	**674.28**	**776.32**	**1149.46**	**1362.76**	**1684.38**	**1918.10**
	人　工　费(元)		437.40	533.25	637.20	909.90	1123.20	1371.60	1578.15
	材　料　费(元)		159.12	141.03	139.12	239.56	239.56	312.78	339.95
组 成 内 容	单位	单价	数　　量						
人工 综合工	工日	135.00	3.24	3.95	4.72	6.74	8.32	10.16	11.69
材料 绝缘导线	m	—	(108)	(108)	(108)	(108)	(108)	(108)	(108)
铁绑线 $D1$	m	0.20	35	—	—	—	—	—	—
铁绑线 $D1.6$	m	0.36	—	30	20	23	23	23	29
直瓷管 $D(9\sim15)\times305$	个	0.85	5.15	3.09	2.06	—	—	—	—
直瓷管 $D(19\sim25)\times300$	个	0.98	—	—	—	2.06	2.06	—	—
直瓷管 $D32\times305$	个	1.16	—	—	—	—	—	1.03	1.03
蝶式绝缘子 大号	个	4.30	—	—	—	—	—	—	24.29
蝶式绝缘子 ED-1	个	3.27	—	—	—	24.29	24.29	24.29	—
蝶式绝缘子 ED-2	个	2.92	—	—	24.29	—	—	—	—
蝶式绝缘子 ED-3	个	2.31	44.53	38.46	—	—	—	—	—
钢线卡子 $D10\sim20$	个	4.33	—	—	—	2.61	2.61	—	—
钢线卡子 $D25$	个	7.44	—	—	—	—	—	2.61	2.61
镀锌铁拉板 $50\times6\times650$	块	9.68	—	—	—	5.23	5.23	5.23	5.23
镀锌铁拉板 $40\times4\times(200\sim350)$	块	6.14	—	—	5.23	—	—	—	—
镀锌精制六角带帽螺栓 $M16\times(85\sim140)$	套	3.24	—	—	—	27.13	27.13	—	—
镀锌精制六角带帽螺栓 $M20\times(160\sim250)$	套	5.67	—	—	—	—	—	27.13	27.13
镀锌六角螺栓 $M12\times120$	套	1.00	44.88	38.76	27.13	—	—	—	—

注:未包括支架制作。

2.跨屋架、梁、柱

工作内容：测位、画线、打眼、安装支架、下过墙管、上绝缘子、配线、焊接包头。

单位：100m

编 号			2-1429	2-1430	2-1431	2-1432	2-1433	2-1434	2-1435
项 目			导线截面（mm²以内）						
			6	16	35	70	120	185	240
预算基价	总 价（元）		**347.74**	**428.23**	**495.29**	**781.79**	**981.59**	**1312.94**	**1586.07**
	人 工 费（元）		263.25	310.50	364.50	556.20	756.00	1017.90	1266.30
	材 料 费（元）		84.49	117.73	130.79	225.59	225.59	295.04	319.77
组 成 内 容	单位	单价	数 量						
人工 综合工	工日	135.00	1.95	2.30	2.70	4.12	5.60	7.54	9.38
材 料 绝缘导线	m	—	(108)	(108)	(108)	(108)	(108)	(108)	(108)
铁绑线 D1	m	0.20	18	—	—	—	—	—	—
铁绑线 D1.6	m	0.36	—	18	19	21	21	21	26
直瓷管 D(9～15)×305	个	0.85	5.15	3.09	2.06	—	—	—	—
直瓷管 D(19～25)×300	个	0.98	—	—	—	2.06	2.06	—	—
直瓷管 D32×305	个	1.16	—	—	—	—	—	2.06	2.06
蝶式绝缘子 大号	个	4.30	—	—	—	—	—	—	22.26
蝶式绝缘子 ED-1	个	3.27	—	—	—	22.26	22.26	22.26	—
蝶式绝缘子 ED-2	个	2.92	—	—	22.26	—	—	—	—
蝶式绝缘子 ED-3	个	2.31	22.26	22.26	—	—	—	—	—
钢线卡子 D10～20	个	4.33	—	—	—	2.61	2.61	—	—
钢线卡子 D25	个	7.44	—	—	—	—	—	2.61	2.61
镀锌铁拉板 50×6×650	块	9.68	—	—	—	5.23	5.23	5.23	5.23
镀锌铁拉板 40×4×(200～350)	块	6.14	—	5.23	5.23	—	—	—	—
镀锌精制六角带帽螺栓 M16×(85～140)	套	3.24	—	—	—	25.09	25.09	—	—
镀锌精制六角带帽螺栓 M20×(160～250)	套	5.67	—	—	—	—	—	25.09	25.09
镀锌六角螺栓 M12×120	套	1.00	25.09	25.09	25.09	—	—	—	—

注：未包括支架制作。

十五、木槽板配线
1. 木 结 构

工作内容：测位、画线、打眼、下过墙管、断料、做角弯、装盒子、配线、焊接包头。

单位：100m

编 号			2-1436	2-1437	2-1438	2-1439	2-1440	2-1441	2-1442	2-1443
项 目			导线截面（mm²以内）							
			二线				三线			
			2.5	6	16	35	2.5	6	16	35
预算基价	总　　价(元)		**821.94**	**892.41**	**1193.05**	**1443.49**	**1295.31**	**1346.49**	**1510.87**	**2136.53**
	人 工 费(元)		719.55	797.85	1104.30	1356.75	1115.10	1182.60	1352.70	1980.45
	材 料 费(元)		102.39	94.56	88.75	86.74	180.21	163.89	158.17	156.08
组 成 内 容	单位	单价	数　　量							
人工 综合工	工日	135.00	5.33	5.91	8.18	10.05	8.26	8.76	10.02	14.67
材料 绝缘导线	m	—	(226.00)	(212.76)	(208.69)	(206.65)	(335.94)	(316.60)	(312.53)	(310.49)
木槽板 38～76	m	—	(105)	(105)	(105)	(105)	(105)	(105)	(105)	(105)
木螺钉 M4×65以内	个	0.09	728	728	728	728	1456	1456	1456	1456
塑料软管 D6	m	0.47	1.4	—	—	—	1.5	—	—	—
塑料软管 D10	m	0.78	—	1.7	0.8	0.4	—	2.1	1.3	0.8
木接线盒 65×65	个	1.70	11	6	3	2	11	6	3	2
直瓷管 D(9～15)×305	个	0.85	20.60	20.60	20.60	20.60	35.02	24.72	24.72	24.72

2.砖、混凝土结构

工作内容：测位、画线、打眼、埋螺钉、下过墙管,断料、做角弯、装盒子、配线、焊接包头。

单位：100m

编　号			2-1444	2-1445	2-1446	2-1447	2-1448	2-1449	2-1450	2-1451
项　目			导线截面(mm²以内)							
			二线				三线			
			2.5	6	16	35	2.5	6	16	35
预算基价	总　价(元)		**2218.66**	**2259.80**	**2528.13**	**2959.39**	**2619.32**	**3340.13**	**3621.96**	**4290.82**
	人　工　费(元)		2012.85	2061.45	2335.50	2768.85	2361.15	2968.65	3256.20	3927.15
	材　料　费(元)		205.81	198.35	192.63	190.54	258.17	371.48	365.76	363.67
组成内容	单位	单价	数　　量							
人工 综合工	工日	135.00	14.91	15.27	17.30	20.51	17.49	21.99	24.12	29.09
材料 绝缘导线	m	—	(226.00)	(212.76)	(208.69)	(206.65)	(335.94)	(316.60)	(312.53)	(310.49)
木槽板 38~76	m	—	(105)	(105)	(105)	(105)	(105)	(105)	(105)	(105)
木螺钉 M4×65以内	个	0.09	728.00	732.16	732.16	732.16	1173.12	1464.32	1464.32	1464.32
塑料胀管 M6~8	个	0.31	294.0	294.0	294.0	294.0	294.0	588.0	588.0	588.0
冲击钻头 D6~12	个	6.33	1.94	1.94	1.94	1.94	1.94	3.88	3.88	3.88
塑料软管 D6	m	0.47	1.40	—	—	—	1.50	—	—	—
塑料软管 D10	m	0.78	—	1.70	0.90	0.40	—	2.10	1.30	0.80
木接线盒 65×65	个	1.70	11	6	3	2	11	6	3	2
直瓷管 D(9~15)×305	个	0.85	20.60	20.60	20.60	20.60	35.02	24.72	24.72	24.72

十六、塑料槽板配线

工作内容： 测位、打眼、埋螺钉、下过墙管、断料、做角弯、装盒子、配线、焊接包头。

单位：100m

编　　号			2-1452	2-1453	2-1454	2-1455	2-1456	2-1457	2-1458	2-1459
项　　目			木结构 导线截面（mm²以内）				砖、混凝土结构 导线截面（mm²以内）			
			二线		三线		二线		三线	
			2.5	6	2.5	6	2.5	6	2.5	6
预算基价	总　　价（元）		**835.50**	**906.36**	**1246.37**	**1359.30**	**2233.21**	**2276.49**	**2596.83**	**3348.89**
	人　工　费（元）		719.55	804.60	1115.10	1186.65	2012.85	2061.45	2361.15	2968.65
	材　料　费（元）		115.95	101.76	131.27	172.65	220.36	215.04	235.68	380.24
组　成　内　容	单位	单价	数　　量							
人工	综合工	工日	135.00	5.33	5.96	8.26	8.79	14.91	15.27	17.49	21.99
材料	绝缘导线	m	—	(226.00)	(212.76)	(335.94)	(316.60)	(226.00)	(212.76)	(335.94)	(316.60)
	塑料槽板 38～63	m	—	(105)	(105)	(105)	(105)	(105)	(105)	(105)	(105)
	木螺钉 M4×65以内	个	0.09	728.00	728.00	728.00	1456.00	728.00	732.16	728.00	1464.32
	塑料胀管 M6～8	个	0.31	—	—	—	—	297.2	297.2	297.2	588.0
	冲击钻头 D6～12	个	6.33	—	—	—	—	1.94	1.94	1.94	3.88
	锯条	根	0.42	2	2	2	2	2	2	2	2
	塑料软管 D6	m	0.47	1.41	1.60	1.53	2.10	1.41	1.60	1.53	2.10
	塑料接线盒 二线槽板用	个	2.72	11.55	6.30	—	—	11.55	6.30	—	—
	塑料接线盒 三线槽板用	个	2.98	—	—	11.55	6.30	—	—	11.55	6.30
	直瓷管 D(9～15)×305	个	0.85	20.60	20.60	35.02	24.72	20.60	30.60	35.02	24.72

十七、塑料护套线明敷设
1.木 结 构

工作内容：测位、画线、打眼、下过墙管、上卡子、装盒子、配线、焊接包头。

单位：100m

编　号				2-1460	2-1461	2-1462	2-1463	2-1464	2-1465
项　目				导线截面（mm²以内）					
				二芯			三芯		
				2.5	6	10	2.5	6	10
预算基价	总　　价（元）			**364.13**	**351.95**	**546.32**	**427.51**	**463.80**	**608.67**
	人 工 费（元）			291.60	291.60	498.15	352.35	400.95	558.90
	材 料 费（元）			72.53	60.35	48.17	75.16	62.85	49.77
组 成 内 容		单位	单价	数　　量					
人工	综合工	工日	135.00	2.16	2.16	3.69	2.61	2.97	4.14
材料	塑料护套线	m	—	(110.96)	(104.85)	(104.85)	(110.96)	(104.85)	(104.85)
	鞋钉 20	kg	9.15	0.21	0.21	0.21	0.21	0.21	0.21
	木螺钉 M4×65以内	个	0.09	21.00	7.00	10.00	21.00	17.00	10.00
	铝扎头 1#～5#	包	1.93	7.3	7.3	7.3	7.3	7.3	7.3
	接线盒 （50～70）×（50～70）×25	个	4.15	10	8	5	10	8	5
	直瓷管 D（9～15）×305	个	0.85	15.45	12.36	12.36	18.54	—	—
	直瓷管 D（19～25）×300	个	0.98	—	—	—	—	12.36	12.36

2.砖、混凝土结构

工作内容：测位、画线、打眼、埋螺钉、下过墙管、上卡子、装盒子、配线、焊接包头。

单位：100m

编　号			2-1466	2-1467	2-1468	2-1469	2-1470	2-1471
项　目			导线截面(mm^{2}以内)					
			二芯			三芯		
			2.5	6	10	2.5	6	10
预算基价	总　　价(元)		**961.43**	**962.30**	**1107.17**	**1025.20**	**1025.04**	**1145.61**
	人　工　费(元)		886.95	899.10	1057.05	947.70	959.85	1093.50
	材　料　费(元)		74.48	63.20	50.12	77.50	65.19	52.11
组　成　内　容	单位	单价	数　　　量					
人工	综合工	工日	135.00	6.57	6.66	7.83	7.02	7.11	8.10
材料	塑料护套线	m	—	(110.96)	(104.85)	(104.85)	(110.96)	(104.85)	(104.85)
	硅酸盐水泥	kg	0.39	5	5	5	6	6	6
	鞋钉 20	kg	9.15	0.21	0.21	0.21	0.21	0.21	0.21
	木螺钉 M4×65以内	个	0.09	21	17	10	21	17	10
	铝扎头 1$^{\#}$~5$^{\#}$	包	1.93	7.3	7.3	7.3	7.3	7.3	7.3
	接线盒 (50~70)×(50~70)×25	个	4.15	10	8	5	10	8	5
	直瓷管 D(9~15)×305	个	0.85	15.45	12.36	12.36	18.54	—	—
	直瓷管 D(19~25)×300	个	0.98	—	—	—	—	12.36	12.36

3.沿 钢 索

工作内容: 测位、画线、上卡子、装盒子、配线、焊接包头。

单位:100m

编 号				2-1472	2-1473	2-1474	2-1475	2-1476	2-1477
项 目				导线截面(mm²以内)					
				二芯			三芯		
				2.5	6	10	2.5	6	10
预算基价	总 价(元)			**358.13**	**422.48**	**554.56**	**443.18**	**534.77**	**712.51**
	人 工 费(元)			255.15	340.20	498.15	340.20	449.55	656.10
	材 料 费(元)			102.98	82.28	56.41	102.98	85.22	56.41
组 成 内 容		单位	单价	数 量					
人工	综合工	工日	135.00	1.89	2.52	3.69	2.52	3.33	4.86
材料	塑料护套线	m	—	(107.91)	(104.85)	(104.85)	(107.91)	(104.85)	(104.85)
	接线盒 (50~70)×(50~70)×25	个	4.15	18	14	9	18	14	9
	半圆头镀锌螺栓 M(2~5)×(15~50)	套	0.24	55.08	42.84	27.54	55.08	55.08	27.54
	普碳钢板 60×110×1.5	块	0.29	18	14	9	18	14	9
	铝扎头 1#~5#	包	1.93	5.1	5.1	5.1	5.1	5.1	5.1

注:未包括钢索架设及拉紧装置的制作、安装。

4.砖、混凝土结构粘接

工作内容：测位、画线、打眼、下过墙管、配料、粘接底板、上卡子、装盒子、配线、焊接包头。

单位：100m

编　号			2-1478	2-1479	2-1480	2-1481	2-1482	2-1483
项　目			导线截面（mm²以内）					
			二芯			三芯		
			2.5	6	10	2.5	6	10
预算基价	总　　　价（元）		**664.69**	**702.37**	**860.02**	**703.77**	**825.47**	**1056.02**
	人　工　费（元）		522.45	571.05	741.15	558.90	692.55	935.55
	材　料　费（元）		142.24	131.32	118.87	144.87	132.92	120.47
组　成　内　容		单位	单价	数　　量				
人工	综合工	工日	135.00	3.87	4.23	5.49	4.14	5.13	6.93
材料	塑料护套线	m	—	(110.96)	(104.85)	(104.85)	(110.85)	(104.85)	(104.85)
	铝扎头 1#～5#	包	1.93	7.3	7.3	7.3	7.3	7.3	7.3
	铝扎头底板	kg	9.95	0.4	0.4	0.4	0.4	0.4	0.4
	胶粘剂	kg	24.23	2.87	2.87	2.87	2.87	2.87	2.87
	接线盒 (50～70)×(50～70)×25	个	4.15	10	8	5	10	8	5
	直瓷管 D(9～15)×305	个	0.85	15.45	12.36	12.36	18.54	—	—
	直瓷管 D(19～25)×300	个	0.98	—	—	—	—	12.36	12.36

十八、线 槽 配 线

工作内容: 清扫线槽、放线、编号、对号、接焊包头。

单位: 100m

编 号				2-1484	2-1485	2-1486	2-1487	2-1488	2-1489	2-1490	2-1491
项 目				导线截面(mm²以内)							
				2.5	6	16	35	70	120	185	240
预算基价	总 价(元)			**106.76**	**118.91**	**143.21**	**179.66**	**229.87**	**485.02**	**668.07**	**1178.37**
	人 工 费(元)			97.20	109.35	133.65	170.10	218.70	473.85	656.10	1166.40
	材 料 费(元)			9.56	9.56	9.56	9.56	11.17	11.17	11.97	11.97
组 成 内 容		单位	单价	数 量							
人工	综合工	工日	135.00	0.72	0.81	0.99	1.26	1.62	3.51	4.86	8.64
材料	绝缘导线	m	—	(102)	(102)	(102)	(102)	(102)	(102)	(102)	(102)
	镀锌钢丝 D1.2~2.2	kg	7.13	0.06	0.06	0.06	0.06	0.06	0.06	0.06	0.06
	棉纱	kg	16.11	0.25	0.25	0.25	0.25	0.35	0.35	0.40	0.40
	标志牌	个	0.85	6	6	6	6	6	6	6	6

十九、车间带形母线安装

1.沿屋架、梁、柱、墙

工作内容:打眼,支架安装,绝缘子灌注、安装,母线平直、搣弯、钻孔、连接、架设,夹具、木夹板制作、安装,刷分相漆。

单位:100m

编　号				2-1492	2-1493	2-1494	2-1495	2-1496	2-1497	2-1498
项　目				沿屋架、梁、柱、墙						
				铝母线截面(mm²以内)				钢母线截面(mm²以内)		
				250	500	800	1200	100	250	500
预算基价	总　价(元)			**2864.37**	**3400.15**	**3832.92**	**4367.40**	**1761.79**	**2071.19**	**2521.73**
	人　工　费(元)			1917.00	2407.05	2758.05	3225.15	1665.90	1945.35	2293.65
	材　料　费(元)			945.20	989.51	1066.73	1134.11	85.27	114.61	213.02
	机　械　费(元)			2.17	3.59	8.14	8.14	10.62	11.23	15.06
组 成 内 容		单位	单价	数　　量						
人工	综合工	工日	135.00	14.20	17.83	20.43	23.89	12.34	14.41	16.99
材料	母线	m	—	(101.3)	(101.3)	(101.3)	(101.3)	(104.0)	(104.0)	(104.0)
	绝缘子及灌注螺栓 WX-01	套	4.22	42.5	42.5	42.5	42.5	—	—	—
	矩形母线金具 JNP102	套	16.05	42.21	—	—	—	—	—	—
	矩形母线金具 JNP103	套	16.05	—	42.21	—	—	—	—	—
	矩形母线金具 JNP104	套	16.05	—	—	42.21	—	—	—	—
	矩形母线金具 JNP105	套	16.28	—	—	—	42.21	—	—	—
	铝焊条 铝109 D4	kg	46.29	0.12	0.30	0.62	1.20	—	—	—
	电焊条 E4303 D3.2	kg	7.59	—	—	—	—	0.20	0.32	0.75
	铝焊粉	kg	41.32	0.002	0.006	0.010	0.020	—	—	—

注:未包括支架制作及母线伸缩器制作、安装。

续前

编　号			2-1492	2-1493	2-1494	2-1495	2-1496	2-1497	2-1498
项　目			沿屋架、梁、柱、墙						
			铝母线截面（mm²以内）				钢母线截面（mm²以内）		
			250	500	800	1200	100	250	500
组　成　内　容	单位	单价	数　　量						
材 料	焊锡	kg	59.85	—	—	—	—	0.48	0.70	1.08
	镀锌精制六角带帽螺栓 M8×（14～75）	套	0.63	—	—	—	—	24.48	—	—
	镀锌精制六角带帽螺栓 M12×（14～75）	套	1.25	24.48	36.72	—	—	—	24.48	36.72
	镀锌精制六角带帽螺栓 M16×（14～60）	套	1.77	—	—	48.96	48.96	—	—	—
	锯条	根	0.42	1.2	1.4	1.5	2.0	1.0	1.2	1.4
	酚醛磁漆	kg	14.23	2.3	3.4	4.4	5.6	—	—	—
	清油	kg	15.06	—	—	—	—	0.4	0.4	1.0
	防锈漆 C53-1	kg	13.20	—	—	—	—	1.3	1.3	3.5
	氧气	m³	2.88	0.60	0.90	1.68	2.52	0.30	0.30	0.45
	乙炔气	kg	14.66	0.261	0.391	0.730	1.096	0.130	0.130	0.196
	铅油	kg	11.17	—	—	—	—	0.7	0.7	1.9
	汽油 60#～70#	kg	6.67	1.7	2.0	2.0	2.8	0.5	0.5	0.5
	溶剂汽油 200#	kg	6.90	—	—	—	—	0.3	0.3	0.9
	青壳纸 δ0.1～0.8	kg	4.80	0.42	0.42	0.42	0.42	—	—	—
机 械	立式钻床 D25	台班	6.78	0.32	0.53	1.20	1.20	0.32	0.32	0.53
	交流弧焊机 21kV·A	台班	60.37	—	—	—	—	0.14	0.15	0.19

320

2.跨屋架、梁、柱

工作内容: 打眼,支架安装,绝缘子灌注、安装,母线平直、搣弯、钻孔、连接、架设,夹具、木夹板、拉紧装置制作、安装,刷分相漆。

单位:100m

编号			2-1499	2-1500	2-1501	2-1502	2-1503	2-1504	2-1505
项 目			跨屋架、梁、柱						
			铝母线截面(mm²以内)				钢母线截面(mm²以内)		
			250	500	800	1200	100	250	500
预算基价	总 价(元)		**3121.63**	**3683.42**	**4448.39**	**4977.32**	**1892.25**	**2271.84**	**2724.09**
	人 工 费(元)		1756.35	2270.70	2772.90	3240.00	1674.00	2020.95	2369.25
	材 料 费(元)		1363.11	1409.13	1667.35	1729.18	207.63	239.66	339.78
	机 械 费(元)		2.17	3.59	8.14	8.14	10.62	11.23	15.06
组 成 内 容	单位	单价	数 量						
人工 综合工	工日	135.00	13.01	16.82	20.54	24.00	12.40	14.97	17.55
材料 母线	m	—	(101.3)	(101.3)	(101.3)	(101.3)	(104.0)	(104.0)	(104.0)
木夹板(四线) 500mm²以内	套	130.60	6	6	—	—	—	—	—
木夹板(四线) 1200mm²以内	套	158.51	—	—	6	6	—	—	—
绝缘子及灌注螺栓 WX-01	套	4.22	18.22	18.22	18.22	18.22	—	—	—
矩形母线金具 JNP102	套	16.05	18.09	—	—	—	—	—	—
矩形母线金具 JNP103	套	16.05	—	18.09	—	—	—	—	—
矩形母线金具 JNP104	套	16.05	—	—	18.09	—	—	—	—
矩形母线金具 JNP105	套	16.28	—	—	—	18.09	—	—	—
母线拉紧装置 500mm²以内	套	20.17	6.03	6.03	—	—	6.03	6.03	6.03
母线拉紧装置 1200mm²以内	套	22.13	—	—	6.03	6.03	—	—	—
铝焊条 铝109 D4	kg	46.29	0.12	0.30	0.62	1.20	—	—	—
电焊条 E4303 D3.2	kg	7.59	—	—	—	—	0.20	0.32	0.75

注:未包括支架制作及母线伸缩器制作、安装。

续前

编　号			2-1499	2-1500	2-1501	2-1502	2-1503	2-1504	2-1505
项　目			跨屋架、梁、柱						
			铝母线截面（mm²以内）				钢母线截面（mm²以内）		
			250	500	800	1200	100	250	500
组成内容	单位	单价	数　量						
铝焊粉	kg	41.32	0.002	0.006	0.010	0.020	—	—	—
焊锡	kg	59.85	—	—	—	—	0.48	0.70	1.08
镀锌精制六角带帽螺栓 M8×（14～75）	套	0.63	—	—	—	—	24.48	—	—
镀锌精制六角带帽螺栓 M12×（14～75）	套	1.25	24.48	36.72	—	—	—	24.48	36.72
镀锌精制六角带帽螺栓 M16×（14～60）	套	1.77	—	—	48.96	48.96	—	—	—
弹簧垫圈 M2～10	个	0.03	—	—	—	—	24.48	—	—
弹簧垫圈 M12～22	个	0.14	24.48	36.72	48.96	48.96	—	24.48	36.72
酚醛磁漆	kg	14.23	2.3	3.4	4.4	5.6	—	—	—
锯条	根	0.42	1.2	1.4	1.5	2.0	1.0	1.2	1.4
清油	kg	15.06	—	—	—	—	0.4	0.4	1.0
防锈漆 C53-1	kg	13.20	—	—	—	—	1.3	1.3	3.5
氧气	m³	2.88	0.60	0.90	1.68	2.52	0.30	0.30	0.45
乙炔气	kg	14.66	0.261	0.391	0.730	1.096	0.130	0.130	0.196
铅油	kg	11.17	—	—	—	—	0.7	0.7	1.9
汽油 60#～70#	kg	6.67	1.7	2.0	2.0	2.8	0.5	0.5	0.5
溶剂汽油 200#	kg	6.90	—	—	—	—	0.3	0.3	0.9
青壳纸 δ0.1～0.8	kg	4.80	0.18	0.18	0.18	0.18	—	—	—
立式钻床 D25	台班	6.78	0.32	0.53	1.20	1.20	0.32	0.32	0.53
交流弧焊机 21kV·A	台班	60.37	—	—	—	—	0.14	0.15	0.19

（材料为左侧"材料"竖排标识；机械为左侧"机械"竖排标识）

322

二十、钢 索 架 设

工作内容：测位、断料、调直、架设、绑扎、拉紧、刷漆。

单位：100m

编　号			2-1506	2-1507	2-1508	2-1509
项　目			直径(mm以内)			
			圆钢D6	圆钢D9	钢丝绳D6	钢丝绳D9
预算基价	总　价(元)		**455.01**	**536.19**	**320.14**	**397.37**
	人 工 费(元)		372.60	403.65	234.90	265.95
	材 料 费(元)		82.41	132.54	85.24	131.42
组 成 内 容	单位	单价	数　　量			
人工 综合工	工日	135.00	2.76	2.99	1.74	1.97
材料 钢索	m	—	(105)	(105)	(105)	(105)
铁件	kg	9.49	3.52	5.72	3.52	5.72
镀锌钢丝 D1.2～2.2	kg	7.13	0.03	0.04	—	—
镀锌精制六角带帽螺栓 M6×(14～75)	套	0.35	19.5	—	19.5	—
镀锌精制六角带帽螺栓 M10×(14～70)	套	0.91	—	19.5	—	19.5
锯条	根	0.42	0.5	0.5	0.5	0.5
清油	kg	15.06	0.32	0.40	—	—
铅油	kg	11.17	0.64	0.88	—	—
汽油 60#～70#	kg	6.67	—	—	0.5	0.5
钢线卡子 D6	个	2.92	10.2	—	10.2	—
钢线卡子 D10～20	个	4.33	—	10.2	—	10.2
心形环	个	2.29	—	—	5.1	5.1

注：未包括拉紧装置的制作、安装。

323

二十一、母线拉紧装置及钢索拉紧装置制作、安装

工作内容： 下料、钻眼、搣弯、组装、测位、打眼、埋螺栓、连接、固定、刷漆。

单位：10套

编　号			2-1510	2-1511	2-1512	2-1513	2-1514
项　目			母线拉紧装置制作、安装 母线截面(mm²以内)		钢索拉紧装置制作、安装 花篮螺栓直径(mm)		
			500	1200	12	16	20
预算基价	总　　价(元)		**1123.27**	**1597.89**	**1255.21**	**1487.92**	**1703.75**
	人　工　费(元)		742.50	958.50	950.40	1119.15	1264.95
	材　料　费(元)		366.99	625.61	304.81	368.77	438.80
	机　械　费(元)		13.78	13.78	—	—	—
组 成 内 容		单位	单价		数　　量		
人工	综合工	工日	135.00	5.50	7.10	7.04	8.29	9.37
材料	铁件	kg	9.49	—	—	9.29	11.15	13.94
	普碳钢板 Q195～Q235 δ3.5～4.0	t	3945.80	0.04215	0.05165	—	—	—
	花篮螺栓 M12×200	套	9.30	—	—	10.2	—	—
	花篮螺栓 M16×250	套	13.84	—	—	—	10.2	—
	花篮螺栓 M20×300	套	18.11	—	—	—	—	10.2
	双头螺栓 M16×340	套	5.02	10.2	10.2	—	—	—
	镀锌精制六角带帽螺栓 M12×(14～75)	套	1.25	81.6	—	—	—	—
	镀锌精制六角带帽螺栓 M16×(150～250)	套	3.96	—	81.6	—	—	—
	镀锌精制六角带帽螺栓 M16×(400～430)	套	5.97	—	—	20.4	20.4	20.4
	拉紧绝缘子 J-2	个	2.35	20.2	20.2	—	—	—
机械	台式钻床 D16	台班	4.27	0.4	0.4	—	—	—
	交流弧焊机 21kV·A	台班	60.37	0.2	0.2	—	—	—

二十二、配管混凝土墙、地面及砖墙刨沟

工作内容： 测位、画线、刨沟、清理、填补。

单位：100m

编　号			2-1515	2-1516	2-1517	2-1518	2-1519
项　目			混凝土墙、地面刨沟				
			公称直径(mm以内)				
			20	32	50	70	100
预算基价	总　价(元)		**3550.50**	**4716.45**	**6626.89**	**9081.92**	**12506.28**
	人　工　费(元)		3456.00	4522.50	6277.50	8586.00	11866.50
	材　料　费(元)		94.50	193.95	349.39	495.92	639.78
组　成　内　容	单位	单价	数　　量				
人工	综合工	工日	135.00	25.60	33.50	46.50	63.60	87.90
材料	硅酸盐水泥	kg	0.39	85.00	185.00	335.00	460.00	610.00
	砂子	t	87.03	0.290	0.570	1.000	1.430	1.860
	碎石 0.5～3.2	t	82.73	0.430	0.860	1.570	2.290	2.860
	水	m³	7.62	0.070	0.137	0.240	0.343	0.446

工作内容：测位、画线、刨沟、清理、填补。

单位：100m

编 号				2-1520	2-1521	2-1522	2-1523	2-1524	2-1525
项 目				砖墙刨沟					
				公称直径(mm以内)					
				20	32	50	70	100	150
预算基价	总 价(元)			**906.52**	**1371.35**	**1844.19**	**2367.24**	**3293.00**	**4286.97**
	人 工 费(元)			877.50	1309.50	1728.00	2214.00	3091.50	4023.00
	材 料 费(元)			29.02	61.85	116.19	153.24	201.50	263.97
组 成 内 容		单位	单价	数 量					
人工	综合工	工日	135.00	6.50	9.70	12.80	16.40	22.90	29.80
材料	硅酸盐水泥	kg	0.39	42.50	92.50	167.50	230.00	305.00	400.00
	砂子	t	87.03	0.140	0.290	0.570	0.715	0.929	1.215
	水	m³	7.62	0.034	0.070	0.165	0.172	0.223	0.292

二十三、接线箱安装

工作内容： 测位、打眼、埋螺栓、箱子开孔、刷漆、固定。

单位：10个

编　号				2-1526	2-1527	2-1528	2-1529	2-1530	2-1531	2-1532	2-1533
项　目				明装 接线箱半周长(mm以内)				暗装 接线箱半周长(mm以内)			
				700	1500	2000	2500	700	1500	2000	2500
预算基价	总　　价(元)			**910.48**	**1234.13**	**1447.43**	**1660.73**	**1003.34**	**1541.66**	**1950.21**	**2361.88**
	人　工　费(元)			891.00	1209.60	1422.90	1636.20	994.95	1520.10	1921.05	2322.00
	材　料　费(元)			19.48	24.53	24.53	24.53	8.39	21.56	29.16	39.88
组 成 内 容		单位	单价	数　　量							
人工	综合工	工日	135.00	6.60	8.96	10.54	12.12	7.37	11.26	14.23	17.20
材料	接线箱	个	—	(10)	(10)	(10)	(10)	(10)	(10)	(10)	(10)
	膨胀螺栓 M6	套	0.44	40.800	—	—	—	—	—	—	—
	膨胀螺栓 M8	套	0.55	—	40.800	40.800	40.800	—	—	—	—
	冲击钻头 D8	个	5.44	0.280	—	—	—	—	—	—	—
	冲击钻头 D10	个	7.47	—	0.280	0.280	0.280	—	—	—	—
	沥青漆	kg	11.34	—	—	—	—	0.74	1.33	2.00	2.66
	水泥砂浆 1:2.5	m³	323.89	—	—	—	—	—	0.020	0.020	0.030

二十四、接线盒安装

工作内容: 测定、固定、修孔。

单位:10个

编　号			2-1534	2-1535	2-1536	2-1537	2-1538
项　目			暗装		明装		钢索上接线盒
			接线盒	开关盒	普通接线盒	防爆接线盒	
预算基价	总　　价(元)		**53.64**	**50.01**	**85.58**	**127.43**	**29.20**
	人 工 费(元)		41.85	44.55	74.25	116.10	24.30
	材 料 费(元)		11.79	5.46	11.33	11.33	4.90
组 成 内 容	单位	单价	数　　量				
人工	综合工	工日	135.00	0.31	0.33	0.55	0.86	0.18
材料	接线盒	个	—	(10.2)	(10.2)	(10.2)	(10.2)	(10.2)
	半圆头镀锌螺栓 M(2~5)×(15~50)	套	0.24	—	—	20.6	20.6	20.4
	锁紧螺母 (15~20)×3	个	0.33	22.25	10.30	—	—	—
	塑料胀管 M6~8	个	0.31	—	—	20.6	20.6	—
	塑料护口 15~20	个	0.20	22.25	10.30	—	—	—

第十三章　照明器具安装

说　明

一、本章适用范围：工业与民用建筑（含公用设施）的照明器具安装工程。包括普通吸顶灯及其他灯具、工厂灯及其他灯具、装饰灯具、荧光灯具、医疗专用灯具、一般路灯等安装。

二、各型灯具的引导线除注明者外，均已综合考虑在基价内，使用时不做换算。

三、路灯、投光灯、碘钨灯、氙气灯、烟囱水塔指示灯基价，均已考虑了一般工程的高空作业因素，其他器具安装高度如超过5m，应按操作高度增加费系数另行计算。

四、本章中装饰灯具项目均已考虑一般工程的超高作业因素，并包含脚手架搭拆费用。

五、装饰灯具中示意图号与《全国统一安装工程预算定额（装饰灯具示意图集）》配套使用。

六、基价中已包含利用摇表测量绝缘及一般灯具的试亮工作（不包含调试工作）。

七、路灯安装未包含支架制作及导线架设。

八、工厂厂区内、住宅小区内路灯安装执行本章基价，城市道路的路灯安装执行市政路灯安装。

九、小电器包括按钮、照明开关、插座、电笛、电铃、电风扇、水位电气信号装置、测量表计、继电器、电磁锁、屏上辅助设备、辅助电压互感器、小型安全变压器等。

工程量计算规则

一、吊式艺术装饰灯具的工程量,应根据装饰灯具示意图集所示,区别不同装饰物以及灯体直径和灯体垂吊长度按设计图示数量计算。灯体直径为装饰物的最大外缘直径。灯体垂吊长度为灯座底部到灯梢之间的总长度。

二、吸顶式艺术装饰灯具安装的工程量,应根据装饰灯具示意图集所示,区别不同装饰物、吸盘的几何形状,灯体直径、灯体周长和灯体垂吊长度按设计图示数量计算。灯体直径为吸盘最大外缘直径,灯体半周长为矩形吸盘的半周长,灯体垂吊长度为吸盘到灯梢之间的总长度。

三、荧光艺术装饰灯具安装工程量,应根据装饰灯具示意图集所示,区别不同安装形式和计量单位计算。

1.组合荧光灯光带安装的工程量,应根据装饰灯具示意图集所示,区别安装形式、灯管数量计算。灯具的设计数量与基价不符时,可以按设计量加损耗量调整主材。

2.内藏组合式灯安装的工程量,应根据装饰灯具示意图集所示,区别灯具组合形式按设计图示尺寸以长度计算,灯具的设计数量与基价不符时,可根据设计数量加损耗量调整主材。

3.发光棚安装的工程量,应根据装饰灯具示意图集所示,按设计图示尺寸以面积计算,发光棚灯具按设计用量加损耗量计算。

4.立体广告灯箱、荧光灯光沿的工程量,应根据装饰灯具示意图集所示,按设计图示尺寸以长度计算,灯具设计用量与基价不符时,可根据设计数量加损耗量调整主材。

四、几何形状组合艺术灯具安装的工程量,应根据装饰灯具示意图集所示,区别不同安装形式及灯具的不同形式按设计图示数量计算。

五、标志、诱导装饰灯具安装的工程量,应根据装饰灯具示意图集所示,区别不同安装形式按设计图示数量计算。

六、水下艺术装饰灯具安装的工程量,应根据装饰灯具示意图集所示,区别不同安装形式按设计图示数量计算。

七、点光源艺术装饰灯具安装的工程量,应根据装饰灯具示意图集所示,区别不同安装形式、不同灯具直径按设计图示数量计算。

八、草坪灯具安装的工程量,应根据装饰灯具示意图集所示,区别不同安装形式按设计图示数量计算。

九、歌舞厅灯具安装的工程量,应根据装饰灯具示意图所示,区别不同灯具形式按设计图示数量计算。

十、普通吸顶灯及其他灯具依据名称、型号、规格,按设计图示数量计算。

十一、工厂灯依据名称、型号、规格、安装形式及高度,按设计图示数量计算。

十二、装饰灯依据名称、型号、规格、安装高度,按设计图示数量计算。

十三、荧光灯依据名称、型号、规格、安装形式,按设计图示数量计算。

十四、医疗专用灯依据名称、型号、规格,按设计图示数量计算。

十五、一般路灯依据名称、型号、灯杆材质及高度、灯架形式及臂长、灯杆形式(单、双),按设计图示数量计算。

十六、小电器依据名称、型号、规格,按设计图示数量计算。

1.开关、按钮:应区别开关、按钮安装形式,开关、按钮种类,开关极数以及单控与双控,按设计图示数量计算。

2.插座:应区别电源相数、额定电流,插座安装形式,插座插孔个数,按设计图示数量计算。

3.安全变压器：应区别安全变压器容量,按设计图示数量计算。

4.电铃、电铃号码牌箱：应区别电铃直径、电铃号牌箱规格(号),按设计图示数量计算。

5.门铃：应区别门铃安装形式,按设计图示数量计算。

6.风扇：应区别风扇种类,按设计图示数量计算。

7.盘管风机三速开关、请勿打扰灯、须刨插座：按设计图示数量计算。

8.水处理器、烘手器、小便斗自动冲水感应器、暖风器(机)：按设计图示数量计算。

一、普通灯具安装
1. 吸 顶 灯 具

工作内容：测定、画线、打眼、埋塑料膨胀管、灯具安装、接线、接焊包头、接地。

单位：10套

编　号				2-1539	2-1540	2-1541
项　目				灯罩周长（mm）		
				800	1100	1100以外
预算基价	总　价（元）			**313.69**	**323.53**	**368.13**
	人 工 费（元）			186.30	186.30	186.30
	材 料 费（元）			127.39	137.23	181.83
组 成 内 容		单位	单价	数　量		
人工	综合工	工日	135.00	1.38	1.38	1.38
材料	成套灯具	套	—	（10.1）	（10.1）	（10.1）
	塑料胀管 M6～8	个	0.31	44.000	44.000	44.000
	冲击钻头 D6～12	个	6.33	0.28	0.28	0.28
	塑料绝缘线 BV-2.5mm²	m	1.61	4.580	10.690	10.690
	塑料接线柱 双线	个	4.33	—	—	10.300
	铜接线端子 20A	个	10.06	10.150	10.150	10.150
	木螺钉 M（2～4）×（6～65）	个	0.06	41.6	41.6	41.6

2.其他普通灯具

工作内容: 测定、画线、打眼、埋塑料膨胀管、上塑料圆台、灯具组装、吊链加工、接线、接焊包头。

单位: 10套

编　号			2-1542	2-1543	2-1544	2-1545	2-1546	2-1547	2-1548
项　目			软线吊灯	吊链灯	防水吊灯	普通弯脖灯	普通壁灯	防水灯头	座灯头
预算基价	总　价(元)		**189.52**	**237.71**	**139.16**	**332.56**	**302.65**	**117.52**	**131.94**
	人工费(元)		121.50	175.50	81.00	175.50	175.50	76.95	105.30
	材料费(元)		68.02	62.21	58.16	157.06	127.15	40.57	26.64
组成内容	单位	单价	数　量						
人工 综合工	工日	135.00	0.90	1.30	0.60	1.30	1.30	0.57	0.78
材料 成套灯具	套	—	(10.1)	(10.1)	(10.1)	(10.1)	(10.1)	(10.1)	(10.1)
塑料胀管 M6～8	个	0.31	11.00	11.00	11.00	33.00	44.00	11.00	11.00
冲击钻头 $D6～8$	个	5.48	0.070	0.070	0.070	0.210	0.280	0.070	0.070
花线 $2×23×0.15mm^2$	m	1.14	20.36	15.27	11.71	—	—	12.22	—
塑料绝缘线 BV-$2.5mm^2$	m	1.61	3.050	3.050	3.050	14.760	4.580	3.050	3.050
铜接线端子 20A	个	10.06	—	—	—	10.150	10.150	—	—
塑料吊线盒	个	1.73	10.500	10.500	10.500	—	—	—	—
塑料圆台	块	1.53	10.5	10.5	10.5	10.5	—	10.5	10.5
木螺钉 M(2～4)×(6～65)	个	0.06	31.2	31.2	31.2	62.4	41.6	31.2	31.2

二、工厂灯及防水防尘灯

工作内容： 测位、画线、打眼、埋螺栓、吊管加工、灯具安装、接线、焊接包头。

单位：10套

编 号				2-1549	2-1550	2-1551	2-1552	2-1553	2-1554	2-1555	2-1556
项 目				工厂罩灯					防水防尘灯		
				吸顶式	弯杆式	悬挂式	吊管式	吊链式	直杆式	弯杆式	吸顶式
预算基价	总 价(元)			**317.65**	**345.07**	**365.26**	**347.15**	**383.03**	**428.15**	**425.44**	**398.65**
	人 工 费(元)			178.20	178.20	186.30	178.20	178.20	259.20	259.20	259.20
	材 料 费(元)			139.45	166.87	178.96	168.95	204.83	168.95	166.24	139.45
组 成 内 容		单位	单价	数 量							
人工	综合工	工日	135.00	1.32	1.32	1.38	1.32	1.32	1.92	1.92	1.92
材料	成套灯具	套	—	(10.1)	(10.1)	(10.1)	(10.1)	(10.1)	(10.1)	(10.1)	(10.1)
	膨胀螺栓 M8	套	0.55	—	—	20.040	—	—	—	—	—
	塑料胀管 M6～8	个	0.31	44.000	55.000	—	44.000	—	44.000	55.000	44.000
	冲击钻头 D10	个	7.47	—	—	0.140	—	0.140	—	—	—
	冲击钻头 D6～8	个	5.48	0.280	0.360	—	0.280	—	0.280	0.360	0.280
	圆镀锌挂钩底座 D100	个	3.46	—	—	10.200	—	10.200	—	—	—
	塑料绝缘线 BV-2.5mm²	m	1.61	12.220	26.470	18.320	30.540	41.230	30.540	26.470	12.220
	铜接线端子 20A	个	10.06	10.150	10.150	10.150	10.150	10.150	10.150	10.150	10.150
	木螺钉 M(2～4)×(6～65)	个	0.06	41.6	52.0	—	41.6	—	41.6	41.6	41.6

三、工厂其他灯具安装

1.投光灯、混光灯

工作内容: 1.投光灯:测位、画线、打眼、埋螺栓、支架安装、灯具组装、接线、焊接包头。2.混光灯:测位,画线,打眼,埋螺栓,支架制作、安装, 灯具及镇流器箱组装,接线,接地,焊接包头。

单位:10套

编 号				2-1557	2-1558	2-1559	2-1560	2-1561	2-1562	2-1563
项 目				防潮灯	腰形船顶灯	管形氙气灯	投光灯	混光灯		
								吊杆式	吊链式	嵌入式
预算基价	总 价(元)			**383.20**	**310.03**	**616.72**	**469.64**	**1401.39**	**1365.44**	**1135.76**
	人 工 费(元)			175.50	175.50	307.80	270.00	1086.75	1039.50	946.35
	材 料 费(元)			207.70	134.53	275.11	165.83	280.83	297.57	167.07
	机 械 费(元)			—	—	33.81	33.81	33.81	28.37	22.34
组 成 内 容		单位	单价	数 量						
人工	综合工	工日	135.00	1.30	1.30	2.28	2.00	8.05	7.70	7.01
材 料	成套灯具	套	—	(10.1)	(10.1)	(10.1)	(10.1)	(10.1)	(10.1)	(10.1)
	普碳钢板(综合)	kg	4.18	—	—	29.700	9.900	—	—	—
	精制沉头螺栓 M10×53	套	0.65	—	—	40.8	—	—	—	—
	电焊条 E4303	kg	7.59	—	—	1.000	1.000	1.230	0.980	0.760
	塑料胀管 M6~8	个	0.31	33.000	44.000	—	—	—	—	—
	冲击钻头 D6~8	个	5.48	0.210	0.280	—	—	—	—	—
	塑料绝缘线 BV-2.5mm²	m	1.61	9.160	9.160	9.160	9.160	—	—	—
	塑料绝缘线 BV-4.0mm²	m	2.44	—	—	—	—	30.54	41.23	9.16
	铜接线端子 20A	个	10.06	10.150	10.150	10.150	10.150	10.150	10.150	10.150
	圆木台 (63~138)×22	块	1.40	—	—	—	—	21.000	21.000	—
	圆木台 275~350	块	7.39	10.500	—	—	—	—	—	—
	木螺钉 M(2~4)×(6~65)	个	0.06	31.2	41.6	—	—	—	—	—
	热轧角钢 <60	t	3721.43	—	—	—	—	0.011	0.009	0.008
	镀锌自攻螺钉 M(4~6)×(20~35)	个	0.17	—	—	—	—	—	—	41.6
	膨胀螺栓 M8	套	0.55	—	—	—	—	40.800	40.800	—
	冲击钻头 D10	个	7.47	—	—	—	—	0.280	0.280	—
机械	交流弧焊机 21kV·A	台班	60.37	—	—	0.560	0.560	0.560	0.470	0.370

2.烟囱、水塔独立式塔架标示灯安装

工作内容：测位、画线、打眼、埋螺栓、灯具安装、接线、焊接包头。

单位：10套

编 号			2-1564	2-1565	2-1566	2-1567	2-1568	2-1569
项 目			烟囱、水塔独立式塔架标志灯高度(m以内)					
			30	50	100	120	150	200
预算基价	总 价(元)		**1017.36**	**1396.71**	**2864.16**	**3450.06**	**4520.61**	**5936.76**
	人 工 费(元)		603.45	982.80	2450.25	3036.15	4106.70	5522.85
	材 料 费(元)		413.91	413.91	413.91	413.91	413.91	413.91
组 成 内 容	单位	单价	数 量					
人工 综合工	工日	135.00	4.47	7.28	18.15	22.49	30.42	40.91
材料 成套灯具	套	—	(10.1)	(10.1)	(10.1)	(10.1)	(10.1)	(10.1)
镀锌钢管 DN15	m	6.70	10.3	10.3	10.3	10.3	10.3	10.3
镀锌钢管 DN20	m	8.60	15.45	15.45	15.45	15.45	15.45	15.45
镀锌精制六角带帽螺栓 M12×(14~75)	套	1.25	40.8	40.8	40.8	40.8	40.8	40.8
锁紧螺母 (15~20)×1.5	个	0.22	20.6	20.6	20.6	20.6	20.6	20.6
大小头 20×15	个	1.58	10.3	10.3	10.3	10.3	10.3	10.3
橡皮绝缘线 BLX-2.5mm^2	m	0.85	57	57	57	57	57	57
接线盒 100×100	个	6.55	10.3	10.3	10.3	10.3	10.3	10.3
塑料护口 15~20	个	0.20	20.6	20.6	20.6	20.6	20.6	20.6
管卡子 15~20	个	0.98	20.6	20.6	20.6	20.6	20.6	20.6

3.密闭灯具

工作内容：测位、画线、打眼、埋螺栓、上木台、吊管加工、灯具安装、接线、焊接包头。

单位：10套

编　号			2-1570	2-1571	2-1572	2-1573	2-1574	2-1575	2-1576
项　目			安全灯		防爆灯		高压水银防爆灯		防爆荧光灯
			直杆式	弯杆式	直杆式	弯杆式	直杆式	弯杆式	
预算基价	总　　价(元)		**435.54**	**469.01**	**438.24**	**471.71**	**509.01**	**542.48**	**426.66**
	人工费(元)		364.50	364.50	367.20	367.20	423.90	423.90	364.50
	材料费(元)		71.04	104.51	71.04	104.51	85.11	118.58	62.16
组成内容		单位	单价	数　　量					
人工	综合工	工日	135.00	2.70	2.70	2.72	2.72	3.14	3.14	2.70
材料	成套灯具	套	—	(10.1)	(10.1)	(10.1)	(10.1)	(10.1)	(10.1)	(10.1)
	热轧扁钢 <59	t	3665.80	—	0.00916	—	0.00916	—	0.00916	—
	热轧扁钢 >60	t	3677.90	—	0.0027	—	0.0027	—	0.0027	—
	镀锌精制六角带帽螺栓 M8×(14～75)	套	0.63	—	—	—	—	—	—	30.6
	地脚螺栓 M(6～8)×100	套	0.69	40.8	20.4	40.8	20.4	61.2	40.8	—
	半圆头螺钉 M(6～12)×(12～50)	套	0.51	—	20.4	—	20.4	—	20.4	—
	橡皮绝缘线 BX-2.5mm²	m	1.56	27.49	23.41	27.49	23.41	27.49	23.41	27.49

339

四、装饰灯具安装
1.吊式艺术装饰灯具安装
(1)蜡 烛 灯

工作内容: 开箱清点,测位画线,打眼埋螺栓,支架制作、安装,灯具拼装固定,挂装饰部件,焊接线包头。

单位:10套

编 号			2-1577	2-1578	2-1579	2-1580	2-1581	2-1582
灯体直径(mm以内)			300	400	500	600	900	1400
灯体垂吊长度(mm以内)			500			600	700	1400
示意图号			1~4					
预算基价	总 价(元)		**5986.52**	**7136.22**	**8548.91**	**9800.57**	**12852.74**	**15937.89**
	人 工 费(元)		5817.15	6957.90	8370.00	9618.75	12602.25	15569.55
	材 料 费(元)		169.37	178.32	178.91	181.82	250.49	367.74
	机 械 费(元)		—	—	—	—	—	0.60
组 成 内 容		单位	单价	数 量				
人工	综合工	工日	135.00	43.09	51.54	62.00	71.25	93.35	115.33
材料	成套灯具	套	—	(10.1)	(10.1)	(10.1)	(10.1)	(10.1)	(10.1)
	花线 2×23×0.15mm²	m	1.14	6.11	6.11	6.62	9.18	20.36	40.72
	圆钢 D10~14	t	3926.88	0.00519	0.00747	0.00747	0.00747	0.01016	—
	圆钢 D15~24	t	3894.21	—	—	—	—	—	0.02503
	热轧角钢 <60	t	3721.43	—	—	—	—	—	0.0098
	精制六角带帽螺栓 M10×(80~130)	套	1.04	20.4	20.4	20.4	20.4	20.4	20.4
	膨胀螺栓 M12	套	1.75	18.36	18.36	18.36	18.36	—	—
	膨胀螺栓 M16	套	4.09	—	—	—	—	18.36	18.36
	冲击钻头 D12	个	8.00	0.51	0.51	0.51	0.51	—	—
	冲击钻头 D16	个	9.52	—	—	—	—	0.68	0.68
	塑料导线 BV-105℃ 2.5mm²	m	2.11	13.23	13.23	13.23	13.23	13.23	13.23
	金属软管尼龙接头 25	个	0.94	10.3	10.3	10.3	10.3	10.3	10.3
	管接头 15~20	个	1.38	20.6	20.6	20.6	20.6	20.6	20.6
	铜接线端子 DT-2.5mm²	个	1.83	10.15	10.15	10.15	10.15	10.15	10.15
机械	交流弧焊机 21kV·A	台班	60.37	—	—	—	—	—	0.01

(2) 挂 片 灯

工作内容：开箱清点，测位画线，打眼埋螺栓，支架制作、安装，灯具拼装固定，挂装饰部件，焊接线包头。

单位：10套

编　号				2-1583	2-1584	2-1585	2-1586	2-1587
灯体直径(mm以内)				350	450	550	650	900
灯体垂吊长度(mm以内)				350	500	550	600	1100
示意图号				5～10				
预算基价	总　价(元)			**1975.03**	**2560.51**	**3125.92**	**3496.98**	**3840.45**
	人　工　费(元)			1803.60	2382.75	2937.60	3307.50	3628.80
	材　料　费(元)			171.43	177.76	188.32	189.48	211.65
组 成 内 容		单位	单价	数　　量				
人工	综合工	工日	135.00	13.36	17.65	21.76	24.50	26.88
材料	成套灯具	套	—	(10.1)	(10.1)	(10.1)	(10.1)	(10.1)
	圆钢 $D5.5～9.0$	t	3896.14	0.00208	0.00208	0.00208	0.00208	0.00466
	精制六角带帽螺栓 M10×(80～130)	套	1.04	30.6	30.6	30.6	30.6	30.6
	膨胀螺栓 M12	套	1.75	18.36	18.36	18.36	18.36	18.36
	冲击钻头 D12	个	8.00	0.51	0.51	0.51	0.51	0.51
	塑料导线 BV-105℃ $2.5mm^2$	m	2.11	6.10	6.10	6.10	6.10	6.10
	花线 $2×23×0.15mm^2$	m	1.14	5.19	7.13	9.16	10.18	13.23
	圆木台 150～250	块	4.34	10.5	10.5	10.5	10.5	10.5
	铜接线端子 DT-$2.5mm^2$	个	1.83	10.15	10.15	10.15	10.15	10.15
	瓷接头 双路	个	0.80	15.45	20.60	30.90	30.90	41.70

（3）串珠（穗）、串棒灯

工作内容：开箱清点，测位画线，打眼埋螺栓，支架制作、安装，灯具拼装固定，挂装饰部件，焊接线包头。

单位：10套

编　号			2-1588	2-1589	2-1590	2-1591	2-1592	2-1593	2-1594	2-1595	2-1596
灯体直径(mm以内)			600			1000			1200		
灯体垂吊长度(mm以内)			650	800	1200	800	1000	1200		1600	2000
示意图号			11～19						20～26		
预算基价	总　　　价(元)		**5820.27**	**6653.22**	**7930.32**	**10205.80**	**11711.86**	**13391.26**	**10329.53**	**11695.73**	**13368.38**
	人　工　费(元)		5552.55	6385.50	7662.60	9737.55	11198.25	12877.65	9779.40	11145.60	12818.25
	材　料　费(元)		267.72	267.72	267.72	434.44	479.80	479.80	516.32	516.32	516.32
	机　械　费(元)		—	—	—	33.81	33.81	33.81	33.81	33.81	33.81
组　成　内　容		单位	单价	数　　量							
人工	综合工	工日	135.00	41.13	47.30	56.76	72.13	82.95	95.39	72.44	82.56	94.95
材 料	橡棉双绞软线 RXS-2×23×0.15mm²	m	—	(10.18)	(10.18)	(10.18)	(10.18)	(10.18)	(10.18)	—	—	—
	成套灯具	套	—	(10.1)	(10.1)	(10.1)	(10.1)	(10.1)	(10.1)	(10.1)	(10.1)	(10.1)
	塑料导线 BV-105℃ 2.5mm²	m	2.11	22.4	22.4	22.4	22.4	22.4	22.4	22.4	22.4	22.4
	花线 2×23×0.15mm²	m	1.14	—	—	—	—	—	—	40.72	40.72	40.72
	圆木台 150～250	块	4.34	10.5	10.5	10.5	10.5	10.5	10.5	10.5	10.5	10.5
	金属软管尼龙接头 25	个	0.94	10.3	10.3	10.3	10.3	10.3	10.3	10.3	10.3	10.3
	管接头 15～20	个	1.38	20.6	20.6	20.6	20.6	20.6	20.6	20.6	20.6	20.6
	铜接线端子 DT-2.5mm²	个	1.83	10.15	10.15	10.15	10.15	10.15	10.15	10.15	10.15	10.15
	瓷接头 双路	个	0.80	30.9	30.9	30.9	41.2	41.2	41.2	82.4	82.4	82.4
	圆钢 D10～14	t	3926.88	0.00648	0.00648	0.00648	0.00932	0.00932	0.00932	0.01210	0.01210	0.01210
	热轧角钢 ＜60	t	3721.43	—	—	—	0.03959	0.03959	0.03959	0.03959	0.03959	0.03959
	精制六角带帽螺栓 M10×(80～130)	套	1.04	30.6	30.6	30.6	30.6	30.6	30.6	30.6	30.6	30.6
	膨胀螺栓 M12	套	1.75	18.36	18.36	18.36	18.36	—	—	—	—	—
	膨胀螺栓 M14	套	3.31	—	—	—	—	—	—	20.40	20.40	20.40
	膨胀螺栓 M16	套	4.09	—	—	—	—	18.36	18.36	—	—	—
	冲击钻头 D12	个	8.00	0.51	0.51	0.51	0.51	—	—	—	—	—
	冲击钻头 D16	个	9.52	—	—	—	—	0.68	0.68	—	—	—
	冲击钻头 D14	个	8.58	—	—	—	—	—	—	0.68	0.68	0.68
机械	交流弧焊机 21kV·A	台班	60.37	—	—	—	0.56	0.56	0.56	0.56	0.56	0.56

工作内容：开箱清点,测位画线,打眼埋螺栓,支架制作、安装,灯具拼装固定,挂装饰部件,焊接线包头。

单位：10套

编　　　号				2-1597	2-1598	2-1599	2-1600	2-1601	2-1602	2-1603	2-1604	2-1605
灯体直径(mm以内)				1500			1800			2000		
灯体垂吊长度(mm以内)				1400	1700	3500	1000	1500	2500	1000	2500	3500
示意图号				20～26			27～32					
预算基价	总　　　价(元)			**14632.78**	**18906.46**	**20752.19**	**12590.45**	**16795.70**	**20724.91**	**13150.43**	**29022.15**	**39933.51**
	人　工　费(元)			14071.05	18291.15	20120.40	11215.80	15421.05	19276.65	11776.05	26622.00	37270.80
	材　料　费(元)			527.92	577.28	593.76	1345.67	1345.67	1410.23	1345.40	2282.43	2509.37
	机　械　费(元)			33.81	38.03	38.03	28.98	28.98	38.03	28.98	117.72	153.34
组　成　内　容		单位	单价	数　　　　量								
人工	综合工	工日	135.00	104.23	135.49	149.04	83.08	114.23	142.79	87.23	197.20	276.08
材料	成套灯具	套	—	(10.1)	(10.1)	(10.1)	(10.1)	(10.1)	(10.1)	(10.1)	(10.1)	(10.1)
	塑料导线 BV-105℃ 2.5mm²	m	2.11	22.4	22.4	22.4	—	—	—	—	—	—
	塑料导线 BV-105℃ 4.0mm²	m	3.51	—	—	—	22.40	22.40	22.40	22.40	22.40	22.40
	花线 2×23×0.15mm²	m	1.14	50.90	50.90	50.90	54.97	54.97	70.33	54.97	213.78	213.78
	金属软管尼龙接头 25	个	0.94	10.3	10.3	10.3	10.3	10.3	10.3	10.3	10.3	10.3
	铜接线端子 DT-2.5mm²	个	1.83	10.15	10.15	10.15						
	铜接线端子 DT-400mm²	个	79.19	—	—	—	10.15	10.15	10.15	10.15	10.15	10.15
	瓷接头 双路	个	0.80	82.4	82.4	103.0	71.4	71.4	71.4	71.4	163.0	204.0
	管接头 15～20	个	1.38	20.6	20.6	20.6	20.6	20.6	20.6	20.6	20.6	20.6
	圆钢 D10～14	t	3926.88	0.01210	—	—	—	—	—	—	—	—
	圆钢 D15～24	t	3894.21	—	0.01580	0.01580	0.01435	0.01435	0.01659	0.01428	0.03370	0.04381
	热轧角钢 ＜60	t	3721.43	0.03959	0.04464	0.04464	0.03433	0.03433	0.04463	0.03433	0.13862	0.18021
	精制六角带帽螺栓 M10×(80～130)	套	1.04	30.6	30.6	30.6	30.6	30.6	30.6	30.6	30.6	30.6
	膨胀螺栓 M14	套	3.31	20.40	—	—	—	—	—	—	—	—
	膨胀螺栓 M16	套	4.09	—	20.40	20.40	20.40	20.40	20.40	20.40	—	—
	膨胀螺栓 M20	套	7.16	—	—	—	—	—	—	—	40.8	40.8
	冲击钻头 D14	个	8.58	0.68	—	—	—	—	—	—	—	—
	冲击钻头 D16	个	9.52	—	0.68	0.68	0.68	0.68	0.68	0.68	—	—
	冲击钻头 D20	个	10.28	—	—	—	—	—	—	—	1.63	1.63
机械	交流弧焊机 21kV·A	台班	60.37	0.56	0.63	0.63	0.48	0.48	0.63	0.48	1.95	2.54

（4）吊杆式组合灯安装

工作内容： 开箱清点,测位画线,打眼埋螺栓,支架制作、安装,灯具拼装固定,挂装饰部件,焊接线包头。

单位：10套

编　号			2-1606	2-1607	2-1608	2-1609	2-1610	2-1611
灯体直径(mm以内)			500	700	900	1000	1800	3000
灯体垂吊长度(mm以内)			1750			4200		
示意图号			33～39					
预算基价	总　　价(元)		**5699.56**	**7416.95**	**9496.25**	**13241.72**	**17187.89**	**29165.39**
	人　工　费(元)		5224.50	6791.85	8830.35	12413.25	15516.90	25860.60
	材　料　费(元)		447.89	579.82	620.62	828.47	1670.99	3304.79
	机　械　费(元)		27.17	45.28	45.28	—	—	—
组　成　内　容	单位	单价	数　量					
人工	综合工	工日	135.00	38.70	50.31	65.41	91.95	114.94	191.56
材料	成套灯具	套	—	(10.1)	(10.1)	(10.1)	(10.1)	(10.1)	(10.1)
	塑料导线 BV-105℃ 2.5mm^2	m	2.11	54.16	77.37	96.71	254.50	509.00	1018.00
	金属软管尼龙接头 25	个	0.94	10.3	10.3	10.3	10.3	—	—
	管接头 15～20	个	1.38	20.6	20.6	20.6	20.6	—	—
	铜接线端子 DT-2.5mm^2	个	1.83	10.15	10.15	10.15	10.15	20.30	20.30
	瓷接头 双路	个	0.80	82.4	82.4	82.4	92.7	103.0	206.0
	圆钢 D10～14	t	3926.88	0.00544	0.00653	0.00653	0.02267	0.03240	0.06479
	热轧角钢 ＜60	t	3721.43	0.03172	0.05286	0.05286	—	—	—
	精制六角带帽螺栓 M10×(80～130)	套	1.04	30.6	30.6	30.6	30.6	—	—
	膨胀螺栓 M10	套	1.53	—	—	—	—	204.0	408.0
	膨胀螺栓 M12	套	1.75	20.4	20.4	20.4	20.4	—	—
	冲击钻头 D10	个	7.47	—	—	—	—	5.10	10.20
	冲击钻头 D12	个	8.00	0.51	0.51	0.51	0.51	—	—
机械	交流弧焊机 21kV·A	台班	60.37	0.45	0.75	0.75	—	—	—

(5) 玻璃罩灯(带装饰)

工作内容: 开箱清点,测位画线,打眼埋螺栓,支架制作、安装,灯具拼装固定,挂装饰部件,焊接线包头。

单位:10套

编 号					2-1612	2-1613	2-1614	2-1615
灯体直径(mm以内)					900	1100	1500	2000
灯体垂吊长度(mm以内)					500	700	850	1100
示意图号					40~45			
预算基价	总 价(元)				**1802.01**	**2193.51**	**2723.11**	**3347.09**
	人 工 费(元)				1552.50	1944.00	2431.35	3038.85
	材 料 费(元)				249.51	249.51	291.76	308.24
组 成 内 容		单位	单价		数 量			
人工	综合工	工日	135.00		11.50	14.40	18.01	22.51
材料	成套灯具	套	—		(10.1)	(10.1)	(10.1)	(10.1)
	塑料导线 BV-105℃ 2.5mm²	m	2.11		13.23	13.23	13.23	13.23
	圆木台 150~250	块	4.34		10.5	10.5	10.5	10.5
	金属软管尼龙接头 25	个	0.94		10.3	10.3	10.3	10.3
	管接头 15~20	个	1.38		20.6	20.6	20.6	20.6
	铜接线端子 DT-2.5mm²	个	1.83		10.15	10.15	10.15	10.15
	瓷接头 双路	个	0.80		27.81	27.81	30.90	51.50
	圆钢 D10~14	t	3926.88		0.00740	0.00740	0.01016	0.01016
	精制六角带帽螺栓 M10×(80~130)	套	1.04		30.6	30.6	30.6	30.6
	膨胀螺栓 M12	套	1.75		18.36	18.36	—	—
	膨胀螺栓 M14	套	3.31		—	—	18.36	18.36
	冲击钻头 D12	个	8.00		0.51	0.51	—	—
	冲击钻头 D14	个	8.58				0.51	0.51

2．吸顶式艺术装饰灯具安装

（1）串珠（穗）、串棒灯（圆形）

工作内容：开箱清点,测位画线,打眼埋螺栓,支架制作、安装,灯具拼装固定,挂装饰部件,焊接线包头。 **单位**：10套

	编　号			2-1616	2-1617	2-1618	2-1619	2-1620	2-1621	2-1622	2-1623	2-1624	2-1625
	灯体直径(mm以内)			400	600	800	1000	1500	2000	2500	3000	4000	5000
	灯体垂吊长度(mm以内)			800									
	示意图号			46～54						55			
预算基价	总　　　价(元)			**2883.62**	**3923.57**	**5378.04**	**8731.57**	**11964.96**	**15948.54**	**13308.64**	**19318.97**	**26516.28**	**34064.73**
	人　工　费(元)			2563.65	3589.65	5024.70	7150.95	9533.70	12711.60	12364.65	17844.30	24294.60	31109.40
	材　料　费(元)			312.73	326.68	346.10	1363.89	2076.28	2760.02	943.99	1474.67	2221.68	2955.33
	机　械　费(元)			7.24	7.24	7.24	216.73	354.98	476.92	—	—	—	—
	组 成 内 容	单位	单价	数　　　量									
人工	综合工	工日	135.00	18.99	26.59	37.22	52.97	70.62	94.16	91.59	132.18	179.96	230.44
材料	成套灯具	套	—	(10.1)	(10.1)	(10.1)	(10.1)	(10.1)	(10.1)	(10.1)	(10.1)	(10.1)	(10.1)
	塑料导线 BV-105℃ 2.5mm^2	m	2.11	16.80	23.41	28.71	44.79	60.57	70.77	127.25	267.73	495.12	704.46
	金属软管尼龙接头 25	个	0.94	10.3	10.3	10.3	20.6	20.6	20.6	20.6	30.9	41.2	51.5
	管接头 15～20	个	1.38	20.6	20.6	20.6	41.2	41.2	41.2	41.2	61.8	82.4	103.0
	铜接线端子 DT-2.5mm^2	个	1.83	10.15	10.15	10.15	10.15	10.15	10.15	20.30	20.30	20.30	20.30
	瓷接头 双路	个	0.80	20.60	20.60	30.90	41.20	61.80	82.40	92.70	185.40	319.30	484.10
	圆钢 D5.5～9.0	t	3896.14	0.01296	0.01296	0.01296	—	—	—	—	—	—	—
	热轧角钢 ＜60	t	3721.43	0.00850	0.00850	0.00850	0.25431	0.41707	0.56000	—	—	—	—
	精制六角带帽螺栓 M10×(80～130)	套	1.04	40.8	40.8	40.8	61.2	81.6	122.4	163.2	204.0	244.8	285.6
	膨胀螺栓 M12	套	1.75	40.80	40.80	40.80	61.20	81.60	122.40	163.20	204.00	244.80	285.60
	冲击钻头 D12	个	8.00	1.02	1.02	1.02	3.06	3.06	3.06	4.08	5.10	6.12	7.14
机械	交流弧焊机 21kV·A	台班	60.37	0.12	0.12	0.12	3.59	5.88	7.90	—	—	—	—

注：未包括支架制作、安装。

工作内容：开箱清点,测位画线,打眼埋螺栓,支架制作、安装,灯具拼装固定,挂装饰部件,焊接线包头。　　　　　　　　　　　　　　　　　　　　　　**单位**：10套

编　号			2-1626	2-1627	2-1628	2-1629	2-1630	2-1631	2-1632	2-1633	2-1634	2-1635
灯体直径(mm以内)			400			600			800			1000
灯体垂吊长度(mm以内)			1500	2000	2500	2000	2500	3000	2000	2500	3000	2000
示意图号			56～62						63～67			
预算基价	总　价(元)		**6235.95**	**8146.20**	**9673.05**	**10215.36**	**11132.01**	**12058.18**	**14433.78**	**17081.13**	**20279.09**	**23548.48**
	人　工　费(元)		5729.40	7639.65	9166.50	9625.50	10542.15	11458.80	13235.40	15882.75	19059.30	21917.25
	材　料　费(元)		456.44	456.44	456.44	524.06	524.06	533.58	1055.30	1055.30	1076.71	1423.56
	机　械　费(元)		50.11	50.11	50.11	65.80	65.80	65.80	143.08	143.08	143.08	207.67
组　成　内　容	单位	单价	数　　量									
人工 综合工	工日	135.00	42.44	56.59	67.90	71.30	78.09	84.88	98.04	117.65	141.18	162.35
材料 成套灯具	套	—	(10.1)	(10.1)	(10.1)	(10.1)	(10.1)	(10.1)	(10.1)	(10.1)	(10.1)	(10.1)
塑料导线 BV-105℃ 2.5mm²	m	2.11	20.36	20.36	20.36	20.36	20.36	20.36	—	—	—	—
塑料导线 BV-105℃ 4.0mm²	m	3.51	—	—	—	—	—	—	20.36	20.36	20.36	20.36
金属软管尼龙接头 25	个	0.94	10.3	10.3	10.3	10.3	10.3	10.3	10.3	10.3	10.3	10.3
管接头 15～20	个	1.38	20.6	20.6	20.6	20.6	20.6	20.6	20.6	20.6	20.6	20.6
铜接线端子 DT-2.5mm²	个	1.83	10.15	10.15	10.15	10.15	10.15	10.15	10.15	10.15	10.15	10.15
瓷接头 双路	个	0.80	30.9	30.9	30.9	30.9	30.9	30.9	61.8	61.8	61.8	61.8
热轧角钢 ＜60	t	3721.43	0.05901	0.05901	0.05901	0.07718	0.07718	0.07718	0.16784	0.16784	0.16784	0.24414
精制六角带帽螺栓 M10×(80～130)	套	1.04	40.8	40.8	40.8	40.8	40.8	40.8	91.8	91.8	91.8	122.4
膨胀螺栓 M10	套	1.53	40.8	40.8	40.8	40.8	40.8	—	91.8	91.8	—	122.4
膨胀螺栓 M12	套	1.75	—	—	—	—	—	40.8	—	—	91.8	—
冲击钻头 D10	个	7.47	1.02	1.02	1.02	1.02	1.02	—	2.30	2.30	—	3.06
冲击钻头 D12	个	8.00	—	—	—	—	—	1.02	—	—	2.30	—
机械 交流弧焊机 21kV·A	台班	60.37	0.83	0.83	0.83	1.09	1.09	1.09	2.37	2.37	2.37	3.44

工作内容: 开箱清点,测位画线,打眼埋螺栓,支架制作、安装,灯具拼装固定,挂装饰部件,焊接线包头。

单位：10套

编　　号				2-1636	2-1637	2-1638	2-1639	2-1640	2-1641	2-1642	2-1643
灯体直径(mm以内)				1000		1200			1500		
灯体垂吊长度(mm以内)				2500	3000	2000	2500	3000	2000	4000	7500
示意图号				63～67		68～73					
预算基价	总　　　价(元)			**25740.88**	**27938.88**	**29576.30**	**31864.27**	**34064.29**	**35529.26**	**41443.71**	**60876.96**
	人　工　费(元)			24109.65	26279.10	28381.05	30368.25	32189.40	33797.25	38866.50	58299.75
	材　料　费(元)			1423.56	1452.11	1073.91	1374.68	1753.55	1529.77	2374.97	2374.97
	机　械　费(元)			207.67	207.67	121.34	121.34	121.34	202.24	202.24	202.24
组　成　内　容		单位	单价	数　　　量							
人工	综合工	工日	135.00	178.59	194.66	210.23	224.95	238.44	250.35	287.90	431.85
材料	成套灯具	套	—	(10.1)	(10.1)	(10.1)	(10.1)	(10.1)	(10.1)	(10.1)	(10.1)
	塑料导线 BV-105℃ 4.0mm²	m	3.51	20.36	20.36	20.36	20.36	20.36	20.36	20.36	20.36
	塑料导线 BV-105℃ 6.0mm²	m	5.56	—	—	—	—	—	3.05	3.05	3.05
	金属软管尼龙接头 25	个	0.94	10.3	10.3	10.3	10.3	10.3	10.3	10.3	10.3
	管接头 15～20	个	1.38	20.6	20.6	20.6	20.6	20.6	20.6	20.6	20.6
	铜接线端子 DT-2.5mm²	个	1.83	10.15	10.15	10.15	10.15	10.15	10.15	10.15	10.15
	瓷接头 双路	个	0.80	61.8	61.8	61.8	61.8	61.8	61.8	61.8	61.8
	热轧角钢 <60	t	3721.43	0.24414	0.24414	0.14251	0.14251	0.14251	0.23751	0.23751	0.23751
	精制六角带帽螺栓 M10×(80～130)	套	1.04	122.4	122.4	122.4	122.4	122.4	153.0	153.0	153.0
	膨胀螺栓 M10	套	1.53	122.4	—	—	—	—	—	—	—
	膨胀螺栓 M12	套	1.75	—	122.4	122.4	—	—	153.0	—	—
	膨胀螺栓 M16	套	4.09	—	—	—	122.4	—	—	—	—
	膨胀螺栓 M20	套	7.16	—	—	—	—	122.4	—	153.0	153.0
	冲击钻头 D10	个	7.47	3.06	—	—	—	—	—	—	—
	冲击钻头 D12	个	8.00	—	3.06	3.06	—	—	3.06	—	—
	冲击钻头 D16	个	9.52	—	—	—	4.08	—	—	—	—
	冲击钻头 D20	个	10.28	—	—	—	—	4.08	—	4.08	4.08
机械	交流弧焊机 21kV·A	台班	60.37	3.44	3.44	2.01	2.01	2.01	3.35	3.35	3.35

(2)挂片、挂碗、挂吊碟灯(圆形)

工作内容: 开箱清点,测位画线,打眼埋螺栓,支架制作、安装,灯具拼装固定,挂装饰部件,焊接线包头。

单位: 10套

编　　　号			2-1644	2-1645	2-1646	2-1647	2-1648	2-1649
灯体形式			挂片灯			挂碗、挂吊碟灯		
灯具直径(mm以内)			400	600	800	300	600	800
灯体垂吊长度(mm以内)			500					
示意图号			74~78			79~84		
预算基价	总　　　价(元)		**3877.94**	**4487.38**	**5145.56**	**3851.25**	**4697.98**	**5643.71**
	人　工　费(元)		3465.45	3974.40	4523.85	3488.40	4185.00	5022.00
	材　料　费(元)		389.55	474.34	567.38	347.15	474.34	567.38
	机　械　费(元)		22.94	38.64	54.33	15.70	38.64	54.33
组 成 内 容	单位	单价	数　　　　量					
人工 综合工	工日	135.00	25.67	29.44	33.51	25.84	31.00	37.20
材料 成套灯具	套	—	(10.1)	(10.1)	(10.1)	(10.1)	(10.1)	(10.1)
塑料导线 BV-105℃ 2.5mm²	m	2.11	16.30	24.44	32.58	12.22	24.44	32.58
金属软管尼龙接头 25	个	0.94	10.3	10.3	10.3	10.3	10.3	10.3
管接头 15~20	个	1.38	20.6	20.6	20.6	20.6	20.6	20.6
铜接线端子 DT-2.5mm²	个	1.83	10.15	10.15	10.15	10.15	10.15	10.15
瓷接头 双路	个	0.80	20.6	20.6	30.9	20.6	20.6	30.9
圆钢 D10~14	t	3926.88	0.01492	0.01492	0.01492	0.01492	0.01492	0.01492
热轧角钢 <60	t	3721.43	0.02725	0.04542	0.06359	0.01817	0.04542	0.06359
精制六角带帽螺栓 M10×(80~130)	套	1.04	40.8	40.8	40.8	40.8	40.8	40.8
膨胀螺栓 M12	套	1.75	40.8	40.8	40.8	40.8	40.8	40.8
冲击钻头 D12	个	8.00	1.02	1.02	1.02	1.02	1.02	1.02
机械 交流弧焊机 21kV·A	台班	60.37	0.38	0.64	0.90	0.26	0.64	0.90

(3) 串珠（穗）、串棒灯（矩形）

工作内容： 开箱清点，测位画线，打眼埋螺栓，支架制作、安装，灯具拼装固定，挂装饰部件，焊接线包头。

单位：10套

编 号			2-1650	2-1651	2-1652	2-1653	2-1654	2-1655	2-1656	2-1657	2-1658
灯体半周长(mm以内)			1600			3000			4000		
灯体垂吊长度(mm以内)			1500	2000	2500	2000	2500	3000	2000	2500	3000
示意图号			85～91						92～94		
预算基价	总　　价(元)		**15544.16**	**18569.51**	**22221.08**	**26635.10**	**30585.40**	**35094.40**	**43220.49**	**51818.44**	**61922.31**
	人　工　费(元)		15125.40	18150.75	21780.90	26136.00	30057.75	34566.75	41480.10	49775.85	59730.75
	材　料　费(元)		418.76	418.76	440.18	499.10	527.65	527.65	1740.39	2042.59	2191.56
组 成 内 容	单位	单价	数 量								
人工 综合工	工日	135.00	112.04	134.45	161.34	193.60	222.65	256.05	307.26	368.71	442.45
成套灯具	套	—	(10.1)	(10.1)	(10.1)	(10.1)	(10.1)	(10.1)	(10.1)	(10.1)	(10.1)
塑料导线 BV-105℃ 4.0mm²	m	3.51	20.36	20.36	20.36	20.36	20.36	20.36	81.44	81.44	81.44
金属软管尼龙接头 25	个	0.94	10.3	10.3	10.3	10.3	10.3	10.3	20.6	20.6	20.6
管接头 15～20	个	1.38	20.6	20.6	20.6	20.6	20.6	20.6	41.2	41.2	41.2
铜接线端子 DT-2.5mm²	个	1.83	10.15	10.15	10.15	10.15	10.15	10.15	—	—	—
铜接线端子 DT-400mm²	个	79.19	—	—	—	—	—	—	10.15	10.15	10.15
瓷接头 双路	个	0.80	61.8	61.8	61.8	61.8	61.8	61.8	61.8	61.8	61.8
镀锌精制六角带帽螺栓 M10×(14～70)	套	0.91	91.8	91.8	91.8	122.4	122.4	122.4	183.6	183.6	183.6
膨胀螺栓 M10	套	1.53	91.8	91.8	—	122.4	—	—	—	—	—
膨胀螺栓 M12	套	1.75	—	—	91.8	—	122.4	122.4	183.6	—	—
膨胀螺栓 M14	套	3.31	—	—	—	—	—	—	—	183.6	—
膨胀螺栓 M16	套	4.09	—	—	—	—	—	—	—	—	183.6
冲击钻头 D10	个	7.47	2.30	2.30	—	3.06	—	—	—	—	—
冲击钻头 D12	个	8.00	—	—	2.30	—	3.06	3.06	4.59	—	—
冲击钻头 D14	个	8.58	—	—	—	—	—	—	—	6.12	—
冲击钻头 D16	个	9.52	—	—	—	—	—	—	—	—	6.12

工作内容： 开箱清点,测位画线,打眼埋螺栓,支架制作、安装,灯具拼装固定,挂装饰部件,焊接线包头。 单位：10套

编 号			2-1659	2-1660	2-1661	2-1662	2-1663	2-1664	2-1665	2-1666	2-1667	2-1668
灯体半周长(mm以内)			1000	1500	2000	2500	3000	3500	4000	4500	5000	5500
灯体垂吊长度(mm以内)			800									
示意图号			95～100					101～105				
预算基价	总 价(元)		**3058.27**	**3644.05**	**4350.12**	**5184.30**	**6188.72**	**8696.89**	**10877.46**	**13880.47**	**17497.16**	**22387.47**
	人 工 费(元)		2820.15	3384.45	4060.80	4873.50	5848.20	7017.30	9121.95	11859.75	15417.00	20042.10
	材 料 费(元)		238.12	259.60	289.32	310.80	340.52	1679.59	1755.51	2020.72	2080.16	2345.37
组 成 内 容	单位	单价	数 量									
人工 综合工	工日	135.00	20.89	25.07	30.08	36.10	43.32	51.98	67.57	87.85	114.20	148.46
材料 成套灯具	套	—	(10.1)	(10.1)	(10.1)	(10.1)	(10.1)	(10.1)	(10.1)	(10.1)	(10.1)	(10.1)
塑料导线 BV-105℃ 2.5mm²	m	2.11	20.36	30.54	40.72	50.90	61.08	142.52	162.88	183.24	203.60	223.96
塑料导线 BV-105℃ 4.0mm²	m	3.51	—	—	—	—	—	6.1	6.1	6.1	6.1	6.1
金属软管尼龙接头 25	个	0.94	10.3	10.3	10.3	10.3	10.3	20.6	20.6	20.6	20.6	20.6
管接头 15～20	个	1.38	20.6	20.6	20.6	20.6	20.6	41.2	41.2	41.2	41.2	41.2
铜接线端子 DT-2.5mm²	个	1.83	10.15	10.15	10.15	10.15	10.15	—	—	—	—	—
铜接线端子 DT-400mm²	个	79.19	—	—	—	—	—	10.15	10.15	10.15	10.15	10.15
瓷接头 双路	个	0.80	20.6	20.6	30.9	30.9	41.2	41.2	82.4	82.4	103.0	103.0
精制六角带帽螺栓 M10×(80～130)	套	1.04	40.8	40.8	40.8	40.8	40.8	81.6	81.6	122.4	122.4	163.2
膨胀螺栓 M12	套	1.75	40.8	40.8	40.8	40.8	40.8	—	—	—	—	—
膨胀螺栓 M16	套	4.09	—	—	—	—	—	81.6	81.6	122.4	122.4	163.2
冲击钻头 D12	个	8.00	1.02	1.02	1.02	1.02	1.02	—	—	—	—	—
冲击钻头 D16	个	9.52	—	—	—	—	—	2.72	2.72	4.08	4.08	5.44

注：未包括金属支架制作、安装。

（4）挂片、挂碗、挂吊碟灯（矩形）

工作内容： 开箱清点,测位画线,打眼埋螺栓,支架制作、安装,灯具拼装固定,挂装饰部件,焊接线包头。　　　　　　　　　　　　　　　　　**单位：** 10套

编　号			2-1669	2-1670	2-1671	2-1672	2-1673	2-1674	2-1675
灯体形式				挂片式			挂碗、挂吊碟		
灯体半周长(mm以内)			800	1200	1600	800	1200	1600	2000
灯体垂吊长度(mm以内)						500			
示意图号				106～108			109～114		
预算基价	总　　　价(元)		**4189.44**	**4824.48**	**5510.46**	**4182.95**	**4999.40**	**5971.33**	**7140.20**
	人　工　费(元)		3638.25	4172.85	4750.65	3662.55	4394.25	5273.10	6327.45
	材　料　费(元)		520.40	605.15	698.23	520.40	605.15	698.23	812.75
	机　械　费(元)		30.79	46.48	61.58	—	—	—	—
组　成　内　容	单位	单价				数　　量			
人工	综合工	工日	135.00	26.95	30.91	35.19	27.13	32.55	39.06	46.87
材料	成套灯具	套	—	(10.1)	(10.1)	(10.1)	(10.1)	(10.1)	(10.1)	(10.1)
	塑料导线 BV-105℃ 2.5mm²	m	2.11	16.30	24.44	32.58	16.30	24.44	32.58	40.72
	金属软管尼龙接头 25	个	0.94	10.3	10.3	10.3	10.3	10.3	10.3	10.3
	管接头 15～20	个	1.38	20.6	20.6	20.6	20.6	20.6	20.6	20.6
	铜接线端子 DT-2.5mm²	个	1.83	10.15	10.15	10.15	10.15	10.15	10.15	10.15
	瓷接头 双路	个	0.80	20.6	20.6	30.9	20.6	20.6	30.9	30.9
	圆钢 D10～14	t	3926.88	0.01492	0.01492	0.01492	0.01492	0.01492	0.01492	0.01492
	热轧角钢 ＜60	t	3721.43	0.03634	0.05450	0.07268	0.03634	0.05450	0.07268	0.09884
	精制六角带帽螺栓 M10×(80～130)	套	1.04	40.8	40.8	40.8	40.8	40.8	40.8	40.8
	膨胀螺栓 M16	套	4.09	40.8	40.8	40.8	40.8	40.8	40.8	40.8
	冲击钻头 D16	个	9.52	1.02	1.02	1.02	1.02	1.02	1.02	1.02
机械	交流弧焊机 21kV·A	台班	60.37	0.51	0.77	1.02	—	—	—	—

（5）玻璃罩灯（带装饰）

工作内容：开箱清点，测位画线，打眼埋螺栓，支架制作、安装，灯具拼装固定，挂装饰部件，焊接线包头。

单位：10套

编　号			2-1676	2-1677	2-1678	2-1679	2-1680	2-1681
灯体半周长（mm以内）			1500	2000	2500	3000		
灯体垂吊长度（mm以内）			400			400	700	1600
示意图号			115～120					
预算基价	总　　价（元）		**2641.19**	**3279.53**	**4040.69**	**5269.13**	**6794.84**	**14766.73**
	人　工　费（元）		2011.50	2524.50	3160.35	3792.15	4550.85	12514.50
	材　料　费（元）		571.73	677.76	783.75	1274.74	2041.75	2049.99
	机　械　费（元）		57.96	77.27	96.59	202.24	202.24	202.24
组 成 内 容	单位	单价	数　　量					
人工 综合工	工日	135.00	14.90	18.70	23.41	28.09	33.71	92.70
材料 成套灯具	套	—	(10.10)	(10.10)	(10.10)	(10.10)	(10.10)	(10.10)
塑料导线 BV-105℃ 2.5mm²	m	2.11	30.54	40.72	50.90	61.08	61.08	61.08
金属软管尼龙接头 25	个	0.94	10.3	10.3	10.3	10.3	10.3	10.3
管接头 15～20	个	1.38	20.6	20.6	20.6	20.6	20.6	20.6
铜接线端子 DT-2.5mm²	个	1.83	10.15	10.15	10.15	10.15	10.15	10.15
瓷接头 双路	个	0.80	20.6	20.6	20.6	30.9	30.9	41.2
圆钢 D10～14	t	3926.88	0.01492	0.01492	0.01492	0.01492	0.01492	0.01492
热轧角钢 <60	t	3721.43	0.06813	0.09085	0.11356	0.23751	0.23751	0.23751
精制六角带帽螺栓 M10×（80～130）	套	1.04	40.8	40.8	40.8	40.8	163.2	163.2
膨胀螺栓 M12	套	1.75	40.80	40.80	40.80	40.80	—	—
膨胀螺栓 M16	套	4.09	—	—	—	—	163.20	163.20
冲击钻头 D12	个	8.00	1.02	1.02	1.02	1.02	—	—
冲击钻头 D16	个	9.52	—	—	—	—	5.44	5.44
机械 交流弧焊机 21kV·A	台班	60.37	0.96	1.28	1.60	3.35	3.35	3.35

3.荧光艺术装饰灯具安装
(1)组合荧光灯带

工作内容: 开箱清点,测位画线,打眼埋螺栓,支架制作、安装,灯具拼装固定,挂装饰部件,焊接线包头。

单位:10m

编　号			2-1682	2-1683	2-1684	2-1685	2-1686	2-1687
项　目			吊杆式				吸顶式	
			单管	双管	三管	四管	单管	双管
示意图号			121～123				124～126	
预算基价	总　价(元)		**449.87**	**534.58**	**634.61**	**755.72**	**361.13**	**424.24**
	人　工　费(元)		372.60	448.20	537.30	645.30	272.70	326.70
	材　料　费(元)		77.27	86.38	97.31	110.42	88.43	97.54
组 成 内 容	单位	单价	数　量					
人工 综合工	工日	135.00	2.76	3.32	3.98	4.78	2.02	2.42
材料 成套灯具	套	—	(8.08)	(8.08)	(8.08)	(8.08)	(8.08)	(8.08)
膨胀螺栓 M10	套	1.53	—	—	—	—	16.32	16.32
木螺钉 M(2～4)×(6～65)	个	0.06	33.30	33.30	33.30	33.30	—	—
塑料胀管 M6～8	个	0.31	33.60	33.60	33.60	33.60	—	—
冲击钻头 D8	个	5.44	0.82	0.82	0.82	0.82	—	—
冲击钻头 D10	个	7.47	—	—	—	—	0.41	0.41
塑料导线 BV-105℃ 2.5mm²	m	2.11	21.58	25.90	31.08	37.29	21.58	25.90
铜接线端子 DT-2.5mm²	个	1.83	8.12	8.12	8.12	8.12	8.12	8.12

工作内容： 开箱清点,测位画线,打眼埋螺栓,支架制作、安装,灯具拼装固定,挂装饰部件,焊接线包头。

单位：10m

编　号				2-1688	2-1689	2-1690	2-1691	2-1692	2-1693
项目				吸顶式		嵌入式			
				三管	四管	单管	双管	三管	四管
示意图号				124～126		127～129			
预算基价	总　　价(元)			**529.35**	**619.41**	**586.69**	**710.53**	**861.31**	**1013.50**
	人　工　费(元)			392.85	469.80	302.40	361.80	436.05	523.80
	材　料　费(元)			136.50	149.61	275.23	339.67	413.79	478.23
	机　械　费(元)			—	—	9.06	9.06	11.47	11.47
组 成 内 容		单位	单价	数　　量					
人工	综合工	工日	135.00	2.91	3.48	2.24	2.68	3.23	3.88
材料	成套灯具	套	—	(8.08)	(8.08)	(8.08)	(8.08)	(8.08)	(8.08)
	圆钢 D10～14	t	3926.88	—	—	0.01036	0.01036	0.01036	0.01036
	热轧角钢 ＜60	t	3721.43	—	—	0.0109	0.0109	0.0135	0.0135
	镀锌精制六角带帽螺栓 M10×(14～70)	套	0.91	—	—	40.8	40.8	40.8	40.8
	膨胀螺栓 M10	套	1.53	32.64	32.64	40.80	40.80	40.80	40.80
	镀锌自攻螺钉 M(4～6)×(20～35)	个	0.17	—	—	53.0	53.0	53.0	53.0
	冲击钻头 D10	个	7.47	0.82	0.82	0.82	0.82	0.82	0.82
	塑料导线 BV-105℃ 2.5mm²	m	2.11	31.08	37.29	30.54	61.08	91.62	122.16
	铜接线端子 DT-2.5mm²	个	1.83	8.12	8.12	8.12	8.12	8.12	8.12
机械	交流弧焊机 21kV·A	台班	60.37	—	—	0.15	0.15	0.19	0.19

(2) 内藏组合式灯

工作内容： 开箱清点,测位画线,打眼埋螺栓,支架制作、安装,灯具拼装固定,挂装饰部件,焊接线包头。

单位：10m

			编　号	2-1694	2-1695	2-1696	2-1697	2-1698	2-1699	2-1700
			项目	方形组合	日形组合	田字组合	六边组合	锥形组合	双管组合	圆管光带
			示意图号	130～132	133、134	135	136	137	138	139、140
预算基价		总　　　价(元)		**303.80**	**309.54**	**345.91**	**446.05**	**409.36**	**403.88**	**372.17**
		人　工　费(元)		260.55	272.70	302.40	406.35	365.85	337.50	321.30
		材　料　费(元)		43.25	36.84	43.51	39.70	43.51	66.38	50.87
组　成　内　容		单位	单价	数　　　量						
人工	综合工	工日	135.00	1.93	2.02	2.24	3.01	2.71	2.50	2.38
材料	成套灯具	套	—	(8.08)	(8.08)	(8.08)	(8.08)	(8.08)	(8.08)	(8.08)
	膨胀螺栓 M8×60	套	0.55	16.32	14.28	16.32	16.32	16.32	16.32	16.32
	冲击钻头 $D8$	个	5.44	0.41	0.36	0.41	0.41	0.41	0.41	0.41
	塑料导线 BV-105℃ 1.5mm^2	m	1.61	5.94	5.19	6.10	6.10	6.10	6.10	5.94
	金属软管尼龙接头 25	个	0.94	2.06	1.03	2.06	1.03	2.06	8.24	4.12
	管接头 15～20	个	1.38	4.12	2.06	4.12	2.06	4.12	16.48	8.24
	铜接线端子 DT-2.5mm^2	个	1.83	8.12	8.12	8.12	8.12	8.12	8.12	8.12

(3) 发光棚灯安装

工作内容：开箱清点，测位画线，打眼埋螺栓，支架制作、安装，灯具拼装固定，挂装饰部件，焊接线包头。

单位：10m²

	编　号			2-1701
	项目			发光棚灯
	示意图号			141～144

预算基价	总　　价(元)			1040.64
	人　工　费(元)			672.30
	材　料　费(元)			368.34

	组 成 内 容	单位	单价	数 量
人工	综合工	工日	135.00	4.98
材料	镀锌自攻螺钉 M(4～6)×(20～35)	个	0.17	81.6
	塑料胀管 M6～8	个	0.31	81.6
	冲击钻头 D8	个	5.44	1.99
	塑料导线 BV-105℃ 2.5mm²	m	2.11	61.08
	瓜子灯链 大号	m	0.79	20.2
	灯钩 大号	个	1.07	40.8
	金属软管尼龙接头 25	个	0.94	20.60
	管接头 15～20	个	1.38	41.20
	铜接线端子 DT-2.5mm²	个	1.83	20.30
	瓷接头 双路	个	0.80	20.60

注：发光棚灯具按设计用量加损耗量计算。

（4）其 他

工作内容：开箱清点，测位画线，打眼埋螺栓，支架制作、安装，灯具拼装固定，挂装饰部件，接焊线包头等全部过程。

单位：10m

编 号			2-1702	2-1703
项目			立体广告灯箱	荧光灯光沿
示意图号			145	146
预算基价	总 价(元)		**556.45**	**263.02**
	人 工 费(元)		380.70	178.20
	材 料 费(元)		175.75	84.82
组 成 内 容		单位	单价	数 量	
人工	综合工	工日	135.00	2.82	1.32
材料	成套灯具	套	—	(8.08)	(8.08)
	塑料导线 BV-105℃ 2.5mm²	m	2.11	28.50	22.80
	金属软管尼龙接头 25	个	0.94	8.24	2.06
	管接头 15～20	个	1.38	16.48	10.30
	铜接线端子 DT-2.5mm²	个	1.83	8.12	6.09
	瓷接头 双路	个	0.80	8.24	8.24
	膨胀螺栓 M12	套	1.75	32.64	—
	镀锌自攻螺钉 M(4～6)×(20～35)	个	0.17	—	16.6
	冲击钻头 D12	个	8.00	0.82	—

4.几何形状组合艺术灯具安装

工作内容： 开箱清点,测位画线,打眼埋螺栓,支架制作、安装,灯具拼装固定,挂装饰部件,焊接线包头。

编 号				2-1704	2-1705	2-1706	2-1707	2-1708	2-1709	2-1710	2-1711
项目				单点固定灯具(繁星六火)	四点固定灯具(繁星十六火)	单点固定灯具(繁星四十火)	四点固定灯具(繁星一百火)	单点固定灯(钻石星五火)	星形双火灯	礼花灯	玻璃罩钢架组合灯
示意图号				147(10套)	148(10套)	149(10套)	150(10套)	151(10套)	152、153(10套)	154(组)	155、156(10套)
预算基价	总 价(元)			**419.03**	**822.41**	**501.56**	**667.51**	**378.53**	**658.84**	**577.40**	**451.43**
	人 工 费(元)			378.00	714.15	459.00	618.30	337.50	595.35	545.40	392.85
	材 料 费(元)			41.03	108.26	42.56	49.21	41.03	63.49	32.00	58.58
组 成 内 容		单位	单价	数 量							
人工	综合工	工日	135.00	2.80	5.29	3.40	4.58	2.50	4.41	4.04	2.91
材料	成套灯具	套	—	(10.1)	(10.1)	(10.1)	(10.1)	(10.1)	(10.1)	(10.1)	(10.1)
	塑料导线 BV-105℃ 1.5mm²	m	1.61	3.05	12.20	—	—	3.05	6.10	1.83	3.05
	塑料导线 BV-105℃ 2.5mm²	m	2.11	—	—	3.05	—	—	—	—	—
	塑料导线 BV-105℃ 4.0mm²	m	3.51	—	—	—	3.05	—	—	—	—
	铜接线端子 DT-2.5mm²	个	1.83	10.15	10.15	10.15	10.15	10.15	10.15	10.15	10.15
	膨胀螺栓 M10	套	1.53	10.20	40.80	10.20	—	10.20	20.40	6.12	20.40
	膨胀螺栓 M12	套	1.75	—	—	—	10.20	—	—	—	—
	冲击钻头 D10	个	7.47	0.26	1.02	0.26	—	0.26	0.52	0.15	0.52
	冲击钻头 D12	个	8.00	—	—	—	0.26	—	—	—	—

工作内容： 开箱清点,测位画线,打眼埋螺栓,支架制作、安装,灯具拼装固定,挂装饰部件,焊接线包头。 单位：10套

编　号			2-1712	2-1713	2-1714	2-1715	2-1716	2-1717	2-1718	2-1719
项目			凸片单火灯	凸片四火灯（以内）	凸片十八火灯（以内）	凸片二十八火灯（以内）	反射柱灯	筒形钢架灯	U形组合灯	弧形管组合灯
示意图号			157	158	159～161	162	163～165	166、167	168	169、170
预算基价	总　　价(元)		**219.12**	**595.28**	**2861.06**	**3743.22**	**274.41**	**1332.71**	**1554.57**	**545.94**
	人　工　费(元)		186.30	523.80	2554.20	3121.20	240.30	1077.30	1432.35	491.40
	材　料　费(元)		32.82	71.48	306.86	622.02	34.11	233.68	122.22	54.54
	机　械　费(元)		—	—	—	—	—	21.73	—	—
组　成　内　容	单位	单价	数　　量							
人工　综合工	工日	135.00	1.38	3.88	18.92	23.12	1.78	7.98	10.61	3.64
材料　成套灯具	套	—	(10.1)	(10.1)	(10.1)	(10.1)	(10.1)	(10.1)	(10.1)	(10.1)
圆钢 D10～14	t	3926.88	—	—	0.01865	0.02800	—	—	—	—
热轧角钢 <60	t	3721.43	—	—	—	—	—	0.02543	—	—
精制六角带帽螺栓 M10×(80～130)	套	1.04	—	—	—	—	—	20.4	—	—
膨胀螺栓 M8×60	套	0.55	—	—	—	—	—	—	—	16.63
膨胀螺栓 M12	套	1.75	10.20	10.20	40.80	61.20	10.20	10.20	—	—
木螺钉 M(2～4)×(6～65)	个	0.06	—	—	—	—	—	—	104.0	—
塑料胀管 M6～8	个	0.31	—	—	—	—	—	—	101.5	—
冲击钻头 D8	个	5.44	—	—	—	—	—	—	2.04	0.42
冲击钻头 D12	个	8.00	0.26	0.26	1.02	1.53	0.26	0.26	—	—
塑料导线 BV-105℃ 2.5mm²	m	2.11	6.11	24.43	59.14	172.25	6.72	24.43	15.27	17.27
塑料导线 BV-105℃ 4.0mm²	m	3.51	—	—	3.05	3.05	—	—	—	—
金属软管尼龙接头 25	个	0.94	—	—	—	—	—	10.3	—	—
管接头 15～20	个	1.38	—	—	—	—	—	20.6	—	—
铜接线端子 DT-2.5mm²	个	1.83	—	—	10.15	10.15	—	—	—	—
瓷接头 双路	个	0.80	—	—	—	—	—	10.30	51.50	8.34
机械　交流弧焊机 21kV·A	台班	60.37	—	—	—	—	—	0.36	—	—

5.标志、诱导装饰灯安装

工作内容: 开箱清点,测位画线,打眼埋螺栓,支架制作、安装,灯具拼装固定,挂装饰部件,焊接包头。

单位:10套

编号			2-1720	2-1721	2-1722	2-1723
项目			吸顶式	吊杆式	墙壁式	嵌入式
示意图号			171~174			
预算基价	总 价(元)		**296.68**	**421.20**	**284.37**	**300.26**
	人 工 费(元)		224.10	260.55	224.10	260.55
	材 料 费(元)		72.58	160.65	60.27	39.71
组 成 内 容	单位	单价	数 量			
人工 综合工	工日	135.00	1.66	1.93	1.66	1.93
材料 成套灯具	套	—	(10.1)	(10.1)	(10.1)	(10.1)
塑料导线 BV-105℃ 2.5mm²	m	2.11	5.09	3.05	5.09	6.11
花线 2×23×0.15mm²	m	1.14	—	5.09	—	—
圆木台 150~250	块	4.34	—	21	—	—
铜接线端子 DT-2.5mm²	个	1.83	10.15	10.15	10.15	10.15
瓷接头 双路	个	0.80	10.30	—	10.30	10.30
膨胀螺栓 M10	套	1.53	20.40	20.40	—	—
木螺钉 M(2~4)×(6~65)	个	0.06	—	61.2	40.8	—
塑料胀管 M6~8	个	0.31	—	—	40.8	—
冲击钻头 D10	个	7.47	0.51	0.51	1.02	—

361

6.水下艺术装饰灯安装

工作内容: 开箱清点,测位画线,打眼埋螺栓,支架制作、安装,灯具拼装固定,挂装饰部件,焊接包头。

单位：10套

编 号				2-1724	2-1725	2-1726	2-1727
项 目				彩灯（简易形）	彩灯（密封形）	喷水池灯	幻光型灯
示意图号				175～177			
预算基价	总 价(元)			**360.13**	**380.06**	**433.74**	**436.76**
	人 工 费(元)			309.15	309.15	342.90	365.85
	材 料 费(元)			50.98	70.91	90.84	70.91
组 成 内 容		单位	单价	数 量			
人工	综合工	工日	135.00	2.29	2.29	2.54	2.71
材料	成套灯具	套	—	(10.1)	(10.1)	(10.1)	(10.1)
	防水胶圈	个	2.07	15	15	15	15
	膨胀螺栓 M12	套	1.75	10.2	20.4	30.6	20.4
	冲击钻头 $D12$	个	8.00	0.26	0.52	0.78	0.52

7.点光源艺术装饰灯安装

工作内容: 开箱清点,测位画线,打眼埋螺栓,支架制作、安装,灯具拼装固定,挂装饰部件,焊接包头。

编　号			2-1728	2-1729	2-1730	2-1731	2-1732	2-1733	2-1734
项目			吸顶式	嵌入式灯具直径(mm)			射灯		滑轨
				150	200	350	吸顶式	滑轨式	(10m)
示意图号			178 (10套)	179～181 (10套)			182～187 (10套)		(10m)
预算基价	总　　　　价(元)		**276.80**	**446.04**	**489.24**	**504.09**	**179.55**	**110.70**	**268.02**
	人　工　费(元)		243.00	334.80	378.00	392.85	145.80	110.70	183.60
	材　料　费(元)		33.80	111.24	111.24	111.24	33.75	—	84.42
组　成　内　容	单位	单价	数　　　　量						
人工 综合工	工日	135.00	1.80	2.48	2.80	2.91	1.08	0.82	1.36
材料 成套灯具	套	—	—	(10.1)	(10.1)	(10.1)	(10.1)	(10.1)	—
滑轨	m	—	—	—	—	—	—	—	(10.1)
塑料导线 BV-105℃ 1.5mm²	m	1.61	3.05	13.23	13.23	13.23	3.05	—	—
塑料导线 BV-105℃ 2.5mm²	m	2.11	—	—	—	—	—	—	9.16
钢接线盒(灯具配用)	个	3.26	—	10.2	10.2	10.2	—	—	—
金属软管尼龙接头 25	个	0.94	—	10.3	10.3	10.3	—	—	10.3
管接头 15～20	个	1.38	—	20.6	20.6	20.6	—	—	20.6
铜接线端子 DT-2.5mm²	个	1.83	10.15	10.15	10.15	10.15	10.15	—	9.14
木螺钉 M(2～4)×(6～65)	个	0.06	20.8	—	—	—	20.8	—	20.8
塑料胀管 M6～8	个	0.31	20.3	—	—	—	20.3	—	20.3
冲击钻头 D8	个	5.44	0.51	—	—	—	0.50	—	0.50

8.草坪灯安装

工作内容：开箱清点,测位画线,打眼埋螺栓,支架制作、安装,灯具拼装固定,挂装饰部件,焊接包头。

单位：10套

编 号				2-1735	2-1736
项目				立柱式	墙壁式
示意图号				188~191	
预算基价	总 价(元)			**1429.73**	**568.09**
	人 工 费(元)			1233.90	518.40
	材 料 费(元)			195.83	49.69
组 成 内 容		单位	单价	数 量	
人工	综合工	工日	135.00	9.14	3.84
材料	成套灯具	套	—	(10.1)	(10.1)
	橡皮绝缘线 BX-2.5mm^2	m	1.56	—	4.07
	橡皮绝缘线 BX-4mm^2	m	2.17	40.72	—
	羊角熔断器 5A	个	1.83	10.3	—
	瓷接头 双路	个	0.80	10.3	10.3
	地脚螺栓 M12×160	套	1.97	40.8	—
	膨胀螺栓 M10	套	1.53	—	20.40
	冲击钻头 D10	个	7.47	—	0.52

9.歌舞厅灯具安装

工作内容: 开箱清点,测位画线,打眼埋螺栓,支架制作、安装,灯具拼装固定,挂装饰部件,焊接包头。

单位:10套

编 号			2-1737	2-1738	2-1739	2-1740	2-1741	2-1742	2-1743	2-1744
项 目			变色转盘灯	雷达射灯	十二头幻影转彩灯	维纳斯旋转彩灯	卫星旋转效果灯	飞碟旋转效果灯	八头转灯	十八头转灯
示意图号			192	193	194	195	196	197	198	199
预算基价	总 价(元)		**1095.63**	**1479.34**	**1588.60**	**1301.05**	**1900.23**	**2735.47**	**1332.82**	**1971.91**
	人 工 费(元)		1034.10	1379.70	1409.40	1121.85	1838.70	2596.05	1193.40	1713.15
	材 料 费(元)		61.53	99.64	179.20	179.20	61.53	139.42	139.42	258.76
组 成 内 容	单位	单价	数 量							
人工 综合工	工日	135.00	7.66	10.22	10.44	8.31	13.62	19.23	8.84	12.69
材料 成套灯具	套	—	(10.1)	(10.1)	(10.1)	(10.1)	(10.1)	(10.1)	(10.1)	(10.1)
塑料导线 BV-105℃ 2.5mm²	m	2.11	20.36	20.36	20.36	20.36	20.36	20.36	20.36	20.36
金属软管尼龙接头 25	个	0.94	—	10.3	10.3	10.3	—	10.3	10.3	10.3
铜接线端子 DT-2.5mm²	个	1.83	10.15	10.15	10.15	10.15	10.15	10.15	10.15	10.15
管接头 15~20	个	1.38	—	20.6	20.6	20.6	—	20.6	20.6	20.6
膨胀螺栓 M12	套	1.75	—	—	40.8	40.8	—	20.4	20.4	81.6
冲击钻头 D12	个	8.00	—	—	1.02	1.02	—	0.51	0.51	2.04

工作内容：开箱清点,测位画线,打眼埋螺栓,支架制作、安装,灯具拼装固定,挂装饰部件,焊接包头。　　　　　　　　　　　　　　**单位**：10套

编　号			2-1745	2-1746	2-1747	2-1748	2-1749	2-1750	2-1751	2-1752
项　目			滚筒灯	频闪灯	太阳灯	雨灯	歌星灯	边界灯	射灯	泡泡发生灯
示意图号			200	201	202	203	204	205	206	207
预算基价	总　价(元)		**1695.97**	**2042.92**	**1377.37**	**1224.82**	**1300.42**	**1910.62**	**751.37**	**1158.04**
	人　工　费(元)		1556.55	1903.50	1237.95	1085.40	1161.00	1771.20	631.80	1058.40
	材　料　费(元)		139.42	139.42	139.42	139.42	139.42	139.42	119.57	99.64
组 成 内 容	单位	单价	数　量							
人工 综合工	工日	135.00	11.53	14.10	9.17	8.04	8.60	13.12	4.68	7.84
材料 成套灯具	套	—	(10.1)	(10.1)	(10.1)	(10.1)	(10.1)	(10.1)	(10.1)	—
泡泡发生器	套	—	—	—	—	—	—	—	—	(10.1)
塑料导线 BV-105℃ 2.5mm²	m	2.11	20.36	20.36	20.36	20.36	20.36	20.36	20.36	20.36
金属软管尼龙接头 25	个	0.94	10.3	10.3	10.3	10.3	10.3	10.3	10.3	10.3
管接头 15~20	个	1.38	20.6	20.6	20.6	20.6	20.6	20.6	20.6	20.6
铜接线端子 DT-2.5mm²	个	1.83	10.15	10.15	10.15	10.15	10.15	10.15	10.15	10.15
膨胀螺栓 M12	套	1.75	20.4	20.4	20.4	20.4	20.4	20.4	10.2	—
冲击钻头 D12	个	8.00	0.51	0.51	0.51	0.51	0.51	0.51	0.26	—

工作内容：开箱清点，测位画线，打眼埋螺栓，支架制作、安装，灯具拼装固定，挂装饰部件，焊接包头。

编　号			2-1753	2-1754	2-1755	2-1756	2-1757	2-1758	2-1759	2-1760
项目			迷你满天星彩灯	迷你单立(盘彩灯)	宇宙灯(单排二十头)	宇宙灯(双排二十头)	镜面球灯	蛇光管	满天星彩灯	彩控器安装
示意图号			208 (10套)	209 (10套)	210 (10套)	211 (10套)	212 (10套)	213 (10套)	214 (10套)	215 (台)
预算基价	总　　价(元)		**1292.32**	**1347.67**	**1403.02**	**1743.22**	**1762.12**	**129.70**	**120.48**	**92.57**
	人工费(元)		1152.90	1208.25	1263.60	1603.80	1622.70	122.85	106.65	86.40
	材料费(元)		139.42	139.42	139.42	139.42	139.42	6.85	13.83	6.17
组成内容	单位	单价	数　　量							
人工	综合工	工日	135.00	8.54	8.95	9.36	11.88	12.02	0.91	0.79	0.64
材料	成套灯具	套	—	(10.1)	(10.1)	(10.1)	(10.1)	(10.1)	(10.1)	(10.1)	—
	彩控器	台	—	—	—	—	—	—	—	—	(10.1)
	塑料导线 BV-105℃ 2.5mm²	m	2.11	20.36	20.36	20.36	20.36	20.36	0.61	0.61	2.04
	金属软管尼龙接头 25	个	0.94	10.3	10.3	10.3	10.3	10.3	—	—	—
	管接头 15~20	个	1.38	20.6	20.6	20.6	20.6	20.6	—	—	—
	铜接线端子 DT-2.5mm²	个	1.83	10.15	10.15	10.15	10.15	10.15	—	—	1.02
	尼龙卡带 4×50	个	0.18	—	—	—	—	—	30.9	30.9	—
	镀锌钢丝 D2.8~4.0	kg	6.91	—	—	—	—	—	—	1.01	—
	膨胀螺栓 M12	套	1.75	20.4	20.4	20.4	20.4	20.4	—	—	—
	冲击钻头 D12	个	8.00	0.51	0.51	0.51	0.51	0.51	—	—	—

五、荧光灯具安装

1. 组 装 型

工作内容：测位、画线、打眼、埋螺栓、上木台、吊链、吊管加工、灯具组装、接线、接焊包头。

单位：10套

编　号			2-1761	2-1762	2-1763	2-1764	2-1765	2-1766	2-1767
项　目			吊链式			吸顶式			荧光灯电容器安装
			单管	双管	三管	单管	双管	三管	
预算基价	总　　价(元)		**483.06**	**718.05**	**874.29**	**366.90**	**624.52**	**785.85**	**138.39**
	人　工　费(元)		324.00	519.75	641.25	324.00	519.75	641.25	114.75
	材　料　费(元)		159.06	198.30	233.04	42.90	104.77	144.60	23.64
组 成 内 容	单位	单价	数　　量						
人工 综合工	工日	135.00	2.40	3.85	4.75	2.40	3.85	4.75	0.85
材料 成套灯具	套	—	(10.1)	(10.1)	(10.1)	(10.1)	(10.1)	(10.1)	(10.1)
塑料绝缘线 BLV-2.5mm²	m	0.43	3.05	3.05	3.05	7.13	7.13	7.13	27.49
花线 2×23×0.15mm²	m	1.14	15.27	15.27	15.27	—	—	—	—
绞型软线 RVS-0.5mm²	m	1.10	30.54	60.54	90.81	30.54	61.08	91.62	10.18
瓜子灯链 大号	m	0.79	30.3	30.3	30.3	—	—	—	—
吊盒	个	1.11	20.4	20.4	20.4	—	—	—	—
圆木台 (63~138)×22	块	1.40	21	21	21	—	—	—	—
伞形螺栓 M(6~8)×150	套	1.08	20.4	20.4	20.4	—	20.4	20.4	—
木螺钉 M(2~4)×(6~65)	个	0.06	145.60	249.60	273.60	104.00	208.00	312.00	10.40

2.成套型

工作内容：测位、画线、打眼、埋塑料膨胀管、上塑料圆台（木台）、吊链、吊管加工、灯具组装、接线、接焊包头。

单位：10套

编　号				2-1768	2-1769	2-1770	2-1771	2-1772	2-1773
项　目				吊链式			吊管式		
				单管	双管	三管	单管	双管	三管
预算基价	总　　价(元)			**415.38**	**465.33**	**496.38**	**418.50**	**472.50**	**503.55**
	人　工　费(元)			198.45	248.40	279.45	206.55	260.55	291.60
	材　料　费(元)			216.93	216.93	216.93	211.95	211.95	211.95
组成内容		单位	单价	数　　量					
人工	综合工	工日	135.00	1.47	1.84	2.07	1.53	1.93	2.16
材料	成套灯具	套	—	(10.1)	(10.1)	(10.1)	(10.1)	(10.1)	(10.1)
	灯具吊杆 D15	根	—	—	—	—	(20.400)	(20.400)	(20.400)
	塑料胀管 M6～8	个	0.31	22.000	22.000	22.000	22.000	22.000	22.000
	冲击钻头 D6～8	个	5.48	0.140	0.140	0.140	0.140	0.140	0.140
	吊盒	个	1.11	20.4	20.4	20.4	—	—	—
	瓜子灯链 大号	m	0.79	30.3	30.3	30.3	—	—	—
	花线 2×23×0.15mm²	m	1.14	15.27	15.27	15.27	—	—	—
	塑料绝缘线 BV-2.5mm²	m	1.61	4.580	4.580	4.580	41.230	41.230	41.230
	铜接线端子 20A	个	10.06	10.150	10.150	10.150	10.150	10.150	10.150
	塑料圆台	块	1.53	21.000	21.000	21.000	21.000	21.000	21.000
	木螺钉 M(2～4)×(6～65)	个	0.06	62.40	62.40	62.40	62.40	62.40	62.40

工作内容：测位、画线、打眼、埋塑料膨胀管、灯具安装、接线、接焊包头。

单位：10套

编　号				2-1774	2-1775	2-1776	2-1777	2-1778	2-1779	2-1780
项　目				吸顶式			嵌入式			
				单管	双管	三管	单管	双管	三管	四管
预算基价	总　　价(元)			**315.81**	**364.41**	**394.11**	**608.17**	**741.82**	**1026.99**	**1114.74**
	人　工　费(元)			187.65	236.25	265.95	218.70	352.35	433.35	521.10
	材　料　费(元)			128.16	128.16	128.16	389.47	389.47	593.64	593.64
组　成　内　容		单位	单价	数　　量						
人工	综合工	工日	135.00	1.39	1.75	1.97	1.62	2.61	3.21	3.86
材料	成套灯具	套	—	(10.1)	(10.1)	(10.1)	(10.1)	(10.1)	(10.1)	(10.1)
	塑料胀管 M6~8	个	0.31	22.000	22.000	22.000	—	—	—	—
	冲击钻头 D6~8	个	5.48	0.140	0.140	0.140	—	—	—	—
	冲击钻头 D10	个	7.47	—	—	—	0.110	0.110	0.230	0.230
	塑料绝缘线 BV-2.5mm²	m	1.61	10.690	10.690	10.690	—	—	—	—
	铜接线端子 20A	个	10.06	10.150	10.150	10.150	10.150	10.150	10.150	10.150
	木螺钉 M(2~4)×(6~65)	个	0.06	20.80	20.80	20.80	—	—	—	—
	镀锌槽型吊码 单边 δ=3	个	1.07	—	—	—	20.600	20.600	—	—
	镀锌槽型吊码 双边 δ=3	个	1.61	—	—	—	—	—	20.600	20.600
	镀锌圆钢吊杆 带4个螺母4个垫圈 D8	根	9.15	—	—	—	21.000	21.000	42.000	42.000
	塑料绝缘电线 BV-105℃-2.5mm²	m	2.06	—	—	—	35.120	35.120	35.120	35.120

六、嵌入式地灯安装

工作内容：测位、画线、打眼、埋螺栓、灯具安装、接线、焊接包头。

单位：套

编　　号			2-1781	2-1782
项　　目			地板下	地坪下
预算基价	总　　　价(元)		**46.64**	**58.51**
	人　工　费(元)		27.00	37.80
	材　料　费(元)		19.64	20.71
组 成 内 容	单位	单价	数　　量	
人工 综合工	工日	135.00	0.20	0.28
材料 成套灯具	套	—	(1.010)	(1.010)
膨胀螺栓 M6	套	0.44	—	4.080
塑料胀管 M6～8	个	0.31	2.200	—
冲击钻头 $D6～8$	个	5.48	0.014	0.028
塑料绝缘电线 BV-105℃-2.5mm^2	m	2.06	1.985	1.985
塑料接线柱 双线	个	4.33	1.030	1.030
铜接线端子 20A	个	10.06	1.015	1.015
木螺钉 M(2～4)×(6～65)	个	0.06	2.080	—

七、医院灯具安装

工作内容：测位、画线、打眼、埋螺栓、灯具安装、接线、接焊包头。

编 号				2-1783	2-1784	2-1785	2-1786
项 目				病房指示灯（10套）	病房暗脚灯（10套）	紫外线杀菌灯（10套）	无影灯（吊管灯）（套）
预算基价	总 价（元）			**477.08**	**477.08**	**379.30**	**573.49**
	人 工 费（元）			460.35	460.35	309.15	526.50
	材 料 费（元）			16.73	16.73	70.15	46.99
组 成 内 容		单位	单价	数 量			
人工	综合工	工日	135.00	3.41	3.41	2.29	3.90
材料	成套灯具	套	—	(10.1)	(10.1)	(10.1)	(10.1)
	塑料绝缘线 BLV-2.5mm²	m	0.43	8.14	8.14	3.05	33.59
	花线 2×23×0.15mm²	m	1.14	—	—	15.27	—
	圆木台 （63～138）×22	块	1.40	—	—	21	—
	瓷接头 双路	个	0.80	10.30	10.30	—	1.03
	普碳钢板 Q195～Q235 δ8～20	t	3843.31	—	—	—	0.0051
	伞形螺栓 M（6～8）×150	套	1.08	—	—	20.4	—
	镀锌精制六角带帽螺栓 M12×（14～75）	套	1.25	—	—	—	4.08
	地脚螺栓 M16×（150～230）	套	3.44	—	—	—	2.04
	木螺钉 M（2～4）×（6～65）	个	0.06	83.2	83.2	—	—

八、路 灯 安 装
1.路　　灯

工作内容：测位、画线、打眼、埋螺栓、灯具安装、接线、接焊包头。

单位：10套

编　　号			2-1787	2-1788	2-1789	2-1790
项　　目			大马路弯灯		庭院路灯	
			臂长1200mm以内	臂长1200mm以外	三火以内柱灯	七火以内柱灯
预算基价	总　　价(元)		**1042.08**	**2308.50**	**2455.37**	**4279.65**
	人 工 费(元)		907.20	1965.60	1814.40	3628.80
	材 料 费(元)		134.88	342.90	88.62	98.50
	机 械 费(元)		—	—	552.35	552.35
组 成 内 容		单位	单价	数　　量		
人工	综合工	工日	135.00	6.72	14.56	13.44	26.88
材料	成套灯具	套	—	(10.10)	(10.10)	(10.10)	(10.10)
	羊角熔断器 5A	个	1.83	10.3	—	—	—
	飞保险 10A	个	8.93	—	10.3	—	—
	鼓形绝缘子 G38	个	0.41	20.91	62.73	—	—
	瓷接头 1～3回路	个	0.96	—	—	—	10.3
	瓷接头 双路	个	0.80	—	—	10.30	10.30
	U形抱箍	套	9.56	—	20.1	—	—
	弯灯抱箍	套	6.29	10.5	—	—	—
	半圆头镀锌螺栓 M(2～5)×(15～50)	套	0.24	30.6	30.6	—	—
	精制沉头螺栓 M10×20	套	0.42	20.4	61.2	—	—
	镀锌精制六角带帽螺栓 M12×(14～75)	套	1.25	20.4	—	—	—
	地脚螺栓 M12×160	套	1.97	—	—	40.80	40.80
机械	汽车式起重机 8t	台班	767.15	—	—	0.72	0.72

373

2.灯　杆

工作内容：测位、画线、打眼、埋螺栓、灯具安装、接线、接焊包头。

单位：10套

编　号			2-1791	2-1792	2-1793	2-1794	2-1795	2-1796
项　目			水泥杆			钢管		
			一火	三火以内	七火以内	一火	三火以内	七火以内
预算基价	总　　价(元)		**1010.71**	**1312.45**	**1711.59**	**2092.22**	**2455.37**	**4278.01**
	人　工　费(元)		726.30	943.65	1227.15	1451.25	1814.40	3628.80
	材　料　费(元)		8.24	8.24	16.48	88.62	88.62	96.86
	机　械　费(元)		276.17	360.56	467.96	552.35	552.35	552.35
组　成　内　容	单位	单价	数　　量					
人工	综合工	工日	135.00	5.38	6.99	9.09	10.75	13.44	26.88
材料	成套灯具	套	—	(10.10)	(10.10)	(10.10)	(10.10)	(10.10)	(10.10)
	瓷接头 双路	个	0.80	10.30	10.30	20.60	10.30	10.30	20.60
	地脚螺栓 M12×160	套	1.97	—	—	—	40.80	40.80	40.80
机械	汽车式起重机 8t	台班	767.15	0.36	0.47	0.61	0.72	0.72	0.72

九、开关、按钮、插座安装
1.开关及按钮

工作内容:测位、画线、打眼、缠埋螺栓,清扫盒子、上木台、缠钢丝弹簧垫、装开关、按钮、接线、装盖。

单位:10套

编 号			2-1797	2-1798	2-1799	2-1800	2-1801	2-1802	2-1803	2-1804
项 目			拉线开关	扳把开关明装	扳式暗开关(单控)					
					单联	双联	三联	四联	五联	六联
预算基价	总 价(元)		**131.29**	**131.29**	**118.04**	**124.10**	**130.16**	**137.57**	**145.14**	**152.71**
	人 工 费(元)		112.05	112.05	114.75	120.15	125.55	132.30	139.05	145.80
	材 料 费(元)		19.24	19.24	3.29	3.95	4.61	5.27	6.09	6.91
组 成 内 容		单位	单价				数 量			
人工	综合工	工日	135.00	0.83	0.83	0.85	0.89	0.93	0.98	1.03	1.08
材料	照明开关	只	—	(10.2)	(10.2)	(10.2)	(10.2)	(10.2)	(10.2)	(10.2)	(10.2)
	塑料绝缘线 BLV-2.5mm²	m	0.43	3.05	3.05	3.05	4.58	6.11	7.64	9.55	11.46
	圆木台 (63~138)×22	块	1.40	10.5	10.5	—	—	—	—	—	—
	镀锌钢丝 D0.7~1.2	kg	7.34	0.1	0.1	0.1	0.1	0.1	0.1	0.1	0.1
	木螺钉 M(2~4)×(6~65)	个	0.06	41.6	41.6	20.8	20.8	20.8	20.8	20.8	20.8

工作内容：测位、画线、打眼、缠埋螺栓,清扫盒子、上木台、缠钢丝弹簧垫、装开关、按钮、接线、装盖。　　　　　　　　　　　　　　　**单位：**10套

编　号				2-1805	2-1806	2-1807	2-1808	2-1809	2-1810	2-1811	2-1812	2-1813
项　　目				扳式暗开关（双控）						一般按钮		密闭开关（A以内）
				单联	双联	三联	四联	五联	六联	明装	暗装	5
预算基价	总　　价(元)			**118.48**	**124.60**	**130.60**	**138.04**	**145.59**	**153.38**	**130.04**	**114.10**	**198.06**
	人　工　费(元)			114.75	120.15	125.55	132.30	139.05	145.80	112.05	112.05	180.90
	材　料　费(元)			3.73	4.45	5.05	5.74	6.54	7.58	17.99	2.05	17.16
组 成 内 容		单位	单价	数　　量								
人工	综合工	工日	135.00	0.85	0.89	0.93	0.98	1.03	1.08	0.83	0.83	1.34
材料	照明开关	只	—	(10.2)	(10.2)	(10.2)	(10.2)	(10.2)	(10.2)	—	—	—
	成套按钮	套	—	—	—	—	—	—	—	(10.2)	(10.2)	(10.2)
	镀锌钢丝 $D0.7\sim1.2$	kg	7.34	0.1	0.1	0.1	0.1	0.1	0.1	0.1	0.1	0.1
	镀锌精制六角带帽螺栓 M6×(14~75)	套	0.35	—	—	—	—	—	—	—	—	20.4
	木螺钉 M(2~4)×(6~65)	个	0.06	20.8	20.8	20.8	20.8	20.8	20.8	20.8	—	20.8
	橡皮绝缘线 BX-2.5mm²	m	1.56	—	—	—	—	—	—	—	—	5.15
	塑料绝缘线 BLV-2.5mm²	m	0.43	4.06	5.73	7.13	8.73	10.61	13.01	3.05	3.05	—
	圆木台 (63~138)×22	块	1.40	—	—	—	—	—	—	10.5	—	—

2.床头柜集控板安装

工作内容： 开箱、清扫检查、集控版安装对号、接线等。

单位：套

编　号				2-1814	2-1815	2-1816
项　目				开关数量（个以下）		
				10	15	20
预算基价	总　　　价(元)			**127.30**	**230.51**	**282.48**
	人　工　费(元)			125.55	228.15	279.45
	材　料　费(元)			1.75	2.36	3.03
组 成 内 容		单位	单价	数　　　量		
人工	综合工	工日	135.00	0.93	1.69	2.07
材料	床头柜集控板	套	—	(1.000)	(1.000)	(1.000)
	木螺钉 M2.5×20	10个	0.56	0.416	0.416	0.416
	松香焊锡丝（综合）	m	2.84	0.281	0.375	0.500
	塑料软管 De15	m	0.53	1.365	—	—
	塑料软管 De25	m	0.78	—	1.365	—
	塑料软管 De30	m	1.01	—	—	1.365

3. 插 座

工作内容： 测位、画线、打眼、缠埋螺栓,清扫盒子、上木台、缠钢丝弹簧垫、装插座、接线、装盖。

编　　号			2-1817	2-1818	2-1819	2-1820	2-1821	2-1822	2-1823	2-1824	2-1825	2-1826
项　　目			单相明插座15A									
			2孔	3孔	4孔	5孔	6孔	7孔	8孔	9孔	10孔	11孔
预算基价	总　　价(元)		**132.96**	**144.41**	**157.22**	**171.37**	**186.88**	**203.74**	**221.94**	**242.85**	**265.10**	**290.06**
	人 工 费(元)		112.05	122.85	135.00	148.50	163.35	179.55	197.10	217.35	238.95	263.25
	材 料 费(元)		20.91	21.56	22.22	22.87	23.53	24.19	24.84	25.50	26.15	26.81
组 成 内 容		单位	单价	数　　量								
人工	综合工	工日	135.00	0.83	0.91	1.00	1.10	1.21	1.33	1.46	1.61	1.77	1.95
材料	成套插座	套	—	(10.2)	(10.2)	(10.2)	(10.2)	(10.2)	(10.2)	(10.2)	(10.2)	(10.2)	(10.2)
	镀锌钢丝 $D0.7\sim1.2$	kg	7.34	0.1	0.1	0.1	0.1	0.1	0.1	0.1	0.1	0.1	0.1
	木螺钉 M(2~4)×(6~65)	个	0.06	20.8	20.8	20.8	20.8	20.8	20.8	20.8	20.8	20.8	20.8
	木螺钉 M(4.5~6)×(15~100)	个	0.14	20.8	20.8	20.8	20.8	20.8	20.8	20.8	20.8	20.8	20.8
	塑料绝缘线 BLV-2.5mm²	m	0.43	3.05	4.58	6.10	7.63	9.15	10.68	12.20	13.73	15.25	16.78
	圆木台 （63~138)×22	块	1.40	10.5	10.5	10.5	10.5	10.5	10.5	10.5	10.5	10.5	10.5

工作内容： 测位、画线、打眼、缠埋螺栓，清扫盒子、上木台、缠钢丝弹簧垫、装插座、接线、装盖。

单位：10套

编　号				2-1827	2-1828	2-1829	2-1830	2-1831	2-1832	2-1833	2-1834	2-1835	2-1836
项　目				单相明插座15A	单相明插座30A		三相明插座15A	三相明插座30A	单相暗插座15A				
				12孔	2孔	3孔	4孔		2孔	3孔	4孔	5孔	6孔
预算基价	总　价(元)			**317.71**	**151.86**	**167.36**	**168.02**	**183.41**	**118.26**	**129.71**	**142.52**	**156.67**	**172.18**
	人 工 费(元)			290.25	130.95	145.80	145.80	159.30	112.05	122.85	135.00	148.50	163.35
	材 料 费(元)			27.46	20.91	21.56	22.22	24.11	6.21	6.86	7.52	8.17	8.83
	组 成 内 容	单位	单价	数　量									
人工	综合工	工日	135.00	2.15	0.97	1.08	1.08	1.18	0.83	0.91	1.00	1.10	1.21
材料	成套插座	套	—	(10.2)	(10.2)	(10.2)	(10.2)	(10.2)	(10.2)	(10.2)	(10.2)	(10.2)	(10.2)
	塑料绝缘线 BLV-2.5mm²	m	0.43	18.30	3.05	4.58	6.10	—	3.05	4.58	6.10	7.63	9.15
	塑料绝缘线 BLV-6.0mm²	m	0.74	—	—	—	—	6.10	—	—	—	—	—
	圆木台 (63~138)×22	块	1.40	10.5	10.5	10.5	10.5	10.5	—	—	—	—	—
	镀锌钢丝 D0.7~1.2	kg	7.34	0.1	0.1	0.1	0.1	0.1	0.1	0.1	0.1	0.1	0.1
	木螺钉 M(2~4)×(6~65)	个	0.06	20.8	20.8	20.8	20.8	20.8	20.8	20.8	20.8	20.8	20.8
	木螺钉 M(4.5~6)×(15~100)	个	0.14	20.8	20.8	20.8	20.8	20.8	20.8	20.8	20.8	20.8	20.8

工作内容：测位、画线、打眼、缠埋螺栓,清扫盒子、上木台、缠钢丝弹簧垫、装插座、接线、装盖。　　　　　　　　　**单位：**10套

编　　号			2-1837	2-1838	2-1839	2-1840	2-1841	2-1842	2-1843	2-1844	2-1845	2-1846
项　　目			单相暗插座15A						单相暗插座30A		三相暗插座15A	三相暗插座30A
			7孔	8孔	9孔	10孔	11孔	12孔	2孔	3孔	4孔	
预算基价	总　　价(元)		**189.04**	**207.24**	**228.15**	**250.40**	**275.36**	**303.01**	**124.60**	**154.08**	**153.32**	**168.71**
	人　工　费(元)		179.55	197.10	217.35	238.95	263.25	290.25	117.45	145.80	145.80	159.30
	材　料　费(元)		9.49	10.14	10.80	11.45	12.11	12.76	7.15	8.28	7.52	9.41
组 成 内 容		单位	单价	数　　量								
人工	综合工	工日	135.00	1.33	1.46	1.61	1.77	1.95	2.15	0.87	1.08	1.08	1.18
材料	成套插座	套	—	(10.2)	(10.2)	(10.2)	(10.2)	(10.2)	(10.2)	(10.2)	(10.2)	(10.2)	(10.2)
	镀锌钢丝 *D*0.7~1.2	kg	7.34	0.1	0.1	0.1	0.1	0.1	0.1	0.1	0.1	0.1	0.1
	木螺钉 M(2~4)×(6~65)	个	0.06	20.8	20.8	20.8	20.8	20.8	20.8	20.8	20.8	20.8	20.8
	木螺钉 M(4.5~6)×(15~100)	个	0.14	20.8	20.8	20.8	20.8	20.8	20.8	20.8	20.8	20.8	20.8
	塑料绝缘线 BLV-2.5mm²	m	0.43	10.68	12.20	13.73	15.25	16.78	18.30	—	—	6.10	—
	塑料绝缘线 BLV-6.0mm²	m	0.74	—	—	—	—	—	—	3.05	4.58	—	6.10

4.防 爆 插 座

工作内容：测位、画线、打眼、埋螺栓、清扫盒子、装插座、接线。

单位：10套

编　号			2-1847	2-1848	2-1849	2-1850	2-1851	2-1852	2-1853	2-1854	2-1855
项　目			防爆插座								
			单相(A以内)			单相三孔(A以内)			三相四孔(A以内)		
			15	30	60	15	30	60	15	30	60
预算基价	总　　价(元)		**221.42**	**290.90**	**305.34**	**223.08**	**294.22**	**310.18**	**265.45**	**346.12**	**363.58**
	人 工 费(元)		203.85	270.00	270.00	203.85	270.00	270.00	241.65	318.60	318.60
	材 料 费(元)		17.57	20.90	35.34	19.23	24.22	40.18	23.80	27.52	44.98
组 成 内 容	单位	单价	数　　量								
人工 综合工	工日	135.00	1.51	2.00	2.00	1.51	2.00	2.00	1.79	2.36	2.36
材料 防爆插座	套	—	(10.2)	(10.2)	(10.2)	(10.2)	(10.2)	(10.2)	(10.2)	(10.2)	(10.2)
镀锌精制六角带帽螺栓 M6×(14～75)	套	0.35	40.8	40.8	—	40.8	40.8	—	40.8	40.8	—
镀锌精制六角带帽螺栓 M8×(14～75)	套	0.63	—	—	40.8	—	—	40.8	—	—	40.8
橡皮绝缘线 BX-4mm²	m	2.17	—	3.05	—	—	4.58	—	—	6.10	—
橡皮绝缘线 BX-6mm²	m	3.16	—	—	3.05	—	—	4.58	—	—	6.10
橡皮绝缘线 BX-1.5mm²	m	1.08	3.05	—	—	4.58	—	—	—	—	—
橡皮绝缘线 BX-2.5mm²	m	1.56	—	—	—	—	—	—	6.10	—	—

十、安全变压器、电铃、风扇安装
1.安全变压器

工作内容: 开箱、清扫、检查、测位、画线、打眼,支架安装,固定变压器,接线、接地。　　　　　　　　　　　　　　　　　　　　**单位:**台

编　号			2-1856	2-1857	2-1858
项　目			变压器容量(V·A以内)		
			500	1000	3000
预算基价	总　　　价(元)		**49.89**	**52.59**	**67.44**
	人　工　费(元)		48.60	51.30	66.15
	材　料　费(元)		1.29	1.29	1.29
组　成　内　容		单位	单价	数　　量	
人工	综合工	工日	135.00	0.36	0.38	0.49
材料	干式安全变压器	台	—	(1)	(1)	(1)
	沉头螺钉 M6×(55~65)	套	0.15	4.08	4.08	4.08
	裸铜线 2~4mm²	m	1.33	0.51	0.51	0.51

2.电　铃

工作内容: 测位、画线、打眼,埋木砖、上木底板、安电铃、焊接包头。

单位:套

编　号			2-1859	2-1860	2-1861	2-1862	2-1863	2-1864
项　目			电铃直径(mm以内)			电铃号牌箱		
			100	200	300	10# 以内	20# 以内	30# 以内
预算基价	总　　价(元)		**51.18**	**56.94**	**64.43**	**105.38**	**145.88**	**198.53**
	人　工　费(元)		37.80	37.80	37.80	79.65	120.15	172.80
	材　料　费(元)		13.38	19.14	26.63	25.73	25.73	25.73
组　成　内　容	单位	单价	数　　量					
人工 综合工	工日	135.00	0.28	0.28	0.28	0.59	0.89	1.28
材料 电铃	个	—	(1)	(1)	(1)	(1)	(1)	(1)
电铃号牌箱	个	—	—	—	—	(1)	(1)	(1)
电铃变压器	台	—	—	—	—	(1)	(1)	(1)
木螺钉 M(2~4)×(6~65)	个	0.06	7.28	4.16	4.16	20.80	20.80	20.80
木螺钉 M(4.5~6)×(15~100)	个	0.14	—	3.12	3.12	—	—	—
管接头 5A	个	4.37	—	—	—	1.02	1.02	1.02
瓷插熔断器 5A	只	1.99	—	—	—	1.03	1.03	1.03
空心木板 250×350×25	块	11.88	1.05	—	—	—	—	—
空心木板 350×450×25	块	17.12	—	1.05	—	1.05	1.05	1.05
空心木板 450×550×25	块	24.26	—	—	1.05	—	—	—
瓷管头 D(10~16)×25	个	0.23	2.06	2.06	2.06	—	—	—

3.门 铃

工作内容: 测位、打眼、埋塑料胀管、上螺钉、接线、安装。

编 号			2-1865	2-1866
项 目			门铃	
			明装	暗装
预算基价	总 价(元)		**185.75**	**135.59**
	人 工 费(元)		172.80	132.30
	材 料 费(元)		12.95	3.29
组 成 内 容		单位	单价	数 量	
人工	综合工	工日	135.00	1.28	0.98
材料	门铃	套	—	(10)	(10)
	镀锌钢丝 $D0.7{\sim}1.2$	kg	7.34	—	0.1
	木螺钉 $M(2{\sim}4){\times}(6{\sim}65)$	个	0.06	31.2	20.8
	塑料胀管 $M6{\sim}8$	个	0.31	31.5	—
	塑料绝缘线 $BLV\text{-}2.5mm^2$	m	0.43	3.05	3.05

4. 风 扇

工作内容:测位、画线、打眼,固定吊钩、安装调速开关、焊接包头、接地。

单位:台

编 号				2-1867	2-1868	2-1869
项 目				吊风扇	壁扇	轴流排气扇
预算基价	总 价(元)			**66.40**	**77.36**	**86.03**
	人 工 费(元)			58.05	68.85	82.35
	材 料 费(元)			8.35	8.51	3.68
组 成 内 容		单位	单价	数 量		
人工	综合工	工日	135.00	0.43	0.51	0.61
材料	风扇	台	—	(1)	(1)	—
	轴流排气扇	台	—	—	—	(1)
	圆钢 D10~14	t	3926.88	0.00038	—	—
	地脚螺栓 M8×120	套	1.08	—	3.05	—
	木螺钉 M(2~4)×(6~65)	个	0.06	4.2	—	—
	木螺钉 M4×65以内	个	0.09	—	—	4.2
	塑料胀管 M6~8	个	0.31	—	—	4.2
	冲击钻头 D6~12	个	6.33	—	—	0.03
	塑料绝缘线 BV-2.5mm²	m	1.61	0.41	0.41	0.61
	空心木板 125×250×25	块	4.88	1.05	—	—
	圆木台 150~250	块	4.34	—	1.05	—
	瓷接头 双路	个	0.80	1.03	—	1.03

十一、请勿打扰灯、须刨插座、钥匙取电器安装

工作内容：开箱、检查、测位、画线、清扫盒子、缠钢丝弹簧垫、接线、焊接包头、安装、调试等。

单位：10套

编 号			2-1870	2-1871	2-1872
项 目			请勿打扰灯	须刨插座 （15A以内）	钥匙取电器安装
预算基价	总 价(元)		**132.20**	**171.25**	**98.77**
	人 工 费(元)		128.25	166.05	86.40
	材 料 费(元)		3.95	5.20	12.37
组 成 内 容		单位	单价	数 量	
人工	综合工	工日	135.00	0.95	1.23	0.64
材料	请勿打扰灯	个	—	(10.2)	—	—
	须刨插座	个	—	—	(10.2)	—
	钥匙取电器	套	—	—	—	(10.2)
	镀锌钢丝 $D0.7\sim1.2$	kg	7.34	0.1	0.1	—
	木螺钉 $M(2\sim4)\times(6\sim65)$	个	0.06	20.8	41.6	—
	塑料绝缘线 BLV-2.5mm²	m	0.43	4.58	4.58	—
	半圆头镀锌螺栓 $M(2\sim5)\times(15\sim50)$	套	0.24	—	—	20.800
	塑料绝缘线 BV-2.5mm²	m	1.61	—	—	4.580

十二、红外线浴霸安装

工作内容： 开箱清点、测位画线、打眼、安装、接地、调试。

单位：套

编 号				2-1873	2-1874
项 目				红外线浴霸（光源个数）	
				2	4
预 算 基 价	总 价(元)			**69.75**	**83.25**
	人 工 费(元)			67.50	81.00
	材 料 费(元)			2.25	2.25
	组 成 内 容	单位	单价	数 量	
人 工	综合工	工日	135.00	0.50	0.60
材 料	红外线浴霸	套	—	(1.01)	(1.01)
	木螺钉 M(2~4)×(6~65)	个	0.06	4.2	4.2
	塑料胀管 M6~8	个	0.31	4.2	4.2
	冲击钻头 D6~12	个	6.33	0.11	0.11

十三、小电器安装接线

工作内容： 开箱检查、绝缘测试、安装固定、接线、接地、空载试运转。

单位：台

编　号			2-1875	2-1876	2-1877	2-1878	2-1879	2-1880
项　目			家用管道自动增压泵	脱排油烟机	水处理器	烘手器	暖风器（机）	自动冲洗感应器接线
预算基价	总　价(元)		**18.72**	**21.40**	**37.99**	**28.28**	**35.22**	**21.24**
	人　工　费(元)		17.55	20.25	33.75	27.00	33.75	12.15
	材　料　费(元)		1.17	1.15	4.24	1.28	1.47	9.09
组　成　内　容	单位	单价	数　量					
人工	综合工	工日	135.00	0.13	0.15	0.25	0.20	0.25	0.09
材料	半圆头镀锌螺栓 M(2～5)×(15～50)	套	0.24	—	4.10	—	—	—	—
	焊锡膏 50g瓶装	kg	49.90	—	—	0.005	—	—	0.010
	焊锡	kg	59.85	—	—	0.01	—	—	—
	膨胀螺栓 M8	套	0.55	—	—	—	2.04	—	—
	半圆头镀锌螺钉 M4×75	套	0.48	2.100	—	—	—	2.100	—
	塑料绝缘线 BV-1.5mm²	m	1.05	—	—	3.00	—	—	—
	塑料软管 D8	m	0.60	—	—	—	—	0.50	—
	黑胶布 20mm×20m	卷	2.74	0.01	0.01	—	0.01	0.01	—
	自粘性橡胶带 20mm×5m	卷	10.50	—	—	0.01	—	—	—
	黄蜡带 20mm×10m	卷	13.40	0.01	0.01	0.01	0.01	0.01	0.01
	棉纱	kg	16.11	—	—	—	—	—	0.150
	铁砂布 0#～2#	张	1.15	—	—	—	—	—	0.500
	焊锡丝	kg	60.79	—	—	—	—	—	0.030
	汽油	kg	7.74	—	—	—	—	—	0.150
	塑料软管 D6	m	0.47	—	—	—	—	—	0.500
	电气绝缘胶带 18mm×10m×0.13mm	卷	4.55	—	—	—	—	—	0.040
	塑料绝缘电线 BV-105℃-2.5mm²	m	2.06	—	—	—	—	—	1.000

十四、盘管风机开关、柜门触动开关、延时开关安装

工作内容：测位、画线、打眼、缠埋螺栓、清扫盒子、上木台、缠钢丝弹簧垫，装开关、接线、装盖。

单位：10套

编　号			2-1881	2-1882	2-1883	2-1884	2-1885
项　目			盘管风机三速开关	柜门触动开关安装	楼梯照明灯延时开关	红外感应延时开关	声控延时开关安装
预算基价	总　　价(元)		**412.33**	**77.72**	**119.93**	**119.93**	**82.80**
	人　工　费(元)		405.00	71.55	114.75	114.75	72.90
	材　料　费(元)		7.33	6.17	5.18	5.18	9.90
组　成　内　容	单位	单价	数　　量				
人工	综合工	工日	135.00	3.00	0.53	0.85	0.85	0.54
材料	照明开关	只	—	—	(10.20)	(10.20)	(10.20)	—
	声控延时开关(红外线感应)	个	—	—	—	—	—	(10.200)
	柜门开关 触动式	套	—	—	(10.200)	—	—	—
	镀锌钢丝 D0.7～1.2	kg	7.34	0.10	—	0.10	0.10	—
	木螺钉 M(2～4)×(6～65)	个	0.06	41.6	21.0	20.8	20.8	—
	塑料绝缘线 BV-1.5mm²	m	1.05	—	—	3.05	3.05	—
	焊锡	kg	59.85	0.01	—	—	—	—
	塑料胀管 M6～8	个	0.31	0.3	—	—	—	—
	塑料绝缘线 BLV-2.5mm²	m	0.43	7.64	—	—	—	—
	塑料软管 D5	m	0.41	0.3	—	—	—	—
	半圆头镀锌螺栓 M(2～5)×(15～50)	套	0.24	—	—	—	—	20.800
	塑料绝缘线 BV-2.5mm²	m	1.61	—	3.050	—	—	3.050

十五、风机盘管及风机箱检查接线

工作内容：套塑料管、校线、编号、绑扎、接线、接地、绝缘测量及配合调试试车。

单位：台

编　　号				2-1886	2-1887
项　　目				风机盘管检查接线	风机箱检查接线
预算基价	总　　价(元)			**35.60**	**19.40**
	人　工　费(元)			33.75	17.55
	材　料　费(元)			1.85	1.85
组 成 内 容		单位	单价	数　　量	
人工	综合工	工日	135.00	0.25	0.13
材料	棉纱	kg	16.11	0.02	0.02
	塑料绝缘线 BV-1.5mm^2	m	1.05	1.00	1.00
	塑料软管 $D8$	m	0.60	0.80	0.80

第十四章　人防设备安装

说　明

一、本章适用范围：控制设备及低压电器安装,电动机检查接线,防雷及接地装置,电气调整试验,配管、配线。

二、柴油发电机组安装执行机械设备安装工程相应子目。

三、预留过墙穿线管执行电器配管相应子目。

四、刷油、防腐蚀部分参照本基价第十一册《刷油、防腐蚀、绝热工程》DBD 29-311-2020相应子目计算。

五、控制按钮中的"三防呼唤"是指人防工程入口外部人员需进入工程内部时的呼唤按钮。

六、柴油发电机组检查接线已包括机组的干燥工作。

七、屏蔽室通信线缆波导管、镀锌加强板、信号转换板如与基价子目中规格不符时,可按实际设计规格调整。

八、密闭、防护密闭穿线墙管制作,基价中不包括穿线钢管的用量,其长度可按实际设计结构厚度两端各加50mm计算。

工程量计算规则

一、控制屏依据名称、型号、规格,按设计图示数量计算。

二、控制按钮按设计图示数量计算。

三、防电磁脉冲滤波器箱按设计图示数量计算。

四、柴油发电机组检查接线依据不同的容量(kW),按设计图示数量计算。

五、柴油发电机组系统调试依据型号、容量(kW),按设计图示数量计算。

六、结构钢筋网接地依据钢筋网交叉点,按实际焊接数量计算。

七、电站隔室操作系统调试依据型号、容量(kW),按设计图示数量计算。

八、屏蔽室通信线缆波导管,不分规格型号,按设计图示数量计算。

九、密闭、防护密闭穿线(墙)管制作依据不同的材质、规格和防密要求,按设计图示数量计算。

十、密闭、防护密闭穿线(墙)管管内穿线及防密处理依据不同的用途和规格,按设计图示数量计算。

一、柴油发电机组

1.控 制 屏

工作内容: 开箱、检查、安装、电器、表计及继电器等附件的拆装、盘内整理、一次校线、接线、接地、送交试验。　　　　　　　　　　　　　　　　　**单位:** 台

编　　号				2-1888
项　　目				柴油发电机组控制屏
预算基价	总　　　价(元)			**800.43**
	人　工　费(元)			710.10
	材　料　费(元)			32.23
	机　械　费(元)			58.10
组 成 内 容		单位	单价	数　　量
人工	综合工	工日	135.00	5.26
材料	钢丝 D1.6	kg	7.09	0.02
	镀锌扁钢 40×4	t	4511.48	0.00150
	钢板垫板	t	4954.18	0.00020
	镀锌精制带帽螺栓 M10×100以内	套	1.15	1.22
	酚醛磁漆	kg	14.23	0.01
	棉纱	kg	16.11	0.10
	尼龙绳 D0.5~1.0	kg	54.14	0.03
	塑料软绞线 2×23/0.15	m	3.12	5.00
	明角片	m²	7.64	0.01
	道林纸	张	0.97	0.01
	电池 1#	节	1.90	0.50
	异型塑料管 D2.5~5.0	m	0.89	0.80
	自粘性橡胶带 20mm×5m	卷	10.50	0.10
	电珠 2.5V	个	0.37	0.20
	标志牌	个	0.85	1.00
	电力复合脂 一级	kg	22.43	0.01
机械	汽车式起重机 8t	台班	767.15	0.03
	载货汽车 4t	台班	417.41	0.04
	卷扬机 单筒慢速 30kN	台班	205.84	0.06
	交流弧焊机 21kV·A	台班	60.37	0.10

2.检查接线

工作内容:检查定子、转子和轴承,调整柴油机部件,校正同心度,吹扫,测量空气间隙,检查相序,接地,干燥、绝缘检测,空载试运转。　　　　　　　　　　　　　　单位:台

编　　号				2-1889	2-1890	2-1891	2-1892	2-1893
项　　目				容量(kW以内)				
				50	75	120	200	300
预算基价	总　　　价(元)			**3291.08**	**3590.83**	**4133.34**	**5294.74**	**7676.91**
	人　工　费(元)			2814.75	3021.30	3392.55	4295.70	6412.50
	材　料　费(元)			465.29	558.49	729.75	988.00	1253.37
	机　械　费(元)			11.04	11.04	11.04	11.04	11.04
组 成 内 容		单位	单价	数　　　　量				
人工	综合工	工日	135.00	20.85	22.38	25.13	31.82	47.50
材料	镀锌扁钢 25×4	kg	4.54	2.40	2.40	2.40	2.40	2.40
	电焊条 E4303 D3.2	kg	7.59	0.10	0.10	0.10	0.10	0.10
	焊锡膏 50g瓶装	kg	49.90	0.04	0.04	0.06	0.08	0.10
	焊锡丝	kg	60.79	0.20	0.20	0.30	0.40	0.50
	铅油	kg	11.17	0.05	0.05	0.05	0.05	0.05
	汽油 60#～70#	kg	6.67	0.55	0.70	0.98	1.82	3.36
	柴油	kg	6.32	8.90	13.36	21.38	33.85	40.08
	机油 5#～7#	kg	7.21	0.14	0.20	0.31	0.48	0.57
	黄干油	kg	15.77	0.20	0.20	0.20	0.30	0.30
	电	kW·h	0.73	237.00	294.00	399.00	585.00	817.00
	自粘性橡胶带 20mm×5m	卷	10.50	1.00	1.30	1.60	2.00	2.50
	红外线灯泡 220V 1000W	个	235.26	0.65	0.73	0.86	0.96	1.10
	黄蜡带 20mm×10m	卷	13.40	2.80	2.80	2.80	2.80	2.80
	电力复合脂 一级	kg	22.43	0.04	0.04	0.06	0.08	0.10
机械	交流弧焊机 21kV·A	台班	60.37	0.10	0.10	0.10	0.10	0.10
	电动空气压缩机 0.6m³	台班	38.51	0.13	0.13	0.13	0.13	0.13

3.系 统 调 试

工作内容：柴油机、发电机、励磁机、开关、起动设备和控制回路的调试、配合8h单机试运行。

编 号				2-1894	2-1895	2-1896	2-1897
项 目				容量(kW以内)			
				75	120	200	300
预算基价	总 价(元)			**3545.10**	**3778.65**	**4719.60**	**5694.30**
	人 工 费(元)			3545.10	3778.65	4719.60	5694.30
组 成 内 容		单位	单价	数 量			
人工	综合工	工日	135.00	26.26	27.99	34.96	42.18

二、控 制 按 钮

工作内容： 开箱、检查、安装、接线、接地。

单位：个

编　　号				2-1898
项　　目				三防呼唤
预算基价	总　　价(元)			**111.29**
	人　工　费(元)			106.65
	材　料　费(元)			4.04
	机　械　费(元)			0.60
组　成　内　容		单位	单价	数　　量
人工	综合工	工日	135.00	0.79
材料	石油沥青 10#	kg	4.04	0.04
	石棉绒（综合）	kg	12.32	0.01
	圆钢 D5.5～9.0	t	3896.14	0.00020
	电焊条 E4303 D3.2	kg	7.59	0.10
	镀锌锁紧螺母 M3×（15～20）	个	0.35	2.04
	汽油 60#～70#	kg	6.67	0.12
	棉纱	kg	16.11	0.01
	油麻	kg	16.48	0.02
	塑料护口 15～20	个	0.20	1.05
机械	交流弧焊机 21kV·A	台班	60.37	0.01

三、防电磁脉冲滤波器箱

工作内容：开箱、检查、安装、触头调整、接线、接地。

单位：台

编 号				2-1899
项 目				防电磁脉冲滤波器箱
预算基价	总 价(元)			**232.82**
	人 工 费(元)			205.20
	材 料 费(元)			21.58
	机 械 费(元)			6.04
组 成 内 容		单位	单价	数 量
人工	综合工	工日	135.00	1.52
材料	镀锌扁钢 25×4	kg	4.54	1.20
	钢板垫板	t	4954.18	0.00015
	电焊条 E4303 D3.2	kg	7.59	0.15
	焊锡丝	kg	60.79	0.15
	焊锡膏 50g瓶装	kg	49.90	0.03
	木螺钉 M(2～4)×(6～65)	个	0.06	0.194
	半圆头螺钉 M4×6	个	0.09	0.06
	调和漆	kg	14.11	0.10
	铁砂布 0#～2#	张	1.15	0.50
	破布	kg	5.07	0.10
	电力复合脂 一级	kg	22.43	0.05
机械	交流弧焊机 21kV·A	台班	60.37	0.10

四、结构钢筋网接地

工作内容：焊接。

单位：100个

编　号				2-1900
项　目				结构钢筋网接地
预算基价	总　价(元)			**283.29**
	人 工 费(元)			171.45
	材 料 费(元)			45.43
	机 械 费(元)			66.41
组 成 内 容		单位	单价	数　量
人工	综合工	工日	135.00	1.27
材料	圆钢 D15～24	t	3894.21	0.00315
	镀锌扁钢 60×6	t	4531.61	0.00190
	镀锌钢丝（综合）	kg	7.16	0.10
	电焊条 E4303 D3.2	kg	7.59	2.94
	锯条	根	0.42	1.00
	调和漆	kg	14.11	0.05
	防锈漆 C53-1	kg	13.20	0.03
机械	交流弧焊机 21kV·A	台班	60.37	1.10

五、电站隔室操作系统调试

工作内容： 中央信号、自起动、并车、遥控系统调试，电站机组运行6h。

单位：系统

编 号				2-1901	2-1902	2-1903	2-1904
项 目				容量(kW以内)			
				2×75	2×120	2×200	2×300
预算基价	总 价(元)			4079.70	4128.30	4315.95	4758.75
	人 工 费(元)			4079.70	4128.30	4315.95	4758.75
组 成 内 容		单位	单价	数 量			
人工	综合工	工日	135.00	30.22	30.58	31.97	35.25

六、通信线缆波导管

工作内容： 测位、画线、下料、配管、焊接固定、接地刷漆。

单位：10根

编　号				2-1905
项　目				通信线缆波导管

预算基价	总　　　价(元)			467.78
	人　工　费(元)			341.55
	材　料　费(元)			107.52
	机　械　费(元)			18.71

组　成　内　容		单位	单价	数　　量
人工	综合工	工日	135.00	2.53
材料	镀锌加强钢板 150×150×5	块	—	(10.40)
	信号转接板 300×400	块	—	(10.40)
	镀锌钢管 DN50	m	24.59	3.09
	电焊条 E4303 D3.2	kg	7.59	0.71
	锯条	根	0.42	2.00
	防锈漆 C53-1	kg	13.20	1.13
	氧气	m³	2.88	0.46
	乙炔气	kg	14.66	0.20
	汽油 60#～70#	kg	6.67	0.92
机械	交流弧焊机 21kV·A	台班	60.37	0.31

七、密闭、防护密闭穿线管
1.制　作

工作内容：下料,管口打喇叭口,抗力片、密闭肋、螺栓制作及焊接,清洗管内外,测位,配管,焊接固定,接地,刷漆。　　　　　　　　　　　　　　　单位：10根

编　号			2-1906	2-1907	2-1908	2-1909	2-1910	2-1911	2-1912	2-1913
项　目			密闭穿线管 公称直径(mm以内)				防护密闭穿线管 公称直径(mm以内)			
			32	50	100	150	32	50	100	150
预算基价	总　　价(元)		**321.06**	**453.77**	**714.57**	**1039.99**	**576.26**	**766.58**	**1159.60**	**1649.84**
	人　工　费(元)		263.25	371.25	565.65	816.75	472.50	623.70	903.15	1251.45
	材　料　费(元)		45.74	63.81	110.89	164.19	82.03	114.51	208.76	329.68
	机　械　费(元)		12.07	18.71	38.03	59.05	21.73	28.37	47.69	68.71
组　成　内　容	单位	单价	数　　量							
人工	综合工	工日	135.00	1.95	2.75	4.19	6.05	3.50	4.62	6.69	9.27
材料	圆钢 D5.5~9.0	t	3896.14	0.00083	0.00083	0.00083	0.00083	0.00083	0.00083	0.00083	0.00083
	普碳钢板 Q195~Q235 δ4~10	t	3794.50	0.00569	0.00735	0.01306	0.02041	0.00569	0.00735	0.01306	0.02041
	普碳钢板 Q195~Q235 δ6~12	t	3845.31	—	—	—	—	0.00401	0.00659	0.01707	0.03245
	电焊条 E4303 D3.2	kg	7.59	0.46	0.71	1.41	2.11	1.74	1.99	2.69	3.39
	精制六角带帽螺栓 M6×75以内	套	0.30	—	—	—	—	0.204	0.204	0.204	0.204
	锯条	根	0.42	1.50	2.00	2.50	3.00	1.50	2.00	2.50	3.00
	防锈漆 C53-1	kg	13.20	0.69	1.13	2.26	3.39	0.79	1.23	2.36	3.49
	氧气	m³	2.88	0.42	0.53	0.83	1.13	1.47	1.92	3.13	4.34
	乙炔气	kg	14.66	0.18	0.23	0.36	0.49	0.64	0.93	1.35	1.88
	汽油 60#~70#	kg	6.67	0.50	0.92	1.25	1.58	0.50	0.92	1.25	1.58
	破布	kg	5.07	0.10	0.10	0.10	0.10	0.10	0.10	0.10	0.10
机械	管子切断机 D150	台班	33.97	—	—	—	0.05	—	—	—	0.05
	交流弧焊机 21kV·A	台班	60.37	0.20	0.31	0.63	0.95	0.36	0.47	0.79	1.11

2.管内穿线及防密处理

工作内容： 管内壁清除油污、电缆剥麻包、穿引线、配制及填塞密封材料、安装抗力片。

单位：10根

编 号			2-1914	2-1915	2-1916	2-1917	2-1918	2-1919	2-1920	2-1921
项 目			密闭穿线管 公称直径(mm以内)				防护密闭穿线管 公称直径(mm以内)			
			32	50	100	150	32	50	100	150
预算基价	总 价(元)		**831.50**	**929.07**	**1140.28**	**1429.88**	**827.51**	**922.06**	**1119.24**	**1372.01**
	人 工 费(元)		791.10	864.00	958.50	1043.55	791.10	864.00	958.50	1043.55
	材 料 费(元)		40.40	65.07	181.78	386.33	36.41	58.06	160.74	328.46
组 成 内 容	单位	单价	数 量							
人工 综合工	工日	135.00	5.86	6.40	7.10	7.73	5.86	6.40	7.10	7.73
材料 石油沥青 10#	kg	4.04	0.82	2.18	10.79	28.95	0.75	1.92	8.73	21.98
石棉 6级	kg	3.76	0.20	0.55	2.70	7.24	0.19	0.48	2.18	5.49
塑料粘胶带	盘	2.64	0.80	1.13	2.15	3.11	0.40	0.56	1.07	1.55
木柴	kg	1.03	1.00	1.20	1.50	1.80	1.00	1.20	1.50	1.80
木炭	kg	4.76	2.30	2.80	4.00	5.20	2.30	2.80	4.00	5.20
汽油 60#～70#	kg	6.67	1.16	1.64	3.66	7.64	1.15	1.58	3.25	6.25
棉纱	kg	16.11	0.25	0.31	0.62	0.93	0.25	0.31	0.62	0.93
尼龙绳 D0.5～1.0	kg	54.14	0.09	0.13	0.24	0.35	0.04	0.06	0.12	0.17
油麻	kg	16.48	0.34	0.83	3.30	7.43	0.35	0.83	3.38	7.43

附　录

附录一 材料价格

说 明

一、本附录材料价格为不含税价格,是确定预算基价子目中材料费的基期价格。

二、材料价格由材料采购价、运杂费、运输损耗费和采购及保管费组成。计算公式如下:

采购价为供货地点交货价格:

$$材料价格 =(采购价 + 运杂费)\times(1 + 运输损耗率)\times(1 + 采购及保管费费率)$$

采购价为施工现场交货价格:

$$材料价格 = 采购价 \times(1 + 采购及保管费费率)$$

三、运杂费指材料由供货地点运至工地仓库(或现场指定堆放地点)所发生的全部费用。运输损耗指材料在运输装卸过程中不可避免的损耗,材料损耗率如下表:

材料损耗率表

材 料 类 别	损 耗 率
页岩标砖、空心砖、砂、水泥、陶粒、耐火土、水泥地面砖、白瓷砖、卫生洁具、玻璃灯罩	1.0%
机制瓦、脊瓦、水泥瓦	3.0%
石棉瓦、石子、黄土、耐火砖、玻璃、色石子、大理石板、水磨石板、混凝土管、缸瓦管	0.5%
砌块、白灰	1.5%

注:表中未列的材料类别,不计损耗。

四、采购及保管费是指为组织采购、供应和保管材料、工程设备的过程中所需要的各项费用。采购及保管费费率按0.42%计取。

五、附录中材料价格是编制期天津市建筑材料市场综合取定的施工现场交货价格,并考虑了采购及保管费。

六、采用简易计税方法计取增值税时,材料的含税价格按照税务部门有关规定计算,以"元"为单位的材料费按系数1.1086调整。

材料价格表

序号	材料名称	规格	单位	单价（元）
1	水泥	32.5级	kg	0.36
2	硅酸盐水泥	—	kg	0.39
3	硅酸盐水泥	42.5级	kg	0.41
4	页岩标砖	240×115×53	千块	513.60
5	砂子	—	kg	0.09
6	砂子	—	t	87.03
7	砂子	中砂	t	86.14
8	碎石	0.5~3.2	t	82.73
9	混凝土标桩	100×100×1200	个	22.11
10	混凝土保护板	300×150×30	块	1.99
11	混凝土保护板	300×250×30	块	3.10
12	石油沥青	10#	kg	4.04
13	石棉	6级	kg	3.76
14	石棉板	$\delta6$	m²	31.15
15	石棉绒	（综合）	kg	12.32
16	石棉水泥板	$\delta20$	m²	40.38
17	石英粉	—	kg	0.42
18	水泥砂浆	1:1	m³	412.53
19	水泥砂浆	1:2.5	m³	323.89
20	防水水泥砂浆	1:2	m³	366.21
21	湿拌砌筑砂浆	M10	m³	352.38
22	木材	方木	m³	2716.33
23	木板	170×85×20	块	0.56
24	木桩	—	个	2.84
25	枕木	2500×200×160	根	285.96
26	脚手杆	杉木 $D100×6000$	根	135.61
27	板枋材	—	m³	2001.17
28	三合板	各种规格	m²	20.88
29	胶木板	—	kg	10.37
30	胶木板	$\delta20$	m²	142.06

序号	材 料 名 称	规 格	单 位	单 价 （元）
31	铁件	含制作费	kg	9.49
32	镀锌铁拉板	50×6×650	块	9.68
33	铸铁陀	5kg	个	23.96
34	钢丝	$D0.1\sim0.5$	kg	8.13
35	钢丝	$D1.6$	kg	7.09
36	镀锌钢丝	（综合）	kg	7.16
37	镀锌钢丝	$D0.7\sim1.2$	kg	7.34
38	镀锌钢丝	$D1.2\sim2.2$	kg	7.13
39	镀锌钢丝	$D2.5\sim4.0$	kg	6.91
40	镀锌钢丝	$D2.8\sim4.0$	kg	6.91
41	镀锌钢丝	$D4.0$	kg	7.08
42	钢丝绳	$D4.5$	m	0.70
43	钢丝绳	$D8.4$	m	2.12
44	圆钢	$D5.5\sim9.0$	t	3896.14
45	圆钢	$D10\sim14$	t	3926.88
46	圆钢	$D15\sim24$	t	3894.21
47	镀锌圆钢	$D5.5\sim9.0$	t	4742.00
48	镀锌圆钢	$D10\sim14$	t	4798.48
49	镀锌圆钢	$D16×1000$	t	5093.81
50	镀锌角钢	＜60	t	4593.04
51	镀锌扁钢	25×4	kg	4.54
52	镀锌扁钢	40×4	t	4511.48
53	镀锌扁钢	＜59	t	4537.41
54	镀锌扁钢	60×6	t	4531.61
55	镀锌扁钢	（综合）	kg	5.32
56	角钢	63以内	kg	3.47
57	角钢吊架	36×3×135	kg	5.25
58	热轧角钢	＜60	t	3721.43
59	热轧扁钢	＜59	t	3665.80
60	热轧扁钢	＞60	t	3677.90

序号	材料名称	规格	单位	单价（元）
61	型钢	—	t	3699.72
62	普碳钢板	—	t	3696.76
63	普碳钢板	δ4～10	t	3794.50
64	普碳钢板	Q195～Q235 δ1.0～1.5	t	3992.69
65	普碳钢板	Q195～Q235 δ2.0～2.5	t	4001.96
66	普碳钢板	Q195～Q235 δ3.5～4.0	t	3945.80
67	普碳钢板	Q195～Q235 δ4～10	t	3794.50
68	普碳钢板	Q195～Q235 δ6～12	t	3845.31
69	普碳钢板	Q195～Q235 δ8～20	t	3843.31
70	普碳钢板	60×110×1.5	块	0.29
71	普碳钢板	（综合）	kg	4.18
72	镀锌薄钢板	δ0.50～0.65	t	4438.22
73	钢垫板	δ1～2	kg	6.72
74	钢肋板	δ6	t	5122.12
75	钢板垫板	—	t	4954.18
76	平垫铁	（综合）	kg	7.42
77	钢板底座	300×300×6	kg	7.98
78	圆镀锌挂钩底座	D100	个	3.46
79	镀锌铁拉板	40×4×（200～350）	块	6.14
80	中厚钢板	（综合）	kg	3.71
81	钢管	—	kg	3.81
82	焊接钢管	—	t	4230.02
83	焊接钢管	—	kg	4.23
84	焊接钢管	DN25	t	3850.92
85	焊接钢管	DN32	t	3843.23
86	无缝钢管	D159×6	kg	3.92
87	热轧一般无缝钢管	D219×6	kg	4.45
88	镀锌钢管	DN15	m	6.70
89	镀锌钢管	DN20	m	8.60
90	镀锌钢管	DN50	m	24.59

序号	材 料 名 称	规 格	单 位	单 价（元）
91	镀锌钢管接头	15×2.75	个	1.82
92	镀锌钢管接头	20×2.75	个	2.10
93	镀锌钢管接头	25×3.25	个	3.22
94	镀锌钢管接头	32×3.25	个	4.90
95	镀锌钢管接头	40×3.5	个	6.72
96	镀锌钢管接头	50×3.5	个	10.08
97	镀锌钢管接头	65×3.75	个	18.36
98	镀锌钢管接头	80×4	个	25.57
99	镀锌钢管接头	100×4	个	44.08
100	镀锌钢管接头	125×4.5	个	55.28
101	镀锌钢管接头	150×4.5	个	59.76
102	铝板	各种规格	kg	20.81
103	封铅	含铅65%含锡35%	kg	29.99
104	紫铜皮	各种规格	kg	86.14
105	紫铜板	（综合）	kg	73.20
106	热缩管	$DN50$	个	4.42
107	水泥钉	2.5×350	个	0.20
108	圆钉	—	kg	6.68
109	鞋钉	20	kg	9.15
110	扒钉	—	kg	8.58
111	插销	75	副	0.67
112	合页	—	副	2.71
113	合页	<75	个	2.84
114	轴承	$D32$	副	35.69
115	防护网	—	m²	24.62
116	镀锌钢丝网	$D1.6×20×20$	kg	6.92
117	铝焊条	铝109 $D4$	kg	46.29
118	铜焊条	铜107 $D3.2$	kg	51.27
119	普低钢焊条	J507 $D3.2$	kg	4.76
120	低碳钢焊条	J422 $D3.2$	kg	3.60

序号	材 料 名 称	规 格	单 位	单 价（元）
121	低碳钢焊条	（综合）	kg	6.01
122	电焊条	E4303（综合）	kg	7.59
123	电焊条	E4303 D3.2	kg	7.59
124	电焊条	E4303 D4	kg	7.58
125	气焊条	D<2	kg	7.96
126	焊锡丝	—	kg	60.79
127	松香焊锡丝	（综合）	m	2.84
128	铝焊粉	—	kg	41.32
129	铜焊粉	—	kg	40.09
130	焊锡膏	50g瓶装	kg	49.90
131	焊锡膏	—	kg	38.51
132	焊锡	—	kg	59.85
133	木螺钉	M（2～4）×（6～65）	个	0.06
134	木螺钉	M2.5×20	10个	0.56
135	木螺钉	M4×65以内	个	0.09
136	木螺钉	M（4.5～6）×（15～100）	个	0.14
137	沉头螺钉	M（4～5）×（35～50）	套	0.12
138	沉头螺钉	M6×（55～65）	套	0.15
139	半圆头螺钉	M4×6	个	0.09
140	半圆头螺钉	M（6～12）×（12～50）	套	0.51
141	半圆头螺钉	M（6～8）×（12～30）	10套	5.19
142	半圆头螺钉	M10×100	套	1.09
143	镀锌自攻螺钉	M（4～6）×（20～35）	个	0.17
144	半圆头镀锌螺钉	M4×75	套	0.48
145	伞形螺栓	M（6～8）×150	套	1.08
146	花篮螺栓	M12×200	套	9.30
147	花篮螺栓	M14×150	套	9.63
148	花篮螺栓	M14×270	套	13.84
149	花篮螺栓	M16×250	套	13.84
150	花篮螺栓	M20×300	套	18.11

序号	材 料 名 称	规 格	单 位	单 价（元）
151	精制螺栓	M（6～8）×（20～70）	套	0.50
152	精制沉头螺栓	M10×53	套	0.65
153	双头螺栓	M16×340	套	5.02
154	半圆头镀锌螺栓	M（2～5）×（15～50）	套	0.24
155	半圆头镀锌螺栓	M（6～12）×（22～80）	套	0.42
156	精制沉头螺栓	M10×20	套	0.42
157	精制沉头螺栓	M16×25	套	1.28
158	精制带帽铜螺栓	M6×30	套	1.97
159	六角螺栓	M6×120	套	0.98
160	精制六角带帽螺栓	M6×75以内	套	0.30
161	精制六角带帽螺栓	M10×（80～130）	套	1.04
162	镀锌精制六角带帽螺栓	带2个垫圈M6×（14～75）	套	0.35
163	镀锌精制六角带帽螺栓	带2个垫圈M8×（14～75）	套	0.63
164	镀锌精制六角带帽螺栓	带2个垫圈M10×（14～70）	套	0.91
165	镀锌精制六角带帽螺栓	带2个垫圈M10×（80～120）	套	1.44
166	镀锌精制六角带帽螺栓	带2个垫圈M12×（14～75）	套	1.25
167	镀锌精制六角带帽螺栓	带2个垫圈M16×（14～60）	套	1.77
168	镀锌精制六角带帽螺栓	带2个垫圈M16×（85～140）	套	3.24
169	镀锌精制六角带帽螺栓	带2个垫圈M16×（150～250）	套	3.96
170	镀锌精制六角带帽螺栓	带2个垫圈M16×（400～430）	套	5.97
171	镀锌精制六角带帽螺栓	带2个垫圈M20×（160～250）	套	5.67
172	镀锌精制带帽螺栓	M8×100以内2平1弹垫	套	0.67
173	镀锌精制带帽螺栓	M10×100以内2平1弹垫	套	1.15
174	镀锌精制带帽螺栓	M12×150以内2平1弹垫	套	1.76
175	镀锌精制带帽螺栓	M12×200以内2平1弹垫	套	1.99
176	镀锌精制带帽螺栓	M14×100以内2平1弹垫	套	1.51
177	镀锌精制带帽螺栓	M16×100以内2平1弹垫	套	2.60
178	镀锌精制带帽螺栓	M16×200以内2平1弹垫	套	3.24
179	镀锌精制带帽螺栓	M18×100以内2平1弹垫	套	3.66
180	镀锌精制带帽螺栓	M20×100以内2平1弹垫	套	3.89

序号	材 料 名 称	规 格	单 位	单 价（元）
181	镀锌精制带帽螺栓	M20×200以内2平1弹垫	套	5.00
182	镀锌精制带帽螺栓	M22×250以内2平1弹垫	套	7.86
183	镀锌精制带帽螺栓	M24×300以内2平1弹垫	套	10.58
184	地脚螺栓	M（6～8）×100	套	0.69
185	地脚螺栓	M8×120	套	1.08
186	地脚螺栓	M10×100	套	0.98
187	地脚螺栓	M12×160	套	1.97
188	地脚螺栓	M16×（150～230）	套	3.44
189	镀锌六角螺栓	M12×120	套	1.00
190	膨胀螺栓	M6	套	0.44
191	膨胀螺栓	M8	套	0.55
192	膨胀螺栓	M8×60	套	0.55
193	膨胀螺栓	M10	套	1.53
194	膨胀螺栓	M12	套	1.75
195	膨胀螺栓	M14	套	3.31
196	膨胀螺栓	M16	套	4.09
197	膨胀螺栓	M20	套	7.16
198	镀锌膨胀螺栓	M8	10个	24.40
199	镀锌六角螺栓带螺母	2平垫1弹垫M10×100以内	10套	7.92
200	半圆头铜螺钉带螺母	M4×10	套	0.92
201	锁紧螺母	15×1.5	个	0.22
202	锁紧螺母	（15～20）×1.5	个	0.22
203	锁紧螺母	20×1.5	个	0.22
204	锁紧螺母	15×3	个	0.33
205	锁紧螺母	（15～20）×3	个	0.33
206	锁紧螺母	20×3	个	0.33
207	锁紧螺母	25×3	个	0.67
208	锁紧螺母	32×3	个	0.67
209	锁紧螺母	40×3	个	1.25
210	锁紧螺母	50×3	个	1.25

序号	材 料 名 称	规 格	单 位	单 价（元）
211	锁紧螺母	65×3	个	1.56
212	锁紧螺母	80×3	个	2.06
213	锁紧螺母	100×3	个	2.08
214	镀锌锁紧螺母	M3×（15～20）	个	0.35
215	弹簧垫圈	M2～10	个	0.03
216	镀锌垫圈	M2～12	个	0.09
217	弹簧垫圈	M12～22	个	0.14
218	镀锌垫圈	M14～20	个	0.17
219	塑料胀管	M6～8	个	0.31
220	热缩套管	7×220	m	1.43
221	普通钻头	$\phi 4\sim 6$	个	8.49
222	冲击钻头	D6～8	个	5.48
223	冲击钻头	D6～12	个	6.33
224	冲击钻头	D8	个	5.44
225	冲击钻头	D10	个	7.47
226	冲击钻头	D10～20	个	7.94
227	冲击钻头	D12	个	8.00
228	冲击钻头	D14	个	8.58
229	冲击钻头	D16	个	9.52
230	冲击钻头	D20	个	10.28
231	合金钢钻头	D8	个	7.16
232	合金钢钻头	D10	个	8.21
233	合金钢钻头	D16	个	15.13
234	扁钢卡子	25×4	kg	6.58
235	镀锌扁钢支架	40×3	kg	4.48
236	镀锌扁钢抱箍	40×4	副	5.59
237	镀锌U形抱箍	—	套	3.46
238	锯条	—	根	0.42
239	钢锯条	—	条	4.33
240	铝扎头	1#～5#	包	1.93

序号	材　料　名　称	规　格	单　位	单　价（元）
241	铝扎头底板	—	kg	9.95
242	导轨	20～30cm	根	6.78
243	调和漆	—	kg	14.11
244	酚醛调和漆	各种颜色	kg	10.67
245	喷漆	—	kg	22.50
246	酚醛磁漆	各种颜色	kg	14.23
247	溶剂油	—	kg	6.10
248	油漆溶剂油	—	kg	6.10
249	沥青绝缘漆	—	kg	17.57
250	沥青清漆	—	kg	6.89
251	绝缘清漆	—	kg	13.35
252	醇酸清漆	C01-1	kg	13.45
253	清油	—	kg	15.06
254	耐酸漆	—	kg	16.99
255	沥青漆	—	kg	11.34
256	醇酸防锈漆	C53-1	kg	13.20
257	酚醛防锈漆	各种颜色	kg	17.27
258	防锈漆	C53-1	kg	13.20
259	银粉漆	—	kg	22.81
260	红丹环氧防锈漆	—	kg	21.35
261	纯硫酸	—	kg	3.29
262	硬脂酸	一级	kg	8.20
263	碳酸氢钠	—	kg	3.91
264	防火涂料	—	kg	13.63
265	氧气	—	m^3	2.88
266	乙炔气	—	m^3	16.13
267	乙炔气	—	kg	14.66
268	氩气	—	m^3	18.60
269	信那水	—	kg	14.17
270	铅油	—	kg	11.17

序号	材 料 名 称	规 格	单 位	单 价（元）
271	环氧树脂	各种规格	kg	28.33
272	聚酰胺树脂	651	kg	30.61
273	二丁酯	—	kg	13.87
274	丙酮	—	kg	9.89
275	石膏粉	特制	kg	0.94
276	硼砂	—	kg	4.46
277	六氟化硫	—	kg	27.26
278	天那水	—	kg	12.07
279	白乳胶	—	kg	7.86
280	沥青绝缘胶	—	kg	15.75
281	密封胶	XY02	kg	13.33
282	胶粘剂	—	kg	24.23
283	塑料粘胶带	—	盘	2.64
284	三色塑料带	20mm×40m	m	0.16
285	钢管保护管	D40×400	根	4.88
286	木柴	—	kg	1.03
287	木炭	—	kg	4.76
288	汽油	—	kg	7.74
289	汽油	60#～70#	kg	6.67
290	汽油	70#	kg	7.10
291	汽油	90#	kg	7.16
292	汽油	100#	kg	8.11
293	溶剂汽油	200#	kg	6.90
294	柴油	—	kg	6.32
295	煤油	—	kg	7.49
296	机油	—	kg	7.21
297	机油	5#～7#	kg	7.21
298	液压油	—	kg	9.44
299	变压器油	—	kg	8.87
300	黄干油	—	kg	15.77

序号	材 料 名 称	规 格	单 位	单 价（元）
301	阻燃防火保温草袋片	—	个	6.00
302	麻绳	—	kg	9.28
303	砂纸	—	张	0.87
304	铁砂布	$0^{\#} \sim 2^{\#}$	张	1.15
305	白布	—	m	3.68
306	白布	—	m²	10.34
307	白布	—	kg	12.98
308	棉纱	—	kg	16.11
309	破布	—	kg	5.07
310	白纱带	20mm×20m	卷	2.88
311	油毛毡	400g	卷	52.68
312	尼龙绳	$D0.5 \sim 1.0$	kg	54.14
313	丁腈橡胶管	$D13 \sim 50$	kg	14.39
314	塑料布	—	m²	1.96
315	聚氯乙烯薄膜	—	kg	12.44
316	聚氯乙烯板	—	kg	6.49
317	塑料软绞线	2×23/0.15	m	3.12
318	塑料接线柱	双线	个	4.33
319	塑料吊线盒	—	个	1.73
320	硬塑料管	$DN70$	m	11.09
321	硬塑料管	$DN150$	m	16.04
322	硬聚氯乙烯板	$\delta12$	kg	11.60
323	钍钨棒	—	kg	640.87
324	电极棒	—	根	1.95
325	热轧圆盘条	$D10$以内	kg	1.82
326	接头专用枪子弹	—	个	5.28
327	导火索	—	m	1.89
328	雷管	—	个	1.89
329	炸药	硝铵	kg	4.76
330	油麻	—	kg	16.48

序号	材　料　名　称	规　　格	单　位	单　价（元）
331	水	—	m³	7.62
332	电	—	kW·h	0.73
333	石墨块	—	kg	7.44
334	相色带	20mm×20m	卷	4.99
335	明角片	—	m²	7.64
336	记号笔	—	支	3.71
337	油浸薄纸	8开	张	0.95
338	蒸馏水	—	km	1.79
339	砂轮片	$D100$	片	3.83
340	砂轮片	$D400$	片	19.56
341	尼龙砂轮片	$D100×16×3$	片	3.92
342	尼龙砂轮片	$D150$	片	6.65
343	尼龙砂轮片	$D400$	片	15.64
344	青壳纸	$δ0.1～0.8$	kg	4.80
345	道林纸	—	张	0.97
346	滤油纸	300×300	张	0.93
347	电池	1#	节	1.90
348	洗涤剂	—	kg	4.80
349	洗衣粉	—	kg	10.47
350	塑料手套	ST型	个	4.80
351	脱脂棉	—	kg	28.74
352	瓷嘴	—	个	4.80
353	碰珠	—	个	2.83
354	黄漆布带	20mm×40m	卷	19.00
355	难燃塑料管三通	15	个	0.90
356	难燃塑料管三通	20	个	1.34
357	难燃塑料管三通	25	个	1.74
358	难燃塑料管三通	32	个	2.22
359	难燃塑料管三通	40	个	2.94
360	难燃塑料管三通	50	个	3.82

序号	材 料 名 称	规 格	单 位	单 价（元）
361	难燃塑料管三通	65	个	4.62
362	大小头	20×15	个	1.58
363	活接头	15	个	3.42
364	活接头	20	个	4.17
365	活接头	25	个	5.94
366	活接头	32	个	8.27
367	镀锌活接头	$DN15$	个	2.83
368	镀锌活接头	$DN20$	个	3.37
369	镀锌活接头	$DN25$	个	4.71
370	角钢支架	—	kg	21.68
371	石棉扭绳	—	kg	19.23
372	石棉织布	$\delta2.5$	m²	57.89
373	石棉橡胶板	$\delta1.5$	m²	31.89
374	防水胶圈	—	个	2.07
375	橡皮护套圈	$D6\sim32$	个	0.52
376	耐油橡胶垫	$\delta0.8$	m²	27.14
377	耐油橡胶垫	$\delta2$	m²	33.90
378	聚四氟乙烯带	1×30	kg	46.22
379	裸铜线	2~4mm²	m	1.33
380	裸铜线	6mm²	kg	54.36
381	裸铜线	10mm²	kg	54.36
382	裸铜线	95mm²	kg	54.01
383	裸铜绞线	35mm²	kg	58.62
384	镀锡裸铜绞线	16mm²	kg	54.96
385	绝缘软线	BVR-35	m	23.45
386	镀锡裸铜软绞线	TJRX 16mm²	kg	50.05
387	橡皮绝缘线	BX-1.5mm²	m	1.08
388	橡皮绝缘线	BX-2.5mm²	m	1.56
389	橡皮绝缘线	BX-4mm²	m	2.17
390	橡皮绝缘线	BX-6mm²	m	3.16

序号	材 料 名 称	规 格	单 位	单 价（元）
391	橡皮绝缘线	BLX-2.5mm²	m	0.85
392	橡皮绝缘线	BLX-6mm²	m	1.48
393	橡皮绝缘线	BLX-16mm²	m	2.49
394	橡皮绝缘线	BLX-25mm²	m	3.71
395	橡皮绝缘线	BLX-35mm²	m	5.52
396	橡皮绝缘线	BLX-70mm²	m	9.08
397	塑料导线	BV-105℃ 1.5mm²	m	1.61
398	塑料导线	BV-105℃ 2.5mm²	m	2.11
399	塑料导线	BV-105℃ 4.0mm²	m	3.51
400	塑料导线	BV-105℃ 6.0mm²	m	5.56
401	塑料绝缘线	BV-1.5mm²	m	1.05
402	塑料绝缘线	BV-2.5mm²	m	1.61
403	塑料绝缘线	BV-4.0mm²	m	2.44
404	塑料绝缘线	BLV-2.5mm²	m	0.43
405	塑料绝缘线	BLV-6.0mm²	m	0.74
406	塑料绝缘线	BLV-35mm²	m	4.14
407	塑料绝缘电线	BV-105℃-2.5mm²	m	2.06
408	铜芯塑料绝缘电线	BV-3×2.5mm²	m	4.66
409	铜芯塑料绝缘软电线	BVR-4mm²	m	2.90
410	铜芯塑料绝缘软电线	BVR-6mm²	m	2.50
411	接地线	5.5～16mm²	m	5.16
412	花线	2×23×0.15mm²	m	1.14
413	铝绑线	D2	m	0.27
414	铝绑线	D3.2	m	1.19
415	铁绑线	D1	m	0.20
416	铁绑线	D1.6	m	0.36
417	铁绑线	D2	m	0.42
418	绞型软线	RVS-0.5mm²	m	1.10
419	塑料胶线	2×16×0.15mm²	m	1.36
420	绝缘导线	BV-6	m	3.63

序号	材 料 名 称	规 格	单 位	单 价（元）
421	绝缘导线	BV-16	m	9.86
422	绝缘导线	BV-25	m	14.93
423	塑料软铜绝缘导线	BVR-2.5mm^2	m	1.95
424	塑料软铜绝缘导线	BVR-4mm^2	m	2.93
425	塑料软铜绝缘导线	BVR-6mm^2	m	4.30
426	套管	KT2型	个	1.68
427	异型塑料管	D2.5~5.0	m	0.89
428	塑料软管	De15	m	0.53
429	塑料软管	De25	m	0.78
430	塑料软管	De30	m	1.01
431	塑料软管	D5	m	0.41
432	塑料软管	D6	m	0.47
433	塑料软管	D8	m	0.60
434	塑料软管	D9	m	0.41
435	塑料软管	D10	m	0.78
436	塑料软管	D12	m	0.57
437	塑料软管	D16	m	1.66
438	塑料软管	D25	m	2.37
439	塑料软管	D30	m	3.28
440	塑料软管	D35	m	3.90
441	塑料软管	D40	m	5.09
442	塑料软管	—	kg	15.62
443	直角弯头	FBN15	个	1.38
444	直角弯头	FBN20	个	1.98
445	直角弯头	FBN25	个	3.37
446	直角弯头	FBN32	个	3.68
447	直角弯头	FBN40	个	3.92
448	直角弯头	FBN50	个	4.35
449	直角弯头	FBN70	个	4.83
450	管码	FSA15	个	0.71

序号	材 料 名 称	规 格	单 位	单 价（元）
451	管码	FSA20	个	0.77
452	管码	FSA25	个	1.12
453	管码	FSA32	个	1.26
454	管码	FSA40	个	1.44
455	管码	FSA50	个	1.57
456	管码	FSA70	个	3.95
457	镀锌槽型吊码	单边 $\delta=3$	个	1.07
458	镀锌槽型吊码	双边 $\delta=3$	个	1.61
459	镀锌圆钢吊杆	带4个螺母4个垫圈 $D8$	根	9.15
460	套接管	—	m	2.54
461	钳接管	QL-35	个	2.73
462	钳接管	QL-95	个	3.79
463	钳接管	JT-35QLG-35	个	6.24
464	钳接管	JT-95QLG-95	个	12.82
465	钳接管	JT-150QLG-150	个	19.51
466	钳接管	JT-150～240LQL-150～240	个	28.57
467	钳接管	JT-240QLG-240	个	32.68
468	铝压接管	$25mm^2$	个	4.09
469	铝压接管	$95mm^2$	个	6.60
470	铝压接管	$185mm^2$	个	13.47
471	铝压接管	$400mm^2$	个	30.42
472	铜压接管	$16mm^2$	个	0.96
473	铜压接管	$35mm^2$	个	1.10
474	铜压接管	$50mm^2$	个	1.69
475	铜压接管	$70mm^2$	个	2.74
476	铜压接管	$120mm^2$	个	5.21
477	铜压接管	$240mm^2$	个	10.43
478	铜压接管	$400mm^2$	个	17.38
479	铜压接管	$D2.5$	个	6.34
480	羊角熔断器	5A	个	1.83

序号	材 料 名 称	规 格	单 位	单 价（元）
481	飞保险羊角熔断器	10A	个	8.93
482	瓷插熔断器	5A	只	1.99
483	保险丝	10A	轴	10.38
484	熔丝	30～40A	片	1.66
485	绕线电阻	300Ω 15W	个	2.08
486	黑胶布	20mm×20m	卷	2.74
487	塑料带	20mm×40m	卷	4.73
488	塑料带	20mm×40m	kg	19.85
489	塑料胶布带	20mm×10m	卷	1.65
490	塑料胶布带	25mm×10m	卷	2.17
491	自粘性塑料带	20mm×20m	卷	1.83
492	自粘性橡胶带	20mm×5m	卷	10.50
493	电气绝缘胶带	18mm×10m×0.13mm	卷	4.55
494	红色灯泡	220V 35W	个	1.77
495	红外线灯泡	220V 1000W	个	235.26
496	瓜子灯链	大号	m	0.79
497	接线盒	(50～70)×(50～70)×25	个	4.15
498	接线盒	100×100	个	6.55
499	塑料接线盒	二线槽板用	个	2.72
500	塑料接线盒	三线槽板用	个	2.98
501	木接线盒	65×65	个	1.70
502	钢接线盒	(灯具配用)	个	3.26
503	吊盒	—	个	1.11
504	木夹板(四线)	500mm² 以内	套	130.60
505	木夹板(四线)	1200mm² 以内	套	158.51
506	塑料圆台	—	块	1.53
507	空心木板	125×250×25	块	4.88
508	空心木板	250×350×25	块	11.88
509	空心木板	350×450×25	块	17.12
510	空心木板	450×550×25	块	24.26
511	圆木台	(63～138)×22	块	1.40

序号	材 料 名 称	规 格	单 位	单 价 (元)
512	圆木台	150～250	块	4.34
513	圆木台	275～350	块	7.39
514	灯钩	大号	个	1.07
515	塑料圆形线夹	—	个	0.35
516	瓷夹板	40	副	0.09
517	瓷夹板	50	副	0.12
518	瓷夹板	64	副	0.18
519	瓷夹板	76	副	0.23
520	直瓷管	$D(9～15)×305$	个	0.85
521	直瓷管	$D(19～25)×300$	个	0.98
522	直瓷管	$D32×305$	个	1.16
523	并沟线夹	JB-1	只	12.08
524	并沟线夹	JB-2	只	23.93
525	并沟线夹	JB-3	只	29.11
526	并沟线夹	JB-4	只	37.80
527	胶木线夹	—	个	0.68
528	镀锌接地线板	40×5×120	个	2.10
529	鼓形绝缘子	G38	个	0.41
530	鼓形绝缘子	G50	个	1.03
531	蝶式绝缘子	大号	个	4.30
532	蝶式绝缘子	ED-1	个	3.27
533	蝶式绝缘子	ED-2	个	2.92
534	蝶式绝缘子	ED-3	个	2.31
535	拉紧绝缘子	J-2	个	2.35
536	拉紧绝缘子	J-4.5	个	3.24
537	针式绝缘子	大号	个	5.16
538	针式绝缘子	PD-1T	个	5.66
539	针式绝缘子	PD-2T	个	3.00
540	针式绝缘子	PD-3T	个	2.85
541	电车绝缘子	WX-01	个	2.81
542	绝缘子及灌注螺栓	WX-01	套	4.22

続表

序号	材 料 名 称	规 格	单 位	单 价（元）
543	伸缩接头	FSE15	个	1.29
544	伸缩接头	FSE20	个	1.48
545	伸缩接头	FSE25	个	1.61
546	伸缩接头	FSE32	个	1.72
547	伸缩接头	FSE40	个	2.41
548	伸缩接头	FSE50	个	2.54
549	伸缩接头	FSE70	个	2.74
550	金属软管尼龙接头	15	个	0.55
551	金属软管尼龙接头	20	个	0.63
552	金属软管尼龙接头	25	个	0.94
553	金属软管尼龙接头	32	个	1.45
554	管接头	5A	个	4.37
555	管接头	FST15	个	0.51
556	管接头	FST20	个	0.58
557	管接头	FST25	个	0.67
558	管接头	FST32	个	0.80
559	管接头	FST40	个	0.94
560	管接头	FST50	个	1.16
561	管接头	FST70	个	1.42
562	管接头	FST80	个	15.55
563	管接头	15～20金属软管	个	1.38
564	管接头	8×70	个	7.13
565	管接头	8×80	个	8.02
566	管接头	10×100	个	9.05
567	镀锌管接头	5×15	个	1.08
568	镀锌管接头	5×20	个	1.34
569	镀锌管接头	6×25	个	2.08
570	镀锌管接头	6×32	个	3.29
571	镀锌管接头	7×40	个	3.95
572	镀锌管接头	7×50	个	5.75
573	金属软管尼龙接头	40	个	2.19

序号	材 料 名 称	规 格	单 位	单 价（元）
574	金属软管尼龙接头	50	个	3.28
575	铝接线端子	16mm^2	个	3.29
576	铝接线端子	25mm^2	个	3.87
577	铝接线端子	35mm^2	个	4.22
578	铝接线端子	50mm^2	个	5.10
579	铝接线端子	70mm^2	个	6.90
580	铝接线端子	95mm^2	个	8.14
581	铝接线端子	120mm^2	个	11.46
582	铝接线端子	150mm^2	个	11.46
583	铝接线端子	185mm^2	个	12.39
584	铝接线端子	240mm^2	个	22.39
585	铝接线端子	300mm^2	个	27.41
586	铝接线端子	400mm^2	个	32.42
587	铜接线端子	20A	个	10.06
588	铜接线端子	DT-2.5mm^2	个	1.83
589	铜接线端子	DT-6mm^2	个	5.58
590	铜接线端子	DT-10mm^2	个	9.10
591	铜接线端子	DT-16mm^2	个	10.05
592	铜接线端子	DT-25mm^2	个	11.28
593	铜接线端子	DT-35mm^2	个	13.06
594	铜接线端子	DT-50mm^2	个	15.71
595	铜接线端子	DT-70mm^2	个	20.54
596	铜接线端子	DT-95mm^2	个	26.24
597	铜接线端子	DT-120mm^2	个	33.16
598	铜接线端子	DT-150mm^2	个	41.14
599	铜接线端子	DT-185mm^2	个	50.09
600	铜接线端子	DT-240mm^2	个	61.30
601	铜接线端子	DT-300mm^2	个	66.51
602	铜接线端子	DT-400mm^2	个	79.19
603	镀锌接地端子板	双孔	个	3.20
604	塑料护口	15钢管用	个	0.19

序号	材 料 名 称	规 格	单 位	单 价 （元）
605	塑料护口	15～20钢管用	个	0.20
606	塑料护口	20钢管用	个	0.22
607	塑料护口	25钢管用	个	0.39
608	塑料护口	32钢管用	个	0.45
609	塑料护口	40钢管用	个	0.52
610	塑料护口	50钢管用	个	0.57
611	塑料护口	65钢管用	个	0.64
612	塑料护口	70钢管用	个	0.81
613	塑料护口	80钢管用	个	0.87
614	塑料护口	100钢管用	个	1.03
615	塑料护口	15电线管用	个	0.18
616	塑料护口	20电线管用	个	0.23
617	塑料护口	25电线管用	个	0.32
618	塑料护口	32电线管用	个	0.36
619	塑料护口	40电线管用	个	0.42
620	塑料护口	50电线管用	个	0.48
621	接地卡子	（综合）	个	3.62
622	难燃波纹管接头	DN15	个	0.81
623	难燃波纹管接头	DN20	个	1.01
624	难燃波纹管接头	DN25	个	2.10
625	难燃波纹管接头	DN32	个	2.56
626	难燃波纹管接头	DN40	个	2.65
627	难燃波纹管接头	DN50	个	3.29
628	难燃波纹管卡子	DN15	个	0.03
629	难燃波纹管卡子	DN20	个	0.05
630	难燃波纹管卡子	DN25	个	0.07
631	难燃波纹管卡子	DN32	个	0.11
632	难燃波纹管卡子	DN40	个	0.22
633	难燃波纹管卡子	DN50	个	0.27
634	镀锌管卡子	3×15	个	0.64
635	镀锌管卡子	3×20	个	0.84

序号	材 料 名 称	规 格	单 位	单 价（元）
636	镀锌管卡子	3×25	个	1.00
637	镀锌管卡子	50	个	2.97
638	镀锌管卡子	100	个	3.66
639	镀锌管卡子	150	个	6.72
640	镀锌管卡子	15（电线管用）	个	0.81
641	镀锌管卡子	20（电线管用）	个	0.87
642	镀锌管卡子	25（电线管用）	个	1.01
643	镀锌管卡子	32（电线管用）	个	1.20
644	镀锌管卡子	40（电线管用）	个	1.83
645	镀锌管卡子	50（电线管用）	个	2.04
646	镀锌管卡子	15（钢管用）	个	1.58
647	镀锌管卡子	20（钢管用）	个	1.70
648	镀锌管卡子	25（钢管用）	个	1.83
649	镀锌管卡子	32（钢管用）	个	2.04
650	镀锌管卡子	40（钢管用）	个	2.74
651	镀锌管卡子	50（钢管用）	个	2.97
652	镀锌管卡子	65（钢管用）	个	3.34
653	镀锌管卡子	80（钢管用）	个	3.55
654	镀锌管卡子	125（钢管用）	个	5.12
655	管卡子	15（金属软管用）	个	0.32
656	管卡子	20（金属软管用）	个	0.40
657	管卡子	25（金属软管用）	个	0.51
658	管卡子	32（金属软管用）	个	0.57
659	管卡子	15（钢管用）	个	0.93
660	管卡子	15～20（钢管用）	个	0.98
661	管卡子	20（钢管用）	个	0.93
662	管卡子	25（钢管用）	个	1.26
663	管卡子	32（钢管用）	个	1.30
664	管卡子	40（钢管用）	个	1.99
665	管卡子	50（钢管用）	个	2.17
666	管卡子	70（钢管用）	个	2.22

序号	材 料 名 称	规 格	单 位	单 价（元）
667	管卡子	80（钢管用）	个	3.35
668	管卡子	100（钢管用）	个	4.13
669	固定卡子	1.5×32	个	0.55
670	固定卡子	3×80	套	2.18
671	固定卡子	DN90	个	1.01
672	钢线卡子	D6	个	2.92
673	钢线卡子	D10～20	个	4.33
674	钢线卡子	D25	个	7.44
675	矩形母线金具	JNP102	套	16.05
676	矩形母线金具	JNP103	套	16.05
677	矩形母线金具	JNP104	套	16.05
678	矩形母线金具	JNP105	套	16.28
679	尼龙扎带	（综合）	根	0.49
680	尼龙卡带	4×50	个	0.18
681	尼龙扎带	L100～150	根	0.37
682	尼龙扎带	150	根	0.42
683	尼龙扎带	200	根	0.53
684	尼龙扎带	250	根	0.65
685	尼龙扎带	300	根	0.78
686	双面半导体布带	20mm×5m	m	0.99
687	电珠	2.5V	个	0.37
688	瓷灯头	—	个	1.05
689	瓷管头	D（10～16）×25	个	0.23
690	瓷接头	1～3回路	个	0.96
691	瓷接头	双路	个	0.80
692	标志牌	—	个	0.85
693	标志牌	塑料扁形	个	0.45
694	铅标志牌	—	个	0.46
695	端子号牌	—	个	0.94
696	塑料号牌	—	个	2.51
697	铝包带	1×10	kg	20.99

序号	材 料 名 称	规　格	单 位	单 价（元）
698	铝箔带	0.08mm×30m	m	1.26
699	黄蜡带	20mm×10m	卷	13.40
700	镀锌地线夹	15	套	0.13
701	镀锌地线夹	20	套	0.18
702	镀锌地线夹	25	套	0.23
703	镀锌地线夹	32	套	0.27
704	镀锌地线夹	40	套	0.37
705	镀锌地线夹	50	套	0.46
706	镀锌地线夹	65	套	0.74
707	镀锌地线夹	80	套	0.91
708	镀锌地线夹	100	套	1.83
709	镀锌地线夹	125	套	2.65
710	镀锌地线夹	150	套	3.38
711	拉环	—	套	1.03
712	拉扣	—	只	1.03
713	心形环	—	个	2.29
714	U形抱箍	—	套	9.56
715	弯灯抱箍	—	套	6.29
716	电力复合脂	一级	kg	22.43
717	酚醛层压布板	$\delta10\sim20$	kg	79.90
718	双叉连接器	$D32$	个	3.37
719	母线拉紧装置	500mm²以内	套	20.17
720	母线拉紧装置	1200mm²以内	套	22.13
721	滑触线支持器	—	套	5.51
722	钢索拉紧装置	—	套	13.16
723	滑触线拉紧装置	—	套	14.44
724	滑触线伸缩器	—	套	21.45
725	镀锌电缆卡子	2×35	套	0.85
726	镀锌电缆卡子	3×35	套	1.62
727	镀锌电缆卡子	3×100	套	2.17
728	电缆吊挂	—	套	0.85

附录二　施工机械台班价格

说　明

一、本附录机械不含税价格是确定预算基价中机械费的基期价格,也可作为确定施工机械台班租赁价格的参考。

二、台班单价按每台班8小时工作制计算。

三、台班单价由折旧费、检修费、维护费、安拆费及场外运费、人工费、燃料动力费和其他费组成。

四、安拆费及场外运费根据施工机械不同分为计入台班单价、单独计算和不计算三种类型。

1.工地间移动较为频繁的小型机械及部分中型机械,其安拆费及场外运费计入台班单价。

2.移动有一定难度的特、大型(包括少数中型)机械,其安拆费及场外运费单独计算。单独计算的安拆费及场外运费除应计算安拆费、场外运费外,还应计算辅助设施(包括基础、底座、固定锚桩、行走轨道枕木等)的折旧、搭设和拆除等费用。

3.不需安装、拆卸且自身能开行的机械和固定在车间不需安装、拆卸及运输的机械,其安拆费及场外运费不计算。

五、采用简易计税方法计取增值税时,机械台班价格应为含税价格,以"元"为单位的机械台班费按系数1.0902调整。

施工机械台班价格表

序号	机 械 名 称	规 格 型 号	台班不含税单价 （元）	台班含税单价 （元）
1	汽车式起重机	8t	767.15	816.68
2	汽车式起重机	10t	838.68	896.27
3	汽车式起重机	12t	864.36	924.77
4	汽车式起重机	16t	971.12	1043.79
5	汽车式起重机	30t	1141.87	1234.24
6	叉式起重机	3t	484.07	517.65
7	叉式起重机	5t	494.40	527.73
8	液压千斤顶	100t	10.21	10.52
9	立式油压千斤顶	100t	10.21	10.52
10	载货汽车	2.5t	347.63	370.18
11	载货汽车	4t	417.41	447.36
12	载货汽车	5t	443.55	476.28
13	载货汽车	6t	461.82	496.16
14	载货汽车	8t	521.59	561.99
15	载货汽车	10t	574.62	620.24
16	载货汽车	12t	695.42	759.44
17	平板拖车组	20t	1101.26	1181.63
18	卷扬机	单筒快速 10kN	197.27	200.85
19	卷扬机	单筒慢速 30kN	205.84	210.09
20	卷扬机	双筒慢速 30kN	215.58	220.94
21	汽车式高空作业车	21m	873.25	948.82
22	普通车床	400×1000	205.13	208.94
23	弓锯床	D250	24.53	26.55
24	牛头刨床	650	226.12	230.06

序号	机 械 名 称	规 格 型 号	台班不含税单价 （元）	台班含税单价 （元）
25	卧式铣床	400×1600	254.32	261.57
26	立式钻床	D25	6.78	7.64
27	立式钻床	D50	20.33	22.80
28	台式钻床	D16	4.27	4.80
29	剪板机	20×2500	329.03	345.63
30	型钢剪断机	500mm	283.72	294.67
31	管子切断机	D150	33.97	37.00
32	台式砂轮机	D100	19.99	21.79
33	台式砂轮机	D200	19.99	21.79
34	半自动切割机	100mm	88.45	98.59
35	电动弯管机	100mm	32.32	35.63
36	万能母线撖弯机	—	29.24	32.09
37	液压压接机	100t	108.14	121.67
38	液压压接机	200t	169.00	189.40
39	钢材电动撖弯机	500mm以内	51.03	56.71
40	钢材电动撖弯机	500～1800mm	81.16	90.34
41	扳边机	—	17.39	19.56
42	电动单级离心清水泵	D50	28.19	30.82
43	电动单级离心清水泵	D100	34.80	38.22
44	高压油泵	50MPa	110.93	124.99
45	污水泵	70mm	76.67	86.05
46	潜水泵	D100	29.10	32.11
47	真空泵	204m³/h	59.76	66.43
48	电焊机	（综合）	74.17	82.36

序号	机 械 名 称	规 格 型 号	台班不含税单价（元）	台班含税单价（元）
49	氩弧焊机	500A	96.11	105.49
50	交流弧焊机	21kV·A	60.37	66.66
51	交流弧焊机	80kV·A	177.99	200.30
52	直流弧焊机	20kW	75.06	83.12
53	电焊条烘干箱	600×500×750	27.16	29.58
54	电动空气压缩机	0.6m³/min	38.51	41.30
55	电动空气压缩机	10m³/min	375.37	421.34
56	自动介损测试仪	—	50.71	55.28
57	接地电阻检测仪	ET6/3	3.59	3.91
58	高压绝缘电阻测试仪	—	38.93	42.44
59	变压器直流电阻测试仪	—	19.67	21.44
60	变压器绕组变形测试仪	—	51.68	56.34
61	直流高压发生器	—	107.36	117.04
62	TPFRC电容分压器交直流高压测量系统	—	118.91	129.64
63	吹风机	4.0m³/min	20.62	22.06
64	交流变压器	—	52.92	57.69
65	高压试验变压器配套操作箱、调压器	—	38.65	42.14
66	船舶	5t	14.87	16.21
67	滤油机	—	32.16	35.06
68	真空滤油机	6000L/h	259.20	288.33
69	网络测试仪	—	110.69	120.67
70	误码率测试仪	—	528.00	575.63
71	微机继电保护测试仪	—	73.36	79.98
72	现场测试仪	PLT301A	50.69	55.26
73	笔记本电脑	—	10.14	11.05